beck'sche reihe

bsr

Dieses Buch stellt – vom Bader bis zum Zirkelschmied – die wichtigsten Handwerksberufe vom späten Mittelalter bis ins 20. Jahrhundert vor. Es beleuchtet in den Einzelbeiträgen Aspekte wie Ausbildung, Wanderschaft, Frauenarbeit, Werkzeug und Werkstatt, Zunft und Gesellenvereinigung. Das Lexikon ist ein präzises Handbuch zu den wirtschaftlichen und technischen sowie den sozialen und kulturellen Aspekten des alten Handwerks.

«Ein außerordentlich praktisches Buch.» *FAZ*

«Das Buch ... zeichnet ein so lebendiges Bild der Vergangenheit, daß die merkwürdige Lust an der Lektüre eines Lexikons verständlich ist.»
Der Tagesspiegel

Reinhold Reith ist Ordinarius für Wirtschafts- und Sozialgeschichte an der Universität Salzburg.

DAS ALTE HANDWERK

Von Bader bis Zinngießer

Herausgegeben von

Reinhold Reith

Verlag C. H. Beck

Mit 36 Abbildungen

Dieses Buch erschien zuerst 1990 gebunden unter dem Titel:
«Lexikon des alten Handwerks.
Vom späten Mittelalter bis ins 20. Jahrhundert»
2. Auflage. 1991

1., durchgesehene Auflage dieser Ausgabe
in der Beck'schen Reihe 2008

Umschlagentwurf: + malsy, Willich
Umschlagbild: Kragfigur mit Scherdegen am «Haus zum Spätgerber»
in Konstanz © Peter Allgaier, Konstanz
Gesamtherstellung: Druckerei C. H. Beck, Nördlingen
Printed in Germany
ISBN 978 3 406 56823 7

www.beck.de

INHALT

EINLEITUNG

Die Veränderung der Arbeitswelt durch neue Technologien – Automaten, Mikroprozessoren, Computer und Roboter – im Zuge der «dritten industriellen Revolution» hat auch zu einem verstärkten Nachdenken über historische Formen der Arbeit geführt. Alternative Konzepte beziehen sich mit ihren Vorstellungen von Selbstverwaltung, Arbeitszufriedenheit, Gebrauchswertorientierung, Reparaturfreundlichkeit, Nutzungsverlängerung und ökologischer Produktion auf vorindustrielle Arbeits- und Lebensformen und damit nicht zuletzt auf das Handwerk. Dadurch ist eine neue Perspektive auf das «alte Handwerk» entstanden, die zunächst jedoch mehr Fragen aufgeworfen hat, als sie Antworten zuläßt.

Unter dem Wachstumsparadigma wurde das «alte Handwerk» meist nur als Relikt vergangener Zeiten betrachtet. Doch seit den 1970er Jahren hat das «alte Handwerk» – und was davon noch übriggeblieben ist – sowohl im Bereich der historischen und volkskundlichen Forschung als auch in der Öffentlichkeit verstärkt Beachtung gefunden. Der Beitrag des Handwerks zur Beschäftigung wird betont, und durch die Industrialismuskritik und die Suche nach wirtschafts- und gesellschaftspolitischen Alternativen sind auch vorindustrielle Arbeits- und Lebensformen wieder in die Diskussion gekommen.

Zahlreiche Tagungen dokumentieren das wissenschaftliche Interesse, wie das von der Ungarischen Akademie der Wissenschaften seit 1978 durchgeführte «Internationale Handwerksgeschichtliche Symposium», das 1994 zum vierten Mal in Veszprém stattfand. In Wien und Sopron fanden mehrmals Arbeitstagungen zu «Problemen und Perspektiven der handwerksgeschichtlichen Forschung» statt, und 1999 lud das Institut für vergleichende Städtegeschichte in Münster zum Thema «Stadt und Handwerk in Mittelalter und Früher Neuzeit». In Verbindung mit der Institutionenökonomie entwickelte sich zudem ein neues Interesse an der Zunft: In Halle (1995), Antwerpen (1997) und Madrid (1998) wurden «Guilds, Economy and Society» im europäischen Vergleich behandelt, in Tübingen (2003) galt das Interesse darüber hinaus den «Chinese Handicraft Regulations». In Utrecht (2006) wurde unter dem Titel «The Return of the Guilds» der historischen Bedeutung der Zunft und des Handwerks Rechnung getragen. All diese internationalen Tagungen bilden nur einen Ausschnitt aus den zahlreichen Aktivitäten zur Erforschung des Handwerks, die einen neuen Kenntnisstand gebracht haben.

Gegen die ältere – häufig an normativen Quellen, den Handwerksordnungen und -artikeln orientierte – Zunftgeschichte, die uns vielfach das Bild eines «zopfigen» Handwerks hinterlassen hat, setzen neue Themen, Fragestellungen und Methoden Akzente: In der Sozialgeschichte sind mit der Gesellenwanderung, der Frauenarbeit im Handwerk und mit den Gesellenunruhen neue Themen aufgegriffen worden. Andere Themen, wie die Luxusproduktion der Hofhandwerker, bewegen sich im «Niemandsland zwischen den Disziplinen». Von der Stadtgeschichte, der Geschichte der Arbeiterbewegung, der Geschichte des Kleinbürgertums und der Bildungsforschung gehen ebenfalls Impulse für eine interdisziplinär orientierte Geschichte des Handwerks aus. Die historische Familienforschung hat wesentlich zur Analyse der Sozialformen des Handwerks beigetragen und die Sozialisation der «kleinen» Bürger, die Beziehungen zwischen Arbeitsorganisation und Familienstruktur sowie die Lebenszyklen zum Thema gemacht. Einzelne Gruppen bzw. Träger des Handwerks haben dadurch schärfere Konturen gewonnen.

In der Wirtschaftsgeschichte haben zunächst vor allem Arbeiten aus der «Göttinger Schule» Produktions-, Absatz- und Einkommensverhältnisse im Handwerk erforscht, und die Lohn- und Preisforschung hat mit den «Eckdaten» eine empirische Grundlage für die Einschätzung säkularer Trends gegeben. Forschungen zur Protoindustrialisierung haben auf das Ausmaß der ländlichen gewerblichen Produktion aufmerksam gemacht und die Frage nach Struktur und Dynamik des städtischen Handwerks (besonders des Exporthandwerks) neu gestellt. Vor dem Hintergrund aktueller Probleme – wie der Umweltbelastung oder der Berufskrankheiten – ist die Frage der ökologischen Dimension der vorindustriellen gewerblichen Produktion aufgeworfen worden.

Die «Stadtarchäologie» hat vieles freigelegt, was durch schriftliche oder bildliche Quellen nicht greifbar war. Ausstellungen wie «Stadtluft, Hirsebrei und Bettelmönch» (Zürich/Stuttgart) zeigen das Potential der Stadtarchäologie. Seit 1997 trifft sich der «Archäologische Arbeitskreis zur Erforschung des mittelalterlichen Handwerks»; die Verbindung archäologischer Zugänge mit historischen und linguistischen Ansätzen war das Ziel der Kieler Tagung (2004) «Innovation, Professionalisierung und Technologietransfer im mittelalterlichen Handwerk».

Die ältere Volkskunde hatte sich (von Ausnahmen abgesehen) kaum mit dem städtischen Handwerk beschäftigt, allenfalls mit Bräuchen und den «Zunftaltertümern». Ein wesentlicher Schwerpunkt der volkskundlichen Forschung, die sich vielfach als historische Kulturforschung mit der Sozialgeschichte überschneidet, ist in der Sachkultur- und Geräteforschung gesetzt worden. Das «Sachuniversum» eröffnet die Perspektive auf ein erweitertes Verständnis der Alltags- und Arbeitskultur im Sinne einer materiellen Kultur des Handwerks, die die Lebensbereiche Arbeit, Wohnen, Essen, Trinken, Kleidung und auch kulturelle Repräsentation einschließt.

Entsprechend dem alten Bild eines scheinbar traditionsverwurzelten, fortschritts- und technikfeindlichen Handwerks, schien das Handwerk auch in technikgeschichtlicher Hinsicht kaum ein lohnenswertes Forschungsgebiet: Bis in die neuere Literatur hinein bestand Konsens darüber, daß das vorindustrielle Handwerk mit dem «technischen Fortschritt» allenfalls ex negativo in Verbindung zu bringen sei und leistungs- und innovationsorientiertes Verhalten abgelehnt bzw. blockiert wurde. Noch neuere Darstellungen stützten sich dabei auf die sog. Thorner Urkunde: Die Zünfte der Stadt Thorn (Toruń) hätten 1523 das «Erdenken und Gebrauchen» neuer Werkzeuge und Fertigungsmethoden verboten. Ohne Quellenhinweis geisterte dieses Zitat 100 Jahre herrenlos durch die Literatur. Doch es stammt eben nicht aus einer Zunftordnung, sondern aus einer Reformatio, die König Sigismund 1523 erlassen hatte. Neuere Forschungen zeichnen ein dynamischeres Bild der «industriellen Evolution», an der auch das Handwerk Anteil hatte.

Das starke öffentliche Interesse am «alten Handwerk» vollzieht sich vor dem Hintergrund eines beschleunigten technologischen Wandels und zeigt sich vor allem an den Initiativen im musealen Bereich. Während zur Zeit des «Wirtschaftswunders» die Überreste der handwerklichen Arbeitskultur noch «als überflüssiges Gepäck auf dem Weg in eine Zukunft unbegrenzten Wachstums» (Lühning) erscheinen mußten, zeichnet sich seit den 1970er Jahren eine völlig neue Entwicklung ab: Das Handwerk war zwar immer schon im Museum vertreten, doch die an ästhetischen Gesichtspunkten orientierte Ausstellung der «Zunftaltertümer», also der repräsentativen Einzelstücke (Willkommpokale, Zunftfahnen, Zunftladen etc.), kann heute nicht mehr ausreichen. Das sind ohne Zweifel schöne Stücke, doch sie sprechen nicht für sich. Auch die «schönen» Produkte – meist des Kunsthandwerks – sowie die Meisterwerke und Meisterstücke eröffnen nur einen ausschnitthaften Zugang. Auf der Tagung der Arbeitsgruppe «Kulturgeschichtliche Museen» der Deutschen Gesellschaft für Volkskunde zum Thema «Handwerk und seine Darstellung im Museum» (1984 auf Schloß Gottorf) war man sich einig, «daß die bisherigen Präsentationsformen von Handwerk nur noch selten den Fragen gerecht werden, mit denen Besucher und Fachleute gleichermaßen heute ins Museum kommen». Neben älteren Museen und Sammlungen, die Bestände zur materiellen Kultur des Handwerks besitzen, sind seit den 1970er Jahren neue Sammlungen aufgebaut worden, die konkrete Einsichten in die Arbeits- und Lebenswelt des Handwerks ermöglichen. Unter den zahlreichen Museen konzentriert sich besonders das Westfälische Freilichtmuseum Hagen als Landesmuseum mit einer Arbeitsstelle zur Handwerksforschung auf die Bereiche Handwerk und Technik.

Ein wesentliches Problem der Auseinandersetzung mit dem alten Handwerk liegt – abgesehen von der weiten Spanne, die es historisch und räumlich umgreift – in der beruflichen Vielfalt und der starken sozialen Differenzierung. Die einzelnen Berufe und Branchen unterscheiden sich durch die Größe der Betriebe, den Kapitaleinsatz, die Eigentumsverhältnisse der Produktionsmittel, das Ausmaß an Mechanisierung und Arbeitsteilung, die Reichweite des Absatzes (lokaler Markt, Regional- und Fernhandel, Hausierhandel), die Arbeitszeit, die Lohnformen (Taglohn, Wochenlohn, Stücklohn) sowie die Arbeitsprozesse selbst. Von einer homogenen Arbeits- und Lebenswelt kann daher nicht gesprochen werden. Ausgangspunkt der Beschäftigung mit dem alten Handwerk muß daher immer die berufliche Vielfalt in ihren historischen Ausprägungen und Wandlungsprozessen sein. Eine Berufsgeschichte ist daher eine adäquate Form der Annäherung.

Dennoch muß ein Lexikon des alten Handwerks – als Berufsgeschichte – von den übergreifenden und diese Berufe umfassenden Gemeinsamkeiten ausgehen: Das Lexikon umfaßt Berufe, die durch die Grundelemente der Arbeits- und Lebensweise des alten Handwerks geprägt sind. Was sind nun diese Grundelemente?

Als übergreifende und das alte Handwerk kennzeichnende Gemeinsamkeiten lassen sich einige Merkmale, doch keine scharfen Abgrenzungskriterien benennen. Folgende wichtige Merkmale des alten Handwerks wären anzuführen:

– Die kleinbetriebliche Produktion, d. h. die Arbeit in kleinen, dezentralen Betriebsstätten. Vorherrschend war der handwerkliche Kleinbetrieb, d. h. der Allein- oder Zwergbetrieb. Dort, wo der Meister nicht allein arbeitete, beschäftigte er bis ins 18. und 19. Jh. meist kaum mehr als ein oder zwei Gesellen bzw. Hilfskräfte, wenngleich es durchaus auch – wie im Bauhandwerk – größere Betriebe gab. Die Größe bzw. Produktivität der Betriebe war vielfach durch die Zünfte oder auch überregional durch die Handwerkerbünde – im Sinne eines innerzünftigen Konkurrenzausgleiches – begrenzt. Die Festsetzungen wurden jedoch eher unter- als überschritten; vor allem die Exporthandwerke orientierten sich dabei flexibel an der Auftragslage. Ausgehend von den Gewerbestädten des 18. Jh.s – und im 19. Jh. vor dem Hintergrund der Gewerbefreiheit – entstanden größere Betriebe, die ein hohes Maß an Arbeitsteilung erlaubten und gegenüber der Manufaktur nur schwer abzugrenzen sind. Für den Handwerksbetrieb ist jedoch die Mitarbeit des rechtlich und wirtschaftlich selbständigen Meisters charakteristisch. Die «verlegten» Handwerke, in denen der Handwerker ohne eigene Rohstoffe und Arbeitsmittel produzierte, kennzeichnen einen Grenzbereich. Es scheint daher wenig sinnvoll, scharfe Grenzen zwischen Verlag bzw. Hausindustrie und Handwerk ziehen zu wollen.
– Ein weiteres Merkmal des alten Handwerks ist die entscheidende Bedeutung des personalen Elements im Arbeitsprozeß: Der Homo faber, der arbeitende Mensch, steht im Vordergrund des – häufig von Naturprozessen abhängigen – Produktionsablaufes. Handwerkliche Produktion beruht auf Handfertigkeit und individueller Werkstoffbeherrschung. Werkzeuge und Maschinen werden nur zur Ergänzung der Handarbeit herangezogen. Dort, wo größere Arbeitsmittel bzw. technische Anlagen nötig waren, die die Kapitalkraft des einzelnen Meisters überforderten und die er allein nicht auslasten konnte, gab es häufig Kollektiveinrichtungen bzw. zunft-

gebundenes Eigentum, wie z. B. Walk- und Lohmühlen oder Verkaufs- und Lagerhäuser.

Die Arbeitsteilung war meist nur gering ausgeprägt, wenngleich hier vor allem im großstädtischen Handwerk starke Unterschiede bestanden. Demgemäß bildete die «Berufsteilung» das Prinzip handwerklicher Arbeitsteilung und führte zu einer Ausfächerung der Berufe, d. h. einer Vielfalt von Handwerksberufen, die sich hinsichtlich des verwendeten Werkzeugs und ihrer Produkte dennoch nicht immer scharf abgrenzen ließen. Differenzierung und Spezialisierung der gewerblichen Tätigkeiten kennzeichneten vor allem die Wende vom 14. zum 15. Jh. Der Handarbeit, dem handwerklichen Geschick und auch der Kunstfertigkeit kommt im alten Handwerk ein zentraler Stellenwert zu – und die Bedeutung des Handwerks fällt für den technischen Wandel ins Gewicht. Bis in die Phase der Hochindustrialisierung kamen viele Innovationen aus der handwerklichen Technik und gingen auf den Einfallsreichtum experimentierender Handwerker zurück. Daß die Zünfte per se neuerungs- und technikfeindlich waren, wird heute kaum mehr angenommen; für sie stand die soziale Verträglichkeit der Innovationen im Vordergrund. Dabei kommt auch in Betracht, daß die Arbeitskosten meist deutlich geringer als die Rohstoffkosten zu Buche schlugen. Der sparsame Umgang mit Roh- und Betriebsstoffen sowie die Wieder- und Weiterverwertung gebrauchten Materials hatten daher einen hohen Stellenwert. Manche Berufe bzw. Tätigkeiten konzentrierten sich sogar ausschließlich auf die Reparatur.

– Ein weiteres Merkmal des alten Handwerks ist das starke Gewicht des geregelten Ausbildungsganges, der Lehr- und Gesellenzeit umfasste und seit der Institutionalisierung der Lehre im Spätmittelalter bis ins 20. Jahrhundert in seinen Grundzügen bedeutend blieb. Bis ins 20. Jh. blieb die Lehrzeit Conditio sine qua non für die Beschäftigung im Handwerk. Schon von der Wende des 14. Jh.s an sind Vorschriften über die Lehre bekannt, und seit der Mitte des 15. Jh.s setzte sich die Einrichtung der Lehrzeit (zunächst der zwei- bis dreijährigen) durch. Bis in die frühe Neuzeit hinein kannten einige Handwerke auch Lehrtöchter, doch im Zuge der Verdrängung der Frauenarbeit wurde die handwerkliche Ausbildung auf die Lehrjungen (Lehrknechte, Lerner) eingeschränkt. Der formelle Abschluß der Lehre durch eine Gesellenprüfung war im alten Handwerk kaum verbreitet, bedeutender war der Lehrbrief und in vielen Handwerken die rituelle Aufnahme in den Kreis der Gesellen durch das «Gesellenmachen» (Deposition). In einigen Berufen war ein Zwischenstatus als Lohnjunge oder Jünger zu durchlaufen, vielfach machte erst die Wanderschaft den Gesellen aus. Die schon in der ersten Hälfte des 14. Jh.s einsetzende Gesellenwanderung erfuhr seit dem Ende des 14. Jh.s Verbreitung und räumliche Ausdehnung, die weitgehende Durchsetzung der Wanderpflicht fand dagegen erst seit der zweiten Hälfte des 16. Jh.s statt, wenngleich der Wanderzwang meist auf das (groß-)städtische Handwerk begrenzt blieb. Die Wanderschaft als «Hochschule des Handwerks» war, obwohl bei ihrer Durchsetzung auch arbeitsmarktpolitische Gesichtspunkte mitspielten, von großer Bedeutung für die Qualifikation und die Bildung der Gesellen. Die Migration prägte die Vereinigungen der Gesellen und damit die überregionale bzw. interterritoriale Gesellenkultur ganz entscheidend. Die Einrichtung von Trinkstuben, Herbergen und die soziale Fürsorge förderten den mobilen Arbeitsmarkt. An der Wende vom 15. zum 16. Jh. bildeten sich dann die «geschenkten» und die «ungeschenkten» Handwerke heraus: Bei den «geschenkten» Handwerken (kleine Handwerke, die nur in größeren Städten konzentriert waren und daher weite Wanderwege erzwangen) wurde die Unterstützung der Gesellen durch das «Geschenk» verbindlich, und in diesen Berufen bildete sich eine besonders ausgeprägte ritualisierte Gesellenkultur heraus.

In Mitteleuropa wohnten und aßen die Gesellen in den meisten Berufen auch im Meisterhaushalt; erst im späten 18. Jh. löste sich ausgehend von den Massenhandwerken die Einheit von Arbeiten und Wohnen auf. Dieser Prozeß zog sich bis ins 20. Jh. hin. Doch bereits das späte Mittelalter kannte verheiratete Gesellen mit «eigenem Rauch» ebenso wie die «Stückwerker» in den Exportgewerbestädten, die als Lohnarbeiter «auf eigene Hand» für Meister oder Kaufleute arbeiteten oder seit der Mitte des 16. Jh.s als «Störer», «Pfuscher» oder «Bönhasen» vor allem in den Vorstädten Waren und Dienstleistungen anboten. Die selbständige Ausübung des Handwerks und die Beschäftigung von (zeitweiligen und ständigen) Hilfskräften waren jedoch an das Meisterrecht gebunden. Mutjahre (Wartejahre) als Wartezeit vor der Zulassung zum Meisterrecht setzen vereinzelt zu Anfang des 16. Jh.s. ein, d. h., der Geselle mußte mehrere Jahre bei einer bestimmten Zahl von Meistern gearbeitet haben. Meisterprüfung bzw. Meisterstück wurden seit der Mitte des 15. Jh.s, teilweise erst im 16. und 17. Jh. verbindlich, wenngleich nicht in allen Handwerken.

Die Kehrseite des Professionalisierungsprozesses lag darin, daß er Ausbildung und berufliche Arbeit an das Geschlecht band: Die ältere Handwerksgeschichte richtete daher ihren Blick vor allem auf die Meister, Gesellen und Lehrlinge. Trotz der Verdrängung der Frauen – im Spätmittelalter gab es in einigen Städten eigene Frauenzünfte – ist ihr Anteil an der Wertschöpfung durch Produktion, Verkauf, Dienstleistung hoch einzuschätzen. In den sog. Allein- und Kleinbetrieben dürfte die Arbeit vielfach gar nicht ohne Mitarbeit der Frauen möglich gewesen sein, und insgesamt lassen sich – entlang der Produktlinie, vom Rohstoffbezug bis zum Absatz – zahlreiche Arbeitsprozesse beobachten, die von Meisterfrauen, -töchtern, Mägden, Tagwerkerinnen oder Lohnarbeiterinnen ausgeführt wurden.

- Als Merkmal des alten Handwerks wäre schließlich die korporative bzw. zünftige Organisation zu nennen. Regional differierend wurden die Korporationen der Handwerker als Zunft, Gilde, Amt (Norddeutschland), Zeche (Bayern, Österreich, Schlesien), Innung, Einung, Gaffel (Niederrhein) oder Brüderschaft bezeichnet, und abhängig von den politischen Rahmenbedingungen gestalteten sich Entwicklung, Formen und Rechte der Zünfte höchst unterschiedlich: Im Zuge der Zunftunruhen von der Mitte des 13. Jh.s bis zum Ende des 14. Jh.s. erlangten die Zünfte vielfach politische Rechte und gewannen im 14. und 15. Jh. auf dem Höhepunkt ihrer politischen Macht Einfluß auf die Stadtpolitik. Neben sozialen Funktionen (Fürsorge) nahmen die Zünfte auch religiöse und militärische Funktionen wahr, in wirtschaftlicher Hinsicht konnten ihnen berufsordnende (Ausbildung) sowie markt- und preisordnende Funktionen (Rohstoffeinkauf, Absatz, Qualitätskontrolle, Arbeitsmarkt) zukommen. Durch eine eigene handwerkliche Gerichtsbarkeit erlangten die Zünfte eine gewisse Autonomie, die durch überregionale Handwerkerbünde und sog. «Hauptladen» abgesichert wurde. Die handwerkliche Gerichtsbarkeit verlor allerdings im Verlauf der frühen Neuzeit an Bedeutung; im Einflußbereich der Territorialfürsten, in den Residenz- und Territorialstädten setzte dieser Prozeß meist früher ein als in den freien Reichsstädten. Für die Gesellen bedeutete die überregionale Aufhebung ihrer Laden 1800/06 eine Zäsur. Mit der Durchsetzung der «Gewerbefreiheit», ausgehend von Preußen 1810/11 bis zur Gewerbeordnung des Norddeutschen Bundes 1869, die dann für das gesamte Deutsche Reich verbindlich wurde, erfuhr die Zunft als korporative Organisation schließlich einen entscheidenden Funktionsverlust, wenngleich die Handwerksnovellen von 1884, 1897 und 1908 den Innungen wieder berufsordnende Rechte einräumten. Ihre Bedeutung als korporative, genossenschaftliche Sozialform hatten sie jedoch verloren.

Durch diese Merkmale des alten Handwerks ist auch eine zeitliche Eingrenzung gegeben: Da mit dem späten Mittelalter der Prozeß der beruflichen Differenzierung und der Zunftbildung im Handwerk verstärkt einsetzte, bildet es zeitlich den Ausgangspunkt dieses Lexikons, wenngleich einzelne Beiträge weiter ausgreifen. Die einzelnen Artikel umreißen die Entwicklung der einzelnen Berufe, soweit die benannten Grundelemente der Arbeits- und Lebensweise des alten Handwerks prägend blieben. Einzelne Berufe haben ihren handwerklichen Charakter bereits früh verloren: Sie sind verschwunden, in Verlag, Manufaktur oder Fabrik aufgegangen oder haben einen Strukturwandel bzw. einen Übergang zu Reparatur, Kleinhandel oder Dienstleistungen vollzogen. Andere sind noch bis in die Gegenwart zu verfolgen, und so bildet das 20. Jh. einen weiteren zeitlichen Orientierungspunkt. Um der Vielfalt der Berufe gerecht zu werden, umfaßt das Lexikon Beiträge zu den wichtigsten Berufen des alten Handwerks. Kleinere, weniger bedeutende Handwerke werden jeweils im funktionalen Zusammenhang mit größeren Handwerken bzw. einer Berufsgruppe abgehandelt: So werden z. B. die Weiß-, Rot- und Sämischgerber, die Corduaner, Lederbereiter und Pergamenter unter dem Stichwort «Gerber» oder die Sporer und Windenmacher unter dem Stichwort «Schlosser» abgehandelt.

In geographischer Hinsicht beziehen sich die Beiträge auf den deutschen Sprachraum; doch auch hier ist durch wirtschaftliche, soziale und kulturelle Beziehungen ebenfalls keine scharfe Grenze zu ziehen. Aufgrund der regionalen Disparitäten liegt auf den landschaftsgebundenen Formen des jeweiligen Handwerks ein starkes Gewicht. Ein Register verweist auf die kleineren Berufe und Tätigkeiten ebenso wie auf landschaftsgebundene Bezeichnungen und Sonderformen.

Daß angesichts des langen Zeitraumes und der regionalen Vielfalt allenfalls ein Handbuch möglich ist, liegt nahe. Der Band ist daher auch als Arbeitsbuch konzipiert: Er verweist auf weiterführende grundlegende Literatur durch eine Auswahlbibliographie zur Geschichte des Handwerks, die allen Interessierten das Weiterlesen und die Auseinandersetzung mit dem Thema ermöglichen soll.

Diese Angaben finden sich auf Seite 273. Da seit dem Erscheinen der ersten Ausgabe jedoch zahlreiche Studien zu Handwerksberufen erschienen sind, haben Verlag und Herausgeber vereinbart, eine ergänzende und ergänzte Bibliographie auf der Homepage des Verlags und des Herausgebers zugänglich zu machen. Diese soll kontinuierlich weiter aktualisiert werden.

Abschließend möchte ich all denen danken, die das Zustandekommen der ersten beiden und nun auch der vorliegenden dritten Auflage ermöglicht haben: den Autorinnen und Autoren sowie dem Verlag C. H. Beck für die angenehme Zusammenarbeit. Dr. Christine Zeile hat den Anstoß zu diesem Projekt gegeben und nun auch die dritte Auflage initiiert und begleitet; ihr gilt unser besonderer Dank.

Salzburg, im Februar 2008 *Reinhold Reith*

BADER UND BARBIERE

Die Körperpflege und (wund-)ärztliche Versorgung der Bevölkerung lag vom Mittelalter bis ins 19. Jh. in den Händen der Bader und Barbiere. Bader («balneator, «stupenator», «badstöver») sind seit dem Hochmittelalter als selbständige Betreiber öffentlicher Badestuben in deutschen Städten bezeugt. Vertreter des wachsenden Gewerbes schlossen sich bald in Bruderschaften und Zünften zusammen. Ihre ältesten Ordnungen datieren aus dem 14. Jh. (1336 Zürich, um 1350 Lübeck, 1375 Hamburg, 1386 Schwäbisch Gmünd, 1398 Danzig). Das Badewesen erlebte im Spätmittelalter seine Blüte: Hamburg hatte zwölf, Lübeck 16, Wien 29 Bäder; auch auf dem Lande begann es sich auszubreiten. Der Besuch der Badestube war in allen Gesellschaftsschichten sehr beliebt; zudem gab es medizinische Indikationen für das Baden, vor allem galt es als Vorbeugemittel gegen Aussatz.

Der Erwerb einer Badestube war für die meisten Bader aus finanziellen Gründen kaum möglich: 1. wegen der teuren Badestubengerechtigkeit, 2. wegen des recht hohen Hauswertes (infolge der Brandgefahr war Steinbauweise erforderlich, außerdem bestanden bessere Badestuben aus mehreren Räumen) und 3. wegen des teuren Inventars (z. B. der große Kupferkessel zum Erhitzen des Wassers). Badestuben waren daher meist im Besitz der Städte, die sie an die Bader verpachteten.

Der Bader war verpflichtet, das Bad, dessen topographische Lage nur selten durch den Wasserbedarf bestimmt war (z. B. Freiburg und Zürich), an festgesetzten Wochentagen einzuheizen. Das Wannenbad spielte eine untergeordnete Rolle, vorherrschend war das Dampf- oder Schwitzbad. Zum Baden gehörten auch das Kopfwaschen («zwahen», «zwagen») und das Kämmen, außerdem das Haareschneiden und bei männlichen Badegästen auch das Rasieren («scheren», «balbieren», «barbieren»). Medizinische Arbeiten des Baders bestanden in der Blutentziehung (schröpfen, aderlassen) zur Prophylaxe und Therapie sowie in der Wundversorgung. Neben den äußerlichen (wundärztlichen, chirurgischen) Eingriffen wurde auch mit innerlich wirkenden Medikamenten (Purgiermitteln) behandelt. Darüber hinaus wurden die Badbesucher mit Speisen und Getränken bewirtet, z. T. auch mit Spiel und Gesang unterhalten. Für diese Dienstleistungen hielt der Bader in der Regel zweierlei Hilfskräfte: Bad(er)knechte für die medizinischen Arbeiten und weniger qualifizierte Bademägde für die Bereitung der Bäder und zur Bedienung der Gäste, wobei offenbar häufig die Grenze zur Prostitution überschritten wurde.

Die vielbeschriebene Sittenlosigkeit in den Bädern war einer der Gründe, warum das Baden seit dem 16. Jh. seine vormalige Bedeutung verlor. Weitere Gründe waren die Gefahr der Ansteckung mit Syphilis und anderen Infektionskrankheiten (wovor die Ärzte warnten), dann der Holzmangel und die damit verbundene Erhöhung der Badepreise, das durch die Reformation verursachte Ende des Brauches, «Seelbäder» für die Armen zu stiften, das Aufkommen privater Badestuben und die neue Mode, Badereisen zu den Mineralquellen zu unternehmen.

Die Barbiere («barbitonsor», Scherer, Balbierer) traten in der Regel später als die Bader in Erscheinung. Vermutlich handelte es sich bei ihnen ursprünglich um Baderknechte, die sich aufgrund der beschränkten Zahl der zugelassenen Badestuben ohne eine solche selbständig machten. Barbiere formierten später als die Bader Zünfte mit eigenen Satzungen: In Köln bekamen sie 1397 ihren ersten Amtsbrief, in den Hansestädten stammen ihre frühesten Zunftrollen aus der zweiten Hälfte des 15. Jh.s (1457 Danzig, 1480 Lübeck, 1486 Hamburg).

Auch die Barbiere bildeten zumeist (mit Ausnahme von Württemberg) ein geschlossenes Handwerk. Mit dem Niedergang der Badestuben in den Städten überflügelten die Barbiere bald die Bader (1511 Erfurt: 15 Barbiere/4 Bader, 1580 Mainz 7/2, 1760 Stralsund 10/1, München 1771 dagegen 8/14). Das Chirurgenhandwerk (Bader und Barbiere zusammengenommen) gehörte zu den mittelstarken Gewerben. Im Württemberg des 18. Jh.s kam auf 600 Einwohner ein Chirurg, und das Handwerk galt hier – ebenso wie in anderen Regionen – als überbesetzt.

Als das Baden im 17./18. Jh. vielerorts ganz außer Gebrauch kam, wurde das Tätigkeitsfeld von Badern und Barbieren im wesentlichen kongruent, so daß man sie häufig unter der Bezeichnung Chirurgen zusammenfaßte; die vollständigen Berufsbezeichnungen lauteten Bader und Chirurg sowie Barbier und Chirurg. In hartem Konkurrenzkampf errangen die Barbiere einen Vorteil: Im Unterschied zu den Badern durften sie ihre Dienste meist auch außerhalb ihrer Barbierstuben anbieten. Die oft zu Unrecht nur mit den Barbieren in Verbindung gebrachte Chirurgie oder Wundarznei konnten sie den Badern dagegen nicht streitig machen. Zum Schutz der Patienten waren die Chirurgen des 18. Jh.s in manchen Gebieten in drei Klassen mit unterschiedlichen Kompetenzen eingeteilt. Nur die erste Klasse durfte die Chirurgie in vollem Umfang (größere Operationen) ausüben.

Riskante und gewinnbringende Eingriffe wie Steinschnitte, Starstiche, Amputationen und Operationen von Hernien führten nur wenige Spezialisten in den Städten oder unzünftige Fahrende durch. Manche Chirurgen begannen im 18. Jh. in die operative Geburtshilfe vorzudringen. Die Mehrheit lebte jedoch von gering vergüteten Arbeiten wie dem Rasieren der «Jahrgäste» (Stammkunden mit Jahresabonnement für meist eine Rasur pro Woche), vom Aderlassen, Schröpfen und Zahnziehen, wozu in der Durchschnittspraxis noch Wund- und Frakturbehandlungen kamen. Neben den notwendigen Instrumenten, die teilweise auch bei der Zunft und den Oberämtern ausgeliehen werden konnten, besaßen Chirurgen seit früher Zeit berufliche Fachliteratur. Entgegen den gesetzlichen Verordnungen betätigten sich viele Bader und Barbiere auch in der inneren Medizin und Pharmazie. Damit füllten sie – zumal auf dem Lande – eine wichtige Marktlücke, denn die Zahl der Ärzte und Apotheker blieb bis ins 19. Jh. hinein sehr gering. Chirurgen wurden – selbst bei inneren Krankheiten – von Personen aus allen Schichten konsultiert. Von der Privatpraxis abgesehen, stand mancher Meister als Ratsbarbier, Blattern- und Pestarzt etc. in städtischen Diensten; die geschworenen Meister fungierten als gerichtsmedizinische Gutachter.

Im Widerspruch zu dem gängigen Topos ihrer Unehrlichkeit standen Bader und besonders Barbiere oft in hohem Ansehen, bekleideten öffentliche Ämter, waren entsprechend vermögend, und mancher brachte es bis zum Leib- oder Hofbarbier an einem Fürstenhof.

Die chirurgischen Betriebe waren meist recht klein, wie z. B. im 18. Jh. in Württemberg mit durchschnittlich 1,35 Beschäftigten. Auf dem Lande praktizierten viele Meister allein, in den Städten hatten sie oft bis zu drei Hilfskräfte; in der Regel durfte nur ein Lehrjunge gehalten werden, in den Hansestädten auch nur zwei Gesellen. An die Ausbildung des Nachwuchses wurden hohe Anforderungen gestellt.

Die Lehrzeit war seit Beginn des 16. Jh.s auf zwei bis vier, meist drei Jahre festgelegt; an ihrem Ende stand im 18. Jh. z. T. die Prüfung durch einen Arzt. Ein Teil der drei- bis siebenjährigen, zumeist sechsjährigen Gesellenzeit mußte verwandert werden. Außerdem verlangten die Zunftordnungen seit dem 17. Jh. Grundkenntnisse im Lateinischen, die Lektüre von Fachliteratur sowie den Besuch chirurgischer Lehrveranstaltungen (Collegien, anatomische Demonstrationen). Als Meisterstück wurde seit dem Spätmittelalter die Herstellung von Pflastern und Salben gefordert. Unter dem Einfluß akademischer Ärzte, die seit dem 17./18. Jh. den Meisterprüfungsgremien angehörten, gewann die theoretische Prüfung in Anatomie und Chirurgie an Bedeutung, so daß das herkömmliche Meisterstück im 18. Jh. teilweise obsolet wurde.

Gesellenorganisationen gab es bei den Barbieren seit dem späten 15. Jh. (1485 Rostock, 1560 Stralsund, 1590 Frankfurt am Main). Angehende Bader und Barbiere hatten nach beendeter Lehre zunächst den Status eines Mittlers, bevor sie in die Gesellenschaft aufgenommen wurden. Die Gesellenwanderungen sind wenig erforscht: Die wenigen Fernwanderer aus Württemberg bewegten sich vor allem in den protestantischen Gebieten des deutschen Sprachraums (Schweiz, Franken, Sachsen, Preußen). Norddeutsche Gesellen suchten im deutschen Nordosten, in Böhmen und Österreich, aber auch in Dänemark, Polen und Ungarn Arbeit. Von ihren Meistern gewöhnlich im Wochenlohn bezahlt, wurden die Gesellen an manchen Orten außerdem am Gewinn beteiligt (Stralsund, Wien). Chirurgengesellen finden sich vielfach auch als Feldschere in militärischen Diensten.

Im frühen 19. Jh. übten Chirurgen mit der Einführung der Pockenschutzimpfung vorübergehend eine wichtige medizinische Tätigkeit aus, doch war ihr Handwerk infolge der Professionalisierung der Ärzte schon im Niedergang begriffen. Ihre Zünfte wurden aufgelöst (1800 Mainz, 1814 Württemberg, 1839 Lübeck) und ihr Tätigkeitsfeld zunehmend eingeengt: Die medizinischen Tätigkeiten mußten sie den Ärzten überlassen; das Recht zu rasieren verloren sie teils schon im frühen 19. Jh. an die Peruquiers bzw. Friseure (1800 Mainz, 1810 Freiburg), teils wurde es erst mit den liberalen Gewerbeordnungen freigegeben. Im Südwesten sanken die Chirurgenzahlen drastisch, um 1900 war das Handwerk fast verschwunden. Im Norden dagegen (Hannover, Preußen) gingen die Barbiere und Bader – ebenso wie die Peruquiers – im Friseurgewerbe auf.

Abb. 1: Barbierstube. Kupferstich aus dem 18. Jh.

Die Perückenmacher hatten sich im späten 17. Jh. zu etablieren begonnen – gegen den Widerstand der Bader und Barbiere, die die Perückenherstellung für sich beansprucht hatten. In Wien wurden sie 1697 zünftig, meist jedoch erst im frühen 18. Jh. Als Luxushandwerker konzentrierten sie sich in den (Residenz-)Städten: In Bayern arbeiteten 1771 über 40% der Peruquiers in München und nur 2,4% auf dem Land – hingegen bei den Badern 2,4% in München und über 70% auf dem Land.

Ebenso schnell, wie das Gewerbe zunahm (Frankfurt am Main 1762: 62 Betriebe, 1786: 76), nahm es im Gefolge der Französischen Revolution wieder ab. Auf der Suche nach neuen Erwerbsmöglichkeiten spezialisierten sich Perückenmacher als Damenfriseure, Barbiere als Herrenfriseure.

Seit dem Ausgang des 19. Jh.s expandierte das Friseurhandwerk stark. In der Rekrutierung und Ausbildung des Nachwuchses vollzogen sich bald gravierende Wandlungen: Nach 1900 ergriffen auch Frauen den Beruf, und seit dem 2. Weltkrieg dominierten sie unter den Lehrlingen; mit dem 1. Weltkrieg kam das Gesellenwandern zum Erliegen. Eine Tradition des alten Bader- und Barbierhandwerks wurde indes mit dem Aushängen von Becken zu Werbezwecken fortgesetzt.

Sabine Sander

BÄCKER

Als Handwerk im ökonomischen, institutionellen und sozialen Sinne verdankt die Bäckerei ihre Entstehung der hochmittelalterlichen Siedlungskonzentration in Städten und deren rechtlicher Sonderstellung gegenüber dem platten Land. Die Bevölkerungsverdichtung erlaubte durch berufliche Differenzierung und Spezialisierung eine Arbeitsteilung, welcher der Markt als komplementäres Element zur Seite trat. Während der bäuerliche Haushalt als Selbstversorger mit Brot angesehen werden kann, war der Stadtbewohner darauf angewiesen, über die Bäcker mit dem Hauptnahrungsmittel versorgt zu werden, dessen Rohstoff von außen hereinkam. Dem Bäckerhandwerk kam damit eine entscheidende Verteilerfunktion für das vor der Einführung der Kartoffel wesentliche Grundnahrungsmittel zu (ca. 500 g pro Kopf werden für die vorindustrielle Zeit gerechnet, heute 200 g). Seit dem späten Mittelalter bildete sich ein stadtobrigkeitliches Bevorratungs- und Versorgungssystem aus, das die Folgen der starken Ernte- und Preisschwankungen des Brotgetreides mildern sollte. Damit war eine rigide Lebensmittelpolizei gekoppelt, die insbesondere die Bäcker zu spüren bekamen – und zwar in Form einer Kombination von Preistaxe, also Höchstpreis, Brotgewicht und Qualitätsvorschrift, welche durch die amtliche Brotschau kontrolliert wurden.

Beim regelmäßigen Probebacken wurde das jeweilige Gewicht des Brotes unter Berücksichtigung der Backfähigkeit bzw. Qualität des Mehles, der Herstellungskosten und einer Lohn- und Gewinnmarge des Bäckers nach einer abgestuften Preisskala ermittelt: Denn Schwankungen des Getreidepreises schlugen sich in vorindustrieller Zeit nicht im Preis, sondern im Gewicht des Brotes nieder. Bei allen Bemühungen um Ausgleich zwischen den Interessen des Konsumenten und des Handwerks führte das komplizierte Brottaxensystem zu ständigen Reibereien zwischen Bäckern und Rat – von weiteren versorgungssichernden Maßnahmen wie Marktzulassung auswärtiger Bäcker, Unterhaltung eines städtischen Backhauses und Verpflichtung zum Backen mit dem Rohstoff des Kunden und der Teigbereitung in dessen Haus ganz abgesehen.

Der Standort des Backbetriebes war notwendig eng an den Absatzort gebunden. So begrenzten zum einen die Zahl der örtlichen Nachfrager, zum andern die bautechnisch bedingte Größe der Öfen und die Backtechnik selbst das Produktionsvolumen. Folglich konnte die Gesamtproduktionskapazität eines lokalen Bäckerhandwerks über die Zahl der Backöfen reguliert und außerdem durch «Reihebacken» (Aussetzen mit dem Backen reihum) oder zweimaliges Backen pro Tag an die Nachfrage angepaßt werden. Unter Kapazitätsgesichtspunkten wird erklärlich, warum die Städte und Zünfte über die Nutzung bestehender und den Neubau von Backöfen und -häusern eine strenge Aufsicht übten: Vor allem setzte die selbständige Ausübung der Bäckerei die Verfügung über einen Backofen voraus. Schon aus feuer- und baupolizeilichen Gründen schien es angeraten, diese Gefahrenquelle (Holzbauweise) unter strikter Kontrolle zu halten und ihre Zahl zu beschränken. Das erforderten auch Knappheit und hoher Preis des Heizmaterials Holz und Holzkohle. Auch alte Rechtstraditionen haben wohl mitgespielt, die das Backen als dem Grund- oder Stadtherrn unterworfenes Banngewerbe auffaßten und daher Backofen und Verkaufsstand mit einer besonderen Gerechtsame verbanden, die gegen Abgaben verliehen wurde. Im Sinne zünftigen Konkurrenzausgleiches und obrigkeitlicher Lebensmittelpolizei war die Zahl der Verkaufsstände, -lauben, -schrannen, -buden am Marktplatz der mittelalterlichen und frühneuzeitlichen Stadt meist auf eine je Meister beschränkt; dabei war der Verkauf im Bäckerhaus eingeschränkt oder gar verboten.

Der Verkauf lag weithin in Händen von Frauen, der Meisterfrauen und Dienstmägde. Auch wenn für das 15. Jh. für eine Reihe von Städten Bäckerinnen bzw. Meisterinnen bezeugt sind, scheinen Frauen im Backhaus selbst seltener gearbeitet zu haben. Hier dominierten die Männer, äußerlich verbunden durch das Tragen der Backschürze, die schon im Spätmittelalter nicht zuletzt als Festtagskleidungsstück zum Standessymbol des «ehrlichen» Bäckers geworden war: Meister, Knechte bzw. Gesellen, bei denen z. B. in Nürnberg je nach Berufserfahrung «Poßler» (Klein-Junger/Junker), «Kübelknecht» (Kneter/Teigmacher) und «Helfer» (Werkmeister/Schießer) unterschieden wurden, und Lehrlinge. Freilich herrschte der Alleinbetrieb des Meisters durch die Jahrhunderte vor. Um die gegenseitige Konkurrenz zu mindern und den handwerklichen Nachwuchs gering zu halten, hatten die Zünfte zwar meist die Mitarbeiterzahl auf höchstens zwei, jährlich oder halbjährlich entlohnte Gesellen und einen Lehrling begrenzt, aber das Limit wurde nur selten erreicht. Noch 1908 wurden im Schnitt nur zwei, oft noch im Haushalt des Meisters lebende Mitarbeiter (Gesellen, Hilfsarbeiter, Lehrlinge) je Betrieb gezählt, während auf die 1,4% Großbetriebe je 17 Beschäftigte entfielen.

Bereits seit dem 14. Jh. gab es Lehrknaben, -buben oder -knechte, auch wenn erst seit der Mitte des 15. Jh.s im deutschen Handwerk eine Lehrzeit allgemein üblich wurde. Für diese bürgerte sich im folgenden Jh. eine Untergrenze von zwei, dann drei Jahren ein. Das Lehrgeld war schon im 18. Jh. vergleichsweise gering und kam seit der Mitte des 19. Jh.s weitgehend außer Gebrauch, nicht zuletzt wegen der schlechten Zukunfts- und Verdienstaussichten des Nachwuchses. Dieser rekrutierte sich daher in immer stärkerem Maße vom Land. Der Radius der wenigstens zweijährigen Gesellenwanderung, die seit dem 16. Jh. als Voraussetzung der Meisterschaft galt, blieb bei den Bäckern meist regional beschränkt. Wurden anfangs nur der Besitz eines Backhauses und das Beherrschen des Handwerks verlangt, so diente die Mutzeit von ein bis zwei Jahren, die ein Geselle ohne Unterbrechung bei einem Meister gearbeitet haben mußte, ausdrücklich der beruflichen Bewährung vor der Erlangung des Meistertitels. Auch die Meisterprüfung setzte sich erst allmählich durch und war noch Anfang des 18. Jh.s nicht überall selbstverständlich. Der Meisteraspirant mußte sich einer Backprüfung unterziehen und verschiedene Gebäckstücke gemäß der geltenden Brottaxe oder besonderen Vorschriften herstellen.

Den Meistersöhnen wurden die Aufnahmebedingungen durchweg erleichtert, und die Berufsvererbung war aufgrund der vergleichsweise hohen Vermögenswerte (Backhaus mit Backofen und Gerätschaften, Kapitalstock zur Einlagerung von Getreidevorräten und Heizmaterial) deutlich ausgeprägt. Der zentralen Funktion innerhalb des städtischen Versorgungssystems, dem hohen Organisationsgrad in Zünften, Bruderschaften, Innungen und sonstigen Vereinigungen entsprach eine starke politische Stellung innerhalb der alten Städte. Die – meist im Rat vertretenen – Bäcker gehörten im allgemeinen zu den wirtschaftlich und sozial bessergestellten Handwerkern, zumal sie im Nebenerwerb oft mit Mehl, Gries, Kleie, Korn und seit Ende des 19. Jh.s auch mit Kolonialwaren handelten und aus Bäckereiabfällen Schweine mästeten. Doch herrschte bereits im Spätmittelalter vielerorts eine sehr hohe Betriebsdichte (ca. 1 auf 100 Einwohner), und das Handwerk galt als überbesetzt. Deshalb war bis zum beginnenden 20. Jh. der Einkommensspielraum gering, zumal die potentielle Nachfrageausweitung aufgrund des Bevölkerungswachstums durch den Rückgang des Brotverbrauchs pro Kopf und die aufkommenden Brotfabriken kompensiert wurde.

In der Produktion dominierten die Brotsorten des Massenverbrauchs. Spezialgebäcke zeugen von eher sekundären Qualifikationen. Vor allem in den größeren alten Handels- und Reichsstädten wurde nach verschiedenen Arbeits-, Rohstoff- oder Produktmerkmalen unterschieden in: Schwarz- und Weiß-, Roggen- und Weizen-, Grob- und Fein-, Sauer- und Süß-, Brot- und Kuchenbäcker. Zur jeweils zweiten Gruppe rechnete man auch die Spezialisten wie Schönbäcker, Brezelbäcker, Fladner, Semmler, Fastbäcker, Losbäcker, Lebzelter bzw. -küchler, Pfefferküchler, Pastetenbäcker, Zuckerbäcker. Dahinter verbargen sich selten Vollberufe, eher eine saisonale Spezialisierung auf Luxus- und Festgebäcke, oft in Form besonderer symbolträchtiger «Gebildbrote», die gegenüber dem täglichen Brot kaum ins Gewicht fielen.

Im Herstellungsverfahren des Standardbrotes hat sich im Prinzip jahrhundertelang nichts geändert. Es dominierte – das erste Grundrezept – das Brot aus Roggenmehl unter Zusatz von Sauerteig als Triebmittel. Dem Sauerteig – einmal aus Mehl, Wasser und Hefe angesetzt und vergoren und dann «weitergezüchtet» – wurden Mehl, Wasser und Salz zugegeben, und dann wurde er zum Brotteig verar-

Abb. 2: Der Nürnberger Bäcker Endres Meichsner († 1632) bei der Arbeit vor dem Backofen. Hausbuch der Landauer Zwölfbrüderstiftung.

beitet. Daraus wurden Laibe in zumeist drei Größen bzw. zu drei festliegenden Preisklassen im Verhältnis 1 : 2 : 4 nach der jeweils gültigen Brottaxe ausgeformt. Bei niedrigen Kornpreisen konnte das größte Brot bis zu zwölf Pfund wiegen und benötigte dann bis zu vier Stunden Backzeit. Auf das zweite Grundrezept – Weizenmehl, Hefe, Milch und Fett – lassen sich die Weiß- und Feingebäcke zurückführen, die unter Zugabe von Eiern und Gewürzen schon seit dem Mittelalter, lokal und landschaftlich variierend, in großer Formen- und Geschmacksvielfalt erzeugt wurden: Eierbrot, Semmelbrot, Wecken, Brezeln, Krapfen usw.

Bei harten Arbeitsbedingungen in der alten Bäckerei (Hitze, Mehlstaub, Arbeiten im Gehen und Stehen, Nachtarbeit, lange Arbeitszeiten) war das Kneten des Brotteiges die anstrengendste Arbeit des Bäckers. Erleichterung brachte erst der Entwicklungsschub des ausgehenden 19. Jh.s mit der Einführung der durch Gas- oder Elektromotor getriebenen Knetmaschine, deren erste handgetriebenen Vorläufer aus dem Frankreich des ausgehenden 18. Jh.s bekannt sind. Dies war der entscheidende Durchbruch zur Mechanisierung des Backbetriebes – freilich zunächst in Großstadtbezirken und Großbetrieben. Nach der Jahrhundertwende verdoppelte sich in wenigen Jahren die Verbreitungsdichte der Knetmaschine auf rund 10% aller Betriebe. Rasch folgten weitere verbesserte Hilfsmaschinen und -geräte nach: Mehlsieb- und Mischmaschinen, Sackstäubmaschinen, durch Motorkraft betriebene Aufzüge. Auch zur Ausformung der Gebäckstücke aus dem Teig standen zunehmend Teigteil- und Wirkmaschinen zur Verfügung. Erfolgte das Garen, das Gehen des ausgeformten Gebäcks, früher gewöhnlich unterhalb des Backofens, im «Unterofen», wurden gegen Ende des 19. Jh.s spezielle Garschränke aus Holz oder Eisen eingeführt.

Auch der letzte Produktionsschritt, das Backen selbst, wurde durch eine Verbesserung der Backofentechnik entscheidend umgestaltet. Doch noch bis 1900 herrschte das jahrhundertealte Ofenprinzip der Innenfeuerung vor: Im einzigen Backraum wurde ein Feuer unterhalten, bis der Ofen die nötige Backhitze erreicht hatte, dann Glut und Asche entfernt und anschließend das Backwerk eingeschossen, das bei abnehmender Hitze gebacken wurde. Um einen einheitlichen Ausbackungsgrad zu erreichen, mußte das Backgut wegen der im Ofen herrschenden unterschiedlichen Hitzeverhältnisse umgesetzt werden. Abgesehen davon, daß dieses Verfahren wegen der zwangsläufigen Verschmutzung des Gebäcks mit Ascheresten nicht mehr den hygienischen Anforderungen der Zeit entsprach, versuchte die moderne Ofentechnik die verfahrenstechnischen und ökonomischen Nachteile (ungleichmäßige Hitze, ungenügende Energieausbeute, eingeschränkte Kapazität) zu überwinden. Nach Verbesserungen des

Rauchabzuges, der Befeuerung, des Ascheabfalls und der Türen bedeutete die Trennung von Feuerstelle und Backraum durch die Einführung von kohlebefeuerten Heißluft- oder Kanalöfen (Unterzugöfen) den entscheidenden Fortschritt. Wasserheizungs- bzw. Dampfbacköfen, die bewegliche Anordnung der Herde auf Schienen, dabei die Ausweitung der Eisenanteile gegenüber der alten Schamottesteinausführung, schließlich der Einsatz der Elektrizität brachten weitere Verbesserungen.

Die technischen Neuerungen zu Ausgang des 19. und zu Beginn des 20. Jh.s revolutionierten die Bäckerei geradezu und schufen die Voraussetzungen zum Großbetrieb, der wiederum technische Innovationen herausforderte. Dabei wirkten mehrere Faktoren zusammen: die industriell-technische Entwicklung, die Explosion der Bevölkerung in den Ballungsgebieten, die Beseitigung der betriebliche Innovationen behindernden institutionellen Hemmnisse, die Entstehung eines kapitalintensiven Getreideweltmarktes, der die kleinräumige Versorgungs- und Austauschkette zwischen Erzeuger, Müller und Bäcker tendenziell auflöste. Die konventionellen Bäckereien gerieten gegenüber den entstehenden Großbetrieben hinsichtlich Preis und Qualität unter Konkurrenzdruck und konnten sich betrieblichen und technischen Innovationen nicht länger verschließen. Vielleicht gerade deshalb vermochte sich bis heute im Bäckereigewerbe der kleine, verbrauchernahe Handwerksbetrieb neben der Brotfabrik zu behaupten. Doch war letztlich auch in der Bäckerei zu Beginn des 20. Jh.s das Ende eines seit dem Mittelalter in seinen betrieblichen Formen, in seiner handwerklich-technischen Ausstattung, in seinen Arbeitsweisen und in seiner wirtschaftlichen und sozialen Stellung nur wenig veränderten alten Handwerks gekommen.

Frank Göttmann

BIERBRAUER

Der Stärkegehalt der Samen aller Getreidearten ergibt bei Behandlung mit Wasser, gewissen Kräutern und Wärme ein berauschendes Getränk. Diese Entdeckung haben – nach dem Befund der Ethnologen – rings um den Erdball viele Völker schon auf der Stufe der neolithischen Revolution gemacht. Auch die Kulturvölker des Vorderen Orients kannten das Bier schon mindestens 3000 Jahre, als die Volksstämme Mitteleuropas mit ihnen in Berührung kamen. Die Begegnung mit der Kultur des Mittelmeerraumes führte auch zur Einführung des Weinstockes nördlich der Alpen und damit zu einer dauerhaften Konkurrenz zwischen Wein und Bier in den west- und süddeutschen Gebieten. Dennoch ist das Bier als Volksgetränk – von regionalen Ausnahmen abgesehen – bedeutender gewesen.

Die Herstellung des Bieres vollzog sich zunächst im Rahmen des selbstversorgenden Haushaltes. Die Hausbrauerei erforderte allerdings einen erheblichen Arbeitsaufwand mit speziellen Gerätschaften, und ihr Produkt war nur begrenzt haltbar, da der Gärungsprozeß andauerte und das Getränk nach drei bis vier Wochen ungenießbar wurde. Außerdem konnte man nur in den Wintermonaten bis in den Frühling hinein (November bis Mai) brauen, da das Sommerbier noch schneller schal wurde.

Die Ausbildung der Brauerei als eigenständiger Beruf bzw. Gewerbe verlief im deutschen Sprachraum zudem recht unterschiedlich, da die Würze der zum Sud vorbereiteten Getreidekörner mit unterschiedlichen Zutaten erfolgte und mehrere Brauverfahren angewandt wurden. Am Niederrhein und in Westfalen verwandte man das nach geheimgehaltenem Rezept zusammengestellte «Krut» als Würze. Der schon in karolingischer Zeit angebaute Hopfen wurde bis zum Ausgang des Spätmittelalters ausschließlich in Norddeutschland zum Bierbrauen verwandt. In der Regel bildete die Gerste das Ausgangsprodukt; in manchen Gegenden wurden daneben auch Hafer und Roggen beigemischt. Mit Weizen braute man in der Regel die Weißbiere, die allerdings nur lokale Bedeutung hatten. Die obergärige Braumethode war weit verbreitet. Das länger haltbare untergärige Bier wurde nur mit Hopfen gebraut. Daher ergaben sich schon früh regionale Unterschiede in Geschmack und Qualität der Biere.

Die frühesten Braustätten mit über den Eigenbedarf hinausgehenden Einrichtungen und entsprechend größerem Ausstoß entstanden zunächst in den Klöstern. Hier gab es unter den Brüdern Spezialisten, die die Braukunst beherrschten und pflegten. Von einer kontinuierlichen Produktion konnte jedoch auch hier bis in die frühe Neuzeit nicht die Rede sein.

Erst die Entstehung des Städtewesens im Hochmittelalter schuf Voraussetzungen zur Entstehung bzw. Verbreitung des Braugewerbes. Zunächst – vielfach bis in die frühe Neuzeit – stand jedem Bürger das Braurecht für seinen Eigenbedarf zu. Doch die Anschaffung der erforderlichen Gerätschaften, besonders größerer Sudpfannen, war sehr kostspielig. Der Umgang mit offenem Feuer schuf für die Städte ein feuerpolizeiliches Problem, und bald ergingen entsprechende Vorschriften: Augsburg erhielt schon 1155 eine Brauordnung, die als älteste auf deutschem Boden gilt. Sehr früh nutzten die Stadtherren die Brauerei zu fiskalischen Zwecken. Sie belegten sowohl das Vorrichten des Rohstoffes, das Mälzen, wie auch die Abgabe des über den Eigenbedarf hinaus hergestellten Bieres mit Steuern. Angesichts der beträchtlichen Kosten und des hohen Raumbedarfs lag es für die Bürger nahe, durch hohen Ausstoß das Brauen rentabel zu machen. Da sich aber nicht jedes Stadthaus für das Braugeschäft eignete und die Geräte viel Raum beanspruchten, bildete sich vielfach eine Realgerechtigkeit heraus: Das als Brauhaus eingerichtete Anwesen berechtigte seinen Besitzer zum gewerbsmäßigen Brauen. In manchen Städten besaß der Rat auch eine transportable Brauausrüstung, die er gegen Gebühr verlieh; einzelne Städte gingen auch dazu über, eigene Braustätten einzurichten und sie den Bürgern zur Benutzung zu überlassen. Dieses Verfahren setzte jedoch das persönliche Braurecht, das vielfach erblich oder auch verkäuflich war, voraus und begrenzte damit die Zahl der Brauberechtigten.

Die Brauer besorgten die Produktion des Bieres zumeist nicht selbst, sondern sie beaufsichtigten meist nur die Herstellung und beschränkten sich auf den Absatz des Bieres. Da die Produktion nur saisonal, und nur einige Male im Jahr, betrieben werden konnte, bildeten sich im Rahmen der Brauerei zunächst kaum gewerbliche Organisationen heraus. Das Braugeschäft selbst übernahmen Lohnwerker, die meist nur für einen Tag ins Brauhaus kamen. Die Braumeister stellten auch das nötige Personal, Brauknechte und Hilfskräfte, für das Heranschaffen der Rohstoffe und das Abfüllen des Bieres. Die Meister rekrutierten sich aus den Knechten, ohne daß es zunächst einer Lehrzeit oder einer besonderen Prüfung bedurfte. Nur vereinzelt schlossen sich Lohnwerker zu eigenen Bruderschaften oder Gesellenorganisationen zusammen. Soweit es sich bei den Brauknechten nicht um Taglöhner handelte, kamen sie aus Berufen, die mit der Brauerei in Berührung standen, wie etwa die Böttcher oder Faßbinder, die Zimmerleute, aber auch die Drechsler (so z. B. in Braunschweig), die die saisonale Brauerei als Nebenerwerb betrieben; dies gilt insbesondere für die Braumeister. Über die Entlohnung der Brauer ist wenig bekannt: Sie erhielten wohl je Gebräu einen Stück- oder Teillohn, einzeln und abgestuft oder als mit dem Braumeister verbundene Gruppe. Zumindest im 18. Jh. war vielfach der Halbjahreslohn (Zeitlohn) für eine Saison üblich.

Die Mobilität der Brauknechte war entsprechend der landschaftlichen Vielfalt der Biere regional begrenzt; häufig kamen sie (zur Saison) aus dem ländlichen Bereich. Von einer geregelten Ausbildung – und der meist kurzen Lehrzeit – ist erst im 17. und 18. Jh. die Rede. Gerade die ausgesprochenen Bierstädte verboten jedoch den Brauknechten das Verlassen ihres Territoriums, um ihre Braumethoden nicht fremden Konkurrenten zugänglich zu machen.

Das untergärige Bier der norddeutschen Städte gehörte seit dem 13. Jh. zu den Hauptexportartikeln der Hanse, wobei Hamburg im Spätmittelalter die führende Rolle im Absatz nach Westen – Holland und Flandern – behauptete, während Wismar und Lübeck den Absatz auf der Ostsee und nach Skandinavien dominierten. Bremen spielte nur eine untergeordnete Rolle. Im Ostseeraum nahmen auch pommersche Kleinstädte neben Danzig und Riga am Export über See ins Baltikum teil. An diesem großen Geschäft partizipierten schließlich auch viele Hansestädte des Binnenlandes, soweit sie auf dem Wasserweg mit den Seehäfen in Verbindung standen, wie Lüneburg und die wendischen Städte. Dem weit beschwerlicheren und teureren Transport über Land verdankten Braunschweig, Goslar und Einbeck ihren Ruf im deutschen Süden. In allen Hansestädten war das Brauen eine

Realgerechtigkeit, die von Kaufleuten genutzt und mit im Lohnwerk beschäftigtem Personal umgesetzt wurde. Die Brauherren gaben in diesen Städten gesellschaftlich den Ton an, beherrschten z. T. den Rat und erwarben ansehnliche Vermögen. Das Braupersonal war nur in einigen Städten – wie z. B. in Hamburg – in Bruderschaften vereint. Hier ist als Brauch die Höge, ein Fest der Hamburger Brauknechte, acht Tage um Lichtmeß und alle zwei Jahre begangen, überliefert. Das Brauwesen wurde in immer wieder erneuerten Ordnungen vom Rat geregelt: Dabei ging es um gewerbepolizeiliche Vorschriften sowie um die Qualitätskontrolle der Exportbiere und die entsprechende Markierung auf den Fässern.

Aber auch die obergärigen Biere von Münster/W. und Köln hatten regionalen Absatz. In Nürnberg dagegen, das schon im 14. Jh. gehopftes Bier herstellte, wurde es nur innerhalb der Stadtgrenzen ausgeschenkt. Ähnliches gilt von anderen oberdeutschen Städten außerhalb der Weinbaugebiete. Hier, wie in Köln, waren die Brauer zünftig – in Augsburg schon 1368, in München vermutlich 1420 –, während sie in Nürnberg zu den freien Berufen zählten.

Seit Beginn der frühen Neuzeit ging der Bierexport der Hansestädte über See rasch zurück, während die untergärige Bierherstellung im ganzen deutschen Sprachraum üblich wurde. In Mitteldeutschland errangen Torgau, Zerbst, Bernau und Naumburg mit ihren Produkten neben der älteren Konkurrenz überregionale Bedeutung. Die fiskalischen Interessen der Territorialherren begünstigten dort und an andern Orten die Bildung von Brauerzünften, deren Mitglieder Produzenten im Hauptberuf waren. Selbst in Weinbaugebieten bildeten sich nun Organisationen, in Frankfurt/M. 1620 zunächst in Gemeinschaft mit den Barbieren. Im Zusammenhang damit wurde vielfach das Reihebrauen eingeführt, bei dem nach einer vom Rat aufgestellten Ordnung die Brauberechtigten in einer gemeinsamen Braustätte das Bier herstellten und den Ausschank auch vielfach selbst betrieben. Aber auch in der frühen Neuzeit kann nur bedingt von einem einheitlichen Berufsbild des Brauers die Rede sein; einzelne Städte versuchten zeitweise den Regiebetrieb. Insgesamt wurde die Qualität gegenüber den berühmten Sorten des Spätmittelalters bescheidener, aber auch vielseitiger, während der Konsum deutlich zunahm. Die Bierbrauer des 17. und 18. Jh.s waren aufgrund der großen Konkurrenz im Gegensatz zu ihren Ahnen überwiegend kleinbetriebliche Produzenten. Mit dem

Übergang zur Gewerbefreiheit begann zwar an größeren Orten die Ausbildung von Groß- und Fabrikunternehmen, dennoch nahm im 19. Jh. die Zahl der Brauer und Braustätten noch zu. Gleichzeitig setzte mit dem Aufkommen neuer Transportmittel, insbesondere der Eisenbahn, die überregionale Konkurrenz ein. Da auch der Bierkonsum, insbesondere in den Industrieregionen, stetig wuchs, brachten erst technische Neuerungen, wie die Abfüllung in Flaschen und der Aufbau der Reinigungsanlagen zu deren Wiederverwendung, den Großbetrieben mit entsprechendem Kapitaleinsatz die Möglichkeit der Beherrschung größerer Marktsektoren. Seitdem begann der stete Rückgang der kleinen Brauereien im Zuge der Konzentration. Dank der Qualität ihrer Produkte und dem damit erworbenen Ruf konnten sich lokale Brauer jedoch vielfach bis ins 20. Jh. behaupten. Noch ist der selbständige Bierbrauer in ländlichen Bezirken in Oberbayern und auch in Niederdeutschland nicht völlig ausgestorben, jedoch selten geworden.

Franz Lerner

BÖTTCHER

Der ökonomische Aufschwung der europäischen Städte wurde entscheidend durch die Herausbildung überregionaler Handelsverbindungen beeinflußt. Die innerhalb der Städte als freier Stand lebenden Handwerker begründeten mit ihrem vielfältigen, spezialisierten Warenangebot den ökonomischen Vorsprung der Städte gegenüber dem Land. Neben den Produktionszentren für bestimmte Waren entstanden Handelszentren für die Ein- und Ausfuhr, allen voran die Niederlassungen der Fernkaufleute in den Hansestädten.

Eine nicht unbedeutende Voraussetzung dieses vom Mittelmeerraum bis nach Skandinavien und Rußland reichenden Warenaustausches war sichere Verpackung und Transport der Waren: Erst Tonnen und Fässer machten diesen Austausch möglich.

Bis über die Schwelle des 20. Jh.s waren sie universell einsetzbare «Container» für feste und flüssige Waren aller Art. Dem Böttcher kam deshalb eine große Bedeutung für die Handelsgeschäfte der Kaufleute zu. Die Berufsbezeichnung Böttcher stellt dabei (wie Küper) eine eher niederdeutsche Sprachvariante dar, die erst gegen Ende des 19. Jahrhunderts durch die offizielle Nennung in der Reichsstatistik verbindlich wurde. Auch im Böttchergewerbe entstanden seit dem Mittelalter nach Landschaft oder Art der hergestellten Produkte unterschiedliche Bezeichnungen für den Beruf. Zu den bekanntesten Bezeichnungen zählen: Faßbinder, Binder, Büttner, Schäffler, Küfer und Kubier. Je nach Art des verwendeten Holzes gab es Weißbinder (Nadelholz), Rotbinder (Buchenholz) und Schwarzbinder (Eichenholz). Zunächst trat die Zunft der Kleinböttcher (oder Bechermacher) als erstes eigenständiges Amt neben die Böttcherzunft. Sie fertigten kleine Böttcherwaren für den Haushalt, wie Becher, Kannen, Eimer und Kübel.

Die Aufteilung in verschiedene Sparten erfolgte in Gegenden mit großem Bedarf an verschiedenen Böttcherwaren oder in Regionen mit vorherrschendem Bedarf nach einem Produkt, wie z. B. Weinfässern. Das Böttcherhandwerk nahm deshalb gerade in den Hansestädten und den mit dem Hansehandel verbundenen Orten regen Aufschwung. Dort dienten Tonnen und Fässer nicht nur als Verpackung für Wein und Bier, sondern auch für Butter, Tran, Fleisch, Salz und Fisch. Auch andere feste Güter wie Getreide, Erze und sogar Bücher wurden in Tonnen verpackt. Neben der größeren Stabilität war die leichtere Handhabung sicherlich ein großer Vorteil gegenüber anderen Verpackungsarten. Auch Änderungen der Ernährungsgewohnheiten trugen zu einem florierenden Böttcherhandwerk bei. In den Weinbaugebieten war naturgemäß die Anfertigung von allen zur Weinlese und -pflege notwendigen Gerätschaften das wichtigste Betätigungsfeld der Faßbinder. Sie fertigten Kiepen zur Weinlese, Eimer, Kübel und Bottiche für die Kelter und Weinfässer in allen Größen zur Lagerung des Weins.

Als spezialisierte Variante des Binderberufs entwickelte sich deshalb in den Weinanbaugegenden der Beruf des Küfers. Schwerpunkt seiner Arbeit war die Pflege des lagernden Weins und die Unterhaltung der Weinfässer. In Norddeutschland fand sich dieser eigene Berufszweig nur in den großen Weinhandlungen der Hansestädte.

Der Arbeitsablauf bei der Herstellung von Böttcherwaren änderte sich über einen langen Zeitraum nur unwesentlich. Bis zur Einführung der Maschinenarbeit blieb das Böttcherhandwerk einer der körperlich anstrengendsten Handwerksberufe, da insbesondere das Biegen der Faßdauben große Kraftanstrengung erforderte.

Die wichtigsten Arbeitsschritte bestanden in der Bearbeitung der einzelnen Dauben, dem Zusammenstellen (Binden) der Daube zur fertigen Faßwand mit Hilfe von hölzernen oder eisernen Reifen, dem Einfügen einer Nut an der Daubenkante und Anfertigung und Einsetzen von Boden und Deckel in die vorbereitete Nut. Die Daube, als einzelnes Teil der Faßwand, wurde durch Bearbeitung mit dem Beil, dem Gerade- oder Krummesser genau der späteren Gefäßform angepaßt, sie war hierzu in die Schneidebank eingeklemmt. Auf der Innenseite wurde in der Mitte etwas Holz weggenommen, um das anschließende Biegen des Faßrumpfes zu erleichtern. Die Bearbeitung der Daubenkante mußte sorgfältig mit Hilfe von Modeln kontrolliert werden, da das Werkstück sich sonst nicht abbinden ließ. Die genaue Form der Kante wurde auf dem 1,5–3 m langen Fügehobel herausgearbeitet.

Die nach dem Auftreiben der ersten Reifen weit abgespreizt stehenden Dauben mußten dann mit Hilfe des Anfeuchtens und Ausfeuerns so geschmeidig gemacht werden, daß sie sich, ohne zu brechen, zusammenziehen ließen. Bei großen oder dickwandigen Gefäßen konnte diese Arbeit nur mit Hilfe einer Faßwinde geleistet werden. An dem fertiggestellten Faßrumpf wurden nun die vorläufig angebrachten Arbeitsreifen gegen die endgültigen Reifen ausgetauscht. Zuarbeiter für die Böttcher waren die Lieferanten der hölzernen Weidenreifen, die an den (niederdeutschen) Flußniederungen sitzenden Bandreißer; bei Butterfässern blieb diese Art des Reifens bis in unsere Zeit gebräuchlich. Eiserne Bänder lieferten die Schmiede. Die Reifen wurden mit Hilfe von Setzwerkzeugen (Treibholz, Treibeisen und Setzhammer) auf den Faßrumpf gebracht. Mit verschiedenen Hobeln wurde danach die Innen- und Außenseite des Fasses bearbeitet; für die Daubenenden wurde ein gebogener End- oder Stirnhobel benutzt.

Auch für den letzten Arbeitsgang, die Anfertigung der Böden, gab es spezielle Handwerkszeuge zum Anreißen und Ausheben der Bodenfuge. Sie wiesen lange Führungsbretter auf, mit deren Hilfe das Werkzeug in einer kreisenden Bewegung um den Faßrand herumgeführt wurde. Zum Anreißen der Nut für die Faßböden (Kimme,

Gargel oder Kröse) wurde dementsprechend der Gargelkamm oder die Schwanzkröse gebraucht; zum Vertiefen diente ein Kimmhobel. In die so geschaffene Öffnung konnte nach dem Lösen des jeweils obersten Reifens das aus mehreren Brettchen zusammengesetzte Bodenbrett eingesetzt werden.

Die Entwicklung des Böttcherhandwerks nach 1900 war von weitreichenden Veränderungen gekennzeichnet. Besonders die vielen Kleinbetriebe ohne Maschinen waren von dem allgemeinen Geschäftsrückgang bei Böttcherwaren betroffen. Geböttcherte Kleingefäße wie Eimer, Kübel, Wannen und Zuber wurden durch industriell gefertigte Zinkblech- oder Emailwaren verdrängt. Der Rückgang von Eigenproduktion und Vorratshaltung von Lebensmitteln – zuerst in den Städten, nach 1900 zunehmend auch auf dem Land – verringerte den Bedarf an Vorratsbehältern für Lebensmittel (Fleisch, Sauerkraut, Bohnen etc.). Der Ausbau der öffentlichen Wasserversorgung und die Errichtung von Wasch- und Badeanstalten verringerten ebenfalls den Absatz des Böttcherhandwerks.

Einige Zweige der Böttcherei erlebten dagegen einen zeitlich befristeten Aufschwung, so etwa zwischen 1945 und 1950, als die metallverarbeitende Industrie weitgehend ausfiel.

Durch die Mechanisierung der Produktion konnten einzelne Betriebe eine fabrikmäßige Produktion aufbauen, so z. B. bei der Herstellung von Bierfässern oder Zementtonnen. Andere Böttchereien spezialisierten sich auf den Bedarf der Nahrungsmittelbranche (z. B. Bau von Essigbildnern für die Essighersteller) oder die chemische Industrie. Diese ließ noch bis in die 1980er Jahre Großbottiche mit bis zu 200 000 Litern Inhalt von Böttchern anfertigen. Der Werkstoff Holz war bei dieser Abnehmergruppe allen anderen Werkstoffen überlegen und konnte nur bedingt durch moderne Kunststoffe ersetzt werden.

In kleineren Böttchereibetrieben wurde schließlich der Handel mit gebrauchten Fässern zur letzten Einnahmemöglichkeit. Sie wurden von den Böttchern aufgekauft, im Bedarfsfall repariert und in passender Sortierung an neue Abnehmer verkauft. Ging der Bedarf bei einer bestimmten Art zurück, so konnte das Holz für andere Faßarten verwendet werden. Bierlagerfässer konnten zu Weinfässern umgearbeitet werden, amerikanische Whiskyfässer wurden halbiert und als offene Kübel angeboten.

Abb. 3: Büttner bei der Arbeit an Fässern. Holzschnitt des 16. Jh.s.

Der heutige Massenbedarf an Lagerkapazität bei Brauereien und Winzern ermöglicht kaum noch die Lagerung in hölzernen Fässern. Für bestimmte Spirituosen werden aber noch heute Fässer in Auftrag gegeben, die in zerlegter Form häufig bis nach Übersee versandt werden. Dennoch ist heute das Böttcherhandwerk fast nur noch in Freilichtmuseen, etwa in Den Gamle By in Århus, anzutreffen.

Michael Packheiser

BORTENMACHER

Kunstvolle Besatzartikel (Posamenten) für liturgische Gewänder wie Borten, Bänder, Tressen, Schnüre und Fransen wurden in den spätmittelalterlichen Städten von den Stolen- und Borduirwirkern hergestellt. In Köln produzierten bereits im 13. Jh. Stolenwirker, in Nürnberg waren 1363 mehrere «pantberaiter» sowie Band- und Schnurmacher tätig; auch in Augsburg produzierten 1403 bereits Bortenwirker. Im Niederdeutschen trugen sie den Namen Brämelmacher («bremelmacher»), auch die Bezeichnungen Pasementmacher (Hamburg) und Schnürmacher (Frankfurt) waren üblich. Erst nach der Mitte des 16. Jh.s setzte sich die Bezeichnung Posamentierer durch und kennzeichnete offenbar die Herstellung der «reichen Arbeit», der Gold- und Silberborten, während die Bandmacher auf die einfacheren Borten beschränkt blieben. Um diese Zeit vollzog sich in den größeren Städten des Reiches die Zunftbildung bei den Bortenmachern: In Leipzig traten sie nach 1545 zu einer Innung zusammen, 1583 erhielten die Frankfurter und 1625 die Zürcher Posamentierer eine Ordnung, da sich das Handwerk stark vermehrt hatte; in Köln bestand seit dem ersten Drittel des 17. Jh.s ein eigenes Posamentieramt. Zunächst hatte es sich um ein kleines – mit den Knopfmachern zusammengeschlossenes – Handwerk gehandelt: In Basel arbeiteten Ende des 16. Jh.s nur zehn Meister, in Wien gab es 1642 erst 15 Werkstätten, Frankfurt/M. zählte um 1650 dagegen schon 60 bis 70 Meister. Europäische Zentren der Bandproduktion waren Amsterdam mit etwa 200 Meistern (1645) und Lyon (1660) mit etwa 1500 Meistern und 8000 Stühlen.

Wenngleich die Kleiderordnungen den Luxus des «gemeinen Volkes» immer wieder abmahnten, so verhalf doch die Kleidermode des Barock der Bandproduktion zu einem starken Aufschwung: Das Handwerk expandierte, und als bedeutende Standorte bildeten sich Basel, Hamburg, Frankfurt, Straßburg, Köln, Augsburg und Nürnberg heraus, auch im sächsischen Erzgebirge (Annaberg und Buchholz) florierte seit dem späten 16. Jh. die Bandfabrikation.

Die Seide wurde über Kaufleute bezogen, da der Seidenhandel über die großen Messen lief. Sie kam bereits in gezwirntem Zustand aus Italien, doch auch asiatische Seiden wurden durch die Ostindische Kompanie eingeführt. Für besonders luxuriöse Borten – vor allem die Tressen – wurden die von den Gold- und Silberspinnern mit Lahn umwickelten Gold- und Silberfäden verwendet. Durch den hohen Preis der Rohstoffe und die Produktion für den Export ergaben sich für die Meister häufig Abhängigkeitsverhältnisse gegenüber den Kaufleuten bzw. den Verlegern, die auch den Absatz über die Messen vermittelten.

Das Fadenmaterial wurde zunächst mit Winde (Windrocken) und Spulrad auf Wellen und Spulen aufgewickelt. Mit dem Schweifrahmen wurden dann die Kettfäden abgemessen, vereinigt und auf die Welle gebracht. Zum Weben der Borten wurden je nach erforderlicher Musterung verschiedene Webstühle benutzt: Die einfache Borten- oder Wirklade war im 18./19.Jh. kaum mehr in Gebrauch. Wichtigstes Arbeitsgerät war der eingängige Posamentierstuhl, in seiner Einrichtung dem Webstuhl ähnlich. Je nach den Hilfsmitteln, die zum Heben der Kettfäden angebracht waren und die verschiedene Muster gerierten, unterschied man den Kamm- oder Trittwebstuhl, auf dem glatte Bänder mit einfachen Mustern hergestellt wurden, den Hochkamm- oder Hochlitzenstuhl, den Wellenstuhl und den Zampel- oder Kegelstuhl, auf denen fassonierte Bänder gewoben wurden.

Mit dem Schubstuhl und besonders der Bandmühle (Schnurmühle, Kunststuhl, Mühlstuhl) konnten mehrere Bänder auf einmal gewebt werden. Die Schiffchen wurden nunmehr durch die Schlaglade in Bewegung gesetzt. 1667 wurde die erste Bandmühle aus Holland in Basel eingeführt und 1691 bereits mit 200 Bandmühlen und einem großen Arbeitspotential auf dem Land (im Verlag) produziert, so daß für die zünftigen Posamentierer der Reichsstädte durch die protoindustrielle Bandproduktion eine starke Konkurrenz aufkam. Ein kaiserliches Edikt von 1685 gegen die Bandmühle, das 1719 nochmals erneuert wurde, konnte ihre Durchsetzung jedoch nur verzögern. In der Lausitz wurden ab 1700 auf dem Land mittels Schubstühlen Leinen- und Wollbänder hergestellt. Im Wuppertal erreichte die Bandweberei internationale Bedeutung: In der bergisch-märkischen Region produzierten die Bandweber zunächst auf eigenen Stühlen Leinenbänder, Ende des 18. Jh.s auch Baumwoll- und Seidenbänder; hier verbreitete sich die Bandmühle im späten 18. Jh. Besonders in und um Krefeld gewann die hausindustrielle Produktion mit Bandmühlen an Bedeutung. In Wien – zunächst für das Seidengewerbe unbedeutend – wurde ab Mitte des 18. Jh.s mit Bandmühlen gearbeitet, und in Böhmen nahm die Bandfabrikation seit den 1770er Jahren einen ungeahnten Aufschwung. Preußen hatte das oben genannte Edikt bereits 1749 außer Kraft gesetzt, und in Berlin waren um 1800 schließlich 153 Seidenbandmühlen mit 20 Gängen, 257 mit fünf Gängen und 879 eingängige Seidenbandstühle in Betrieb.

Im städtischen Handwerk wurde die Dauer der Lehrzeit in der frühen Neuzeit zunehmend ausgedehnt: Hamburg verlangte 1586 mindestens zwei Jahre, Frankfurt 1592 mindestens drei Jahre, Zürich 1625 drei bis vier Jahre, Köln 1659 vier Jahre, Nürnberg 1695 wenigstens vier Jahre, Straßburg 1681 vier, dann 1707 – wie auch Augsburg – fünf Jahre. Produktionstechnik und wandelnde Mode stellten zunehmende Anforderungen, doch auch der Expansion des – von der ländlichen Massenproduktion bedrohten – Handwerks sollte entgegengewirkt werden. Vereinzelt erhielten die Lehrjungen im letzten Lehrjahr Lohn. Die Gesellen arbeiteten in der Regel im Stücklohn. Da sich das Handwerk zunächst auf wenige größere Städte konzentrierte, waren die Gesellen mobil, und die Posamentierer bildeten ein «geschenktes» Handwerk; die Ordnungen des 17./18. Jh.s fordern durchweg die Wanderschaft.

Im Spätmittelalter war die Beschäftigung von Frauen in der Bandproduktion noch keineswegs ausgeschlossen: Eine Nürnberger Losungsliste von 1397 erwähnt eine «Portenwurkerin», und die Wiener Ordnung von 1428 erlaubte noch ausdrücklich die Beschäftigung von Frauen. In Augsburg (1600) sollte dann kein Meister «Weibspersonen» – außer seinen Töchtern – das Handwerk lehren (ähnlich Zürich 1625; die Töchter sollten jedoch nicht auf eigene Rechnung arbeiten dürfen); Nürnberg beschränkte die Zulassung zur Lehre (1595/1601 im Zuge der Erhebung zum «geschworenen» Handwerk) auf «jungen und mannspurschen». Im späten 17. Jh. setzten schließlich die Gesellen das Verbot der Stuhlarbeit der Frauen überregional durch. Vorbereitende Tätigkeiten (Zwirnen, Winden, Spulen) und das Glätten waren jedoch ausgesprochene Frauenarbeiten; auch das Ziehen der Litzen beim Zampelstuhl besorgten Frauen (Wien: Lazzieherinnen) und Kinder.

Durch die protoindustrielle Konkurrenz entwickelte sich bis 1800 folgende Arbeitsteilung zwischen protoindustriellen Gewerbelandschaften und städtischem Handwerk: Da auf der Bandmühle zunächst nur Massenware produziert werden konnte, verblieben den städtischen Meistern die teuren anspruchsvollen Bänder, während in den protoindustriellen Gewerbelandschaften zunächst nur billige Bänder aus Wolle und Florett hergestellt wurden. Durch die zunehmende Perfektionierung der Schubstühle und Bandmühlen verlor das städtische Handwerk jedoch einen Großteil seines Arbeitsgebietes an die protoindustrielle Konkurrenz. Alte Zentren der Bandproduktion (Hamburg, Frankfurt, Köln, Augsburg etc.) verloren als Standorte an Bedeutung. Seit den 1820er Jahren fand auch der 1805 erfundene Jacquard-Mechanismus verstärkt Anwendung in der Bandproduktion: Das Heben und Senken der Kettfäden wurde nun durch eine Lochkarte gesteuert; er konnte mit dem einfachen Stuhl und mit der Bandmühle kombiniert werden und ermöglichte die Produktion fassonierter Bänder. Ab 1850 wurde der Antrieb der Stühle durch Dampfkraft bedeutend, zu Beginn des 20. Jh.s dann der Antrieb durch Gas- und Elektromotoren.

Trotz Arbeitsteilung zwischen zünftigem Handwerk und protoindustrieller Bandproduktion prägten Verlag und Export (um 1800) auch im städtischen Handwerk die Unternehmensform: So arbeiteten in Berlin 1827 von den 168 zünftigen Posamentierermeistern nur 16 auf eigene Rechnung, und 32 lebten ausschließlich vom Handel und betrieben keine Stühle. Mehr und mehr verlegten sich die Posamentierer auf die Ladengeschäfte und den Detailhandel. Ein wichtiges Arbeitsgebiet blieben die Möbelposamente und Sonderanfertigungen, die Bandproduktion übernahm jedoch mehr und mehr die Hausindustrie und die Fabrik. Hier blieben bis ins 20. Jh. Paris, St.-Étienne, Krefeld, der Niederrhein, Basel und Wien für Seidenbänder und Elberfeld, Barmen, das sächsische Erzgebirge und Böhmen für Leinen- und Baumwollbänder als Produktionslandschaften bedeutend.

Reinhold Reith

BUCHBINDER UND FUTTERALMACHER

Die Geschichte der Buchbinderei reicht bis in römisch-byzantinische Traditionen zurück und umfaßt während des Mittelalters ein vielgestaltiges klösterliches Kunsthandwerk; die Zunfttraditionen sind jedoch kaum älter als jene der Buchdrucker. Die enge Verbindung mit Kirche und Studium verlieh den Buchhandwerkern eine besondere Stellung: In Wien zählten sie zu den «gelehrten Berufen». In Paris (seit 1275) wie an vielen deutschen Universitäten besaßen die Buchbinder akademisches Bürgerrecht oder aber an der Immatrikulation hängende Steuervorteile.

Im 14. und 15. Jh. vollzog sich der Übergang von einem Klerikerhandwerk zu einem bürgerlich-zünftigen Beruf, wobei sich die Zahl bedeutender Buchbindereien erst im 15. Jh. mehrte: in Straßburg (seit 1397), Braunschweig (seit 1418), Nürnberg (seit 1433), Erfurt (seit 1440), Heidelberg (seit 1447), Leipzig (seit 1446). Seit 1434 wurden in die Basler Safran-(d. h. Krämer-)Zunft, seit 1502 in die Straßburger Zunft «Zur Stelze», in der sich vor allem die Goldschmiede, die Maler, Glaser, Goldschlager und Armbrustmacher zusammenfanden, Buchbinder aufgenommen. Die geringe Besetzung des Handwerks führte zu solchen Inkorporationen in gemischte Zünfte; die Berufsausübung ohne Zunftbindung galt als eine «freie Kunst». 1467 wurden die Pariser Buchbinder als eine Korporation «groß an Zahl, reich und wohlhabend» angesehen; im deutschsprachigen Raum hat offenkundig erst die Massenproduktion von Büchern mit Hilfe des neuen Druckverfahrens die Entstehung von Buchbinderzünften seit dem frühen 16. Jh. gefördert: Augsburg (1533), Wittenberg (1534), Leipzig (1544), Ulm und Wien (1549) sind als Wegbereiter zu erwähnen – nicht sogleich jedoch andere frühe Stätten des Buchdrucks wie Mainz, Bamberg oder Lübeck. Eine breitere Zunftentwicklung folgte im 16. und 17. Jh.; in Nürnberg, wo Zünfte generell verboten waren, erließ der Rat 1573 eine Buchbinderordnung. Nicht zunftfähig waren Juden, die jedoch zuweilen öffentliche Aufträge erhielten, so der Nürnberger

Buchbinder Meierlein Jude im Jahr 1469. Im benachbarten Fürth arbeiteten während des 18. und 19. Jh.s jüdische Buchbinder bei jüdischen Buchdruckern, ähnliches ist von hessischen Städten während des 19. Jh.s überliefert. 1311 werden in London «Dionisia le (!) Bokebyndere in Fletestrete», 1388 in Wien «Margret die puechpintterin» als Frauen im Handwerk genannt. Frauen und Kinder spielten innerbetrieblich zumal bei beschränkter Lehrlings- oder Gesellenzahl eine wichtige Rolle: Sie waren hauptsächlich mit Vorrichtarbeiten betraut, die sie verschiedentlich auch in Kommission für andere Betriebe ausführten. Die selbständige Leitung des Betriebs, auch die Weiterbeschäftigung von Lehrlingen und die Neueinstellung von wandernden Gesellen, war gängige Übung bei den Buchbinderwitwen.

Die Lehrzeit betrug in der Regel zwei bis drei, in einzelnen Städten auch vier Jahre (Nürnberg 1573, Berlin 1682). Augsburg, das 1586 lediglich zwei Jahre Lehrzeit ansetzte, fiel mit der zeitweiligen Forderung von zehn Wanderjahren völlig aus dem Rahmen, üblich waren drei bis fünf Jahre. Vor der Meisterwerdung mußte der Geselle eine Mut-(Warte-)zeit bis zu fünf Jahren ableisten. Die Buchbinder gehörten zu den besonders weit gereisten Handwerkern, die sich zwangsläufig zu bedeutenden Verlagsorten – Reichs-, Hanse- und Universitätsstädten oder Residenzen – begeben mußten, auch internationale Wanderungen sind belegt. Die Eintragungen der Gesellen in den Herbergsverzeichnissen wiesen ihren Bildungsstand aus: Sie verfügten nicht nur über eine meist sichere Handschrift, sondern suchten auch zuweilen durch Kenntnisse in fremder Schrift und Sprache zu beeindrucken. Die meisten von ihnen identifizierten sich mit einem «Symbolum», einem Handwerkerspruch, den sie unter ihre Personalangaben setzten.

Die Handbuchbinderei ist heute völlig hinter die industrielle Buchbinderei zurückgetreten, ebenso wie das Lumbeck-Verfahren (benannt nach dem 1886 geb. Erfinder der Klebebindung) die 500 Jahre Faden- oder die jüngere Drahtheftung der Bücher verdrängt hat. Aber die Grundelemente der Handbuchbinderei gliedern nach wie vor auch die automatisierten Produktionsschritte: Sie betreffen 1. das Vorrichten des Buches, 2. die Behandlung des Buchblocks (Buchkerns), 3. die Gestaltung und Anbringung des Einbandes. Zum Vorrichten (1) gehörte das ein- oder mehrfache Falzen. Die gefalteten Bogen werden kollationiert, d. h. in die richtige Textausrichtung und Seitenfolge ge-

Abb. 4: Buchbinderwerkstatt des 18. Jh.s.

bracht, und dann in die Heftlade eingelegt. Dabei handelt es sich um ein Rahmengestell, in dem in der Regel zwei bis fünf Bünde (Bänder, heute nur noch selten: Schnüre) senkrecht aufgespannt sind. Die Bogen reichen mit ihren Rücken an die Bünde heran. Die Heftung bewirkt, daß die einzelnen Lagen miteinander verbunden und gleichzeitig die Bünde durch die Heftfäden umschlungen werden. Dies geschieht dadurch, daß – beginnend im Falz der letzten Lage – die einzelnen Lagen aufgeschlagen und mit Heftnadel und Faden durchstoßen und geheftet werden. Bei älteren Büchern sind die Bünde noch als querlaufende Verdickungen auf dem Buchrücken erkennbar, heute fehlen sie nahezu durchwegs. Die Behandlung des Buchblocks (2) beginnt damit, daß der Buchrücken in eine genau rechtwinklige Form gebracht, mit dünnem Leim bestrichen und einem textilen Gewebe hinterklebt wird. Nach dem Trocknen erfolgt das Beschneiden, das Runden des Buchrückens mit dem Abpreßhammer oder mit der Rundemaschine. Nachdem der Buchdeckel – bestehend aus Vorder- und Hinterdeckel, Einlage und Einbandmaterial – gefertigt wurde, wird dieser mit Titeldruck versehen und ggf. verziert (3). Schließlich wird der Buchblock in die Decke «eingehängt». Bei den Einbandarten ist zwischen Broschur, Pergament- und Pappeinbänden, Ganzleinen- und Ganzledereinbänden bzw. Halbleinen- und Halblederbänden, wenn lediglich der Rücken aus diesem Material besteht, zu unterscheiden. Die Befestigung der Buchdecke kann auf unterschiedliche Weise erfolgen: durch klebende Verbindung mit den Bünden oder durch ein eingeleimtes Textilgewebe (Schrenzrücken), das sich heute meist unter den Vorsatzblättern der Bücher abzeichnet. Die Gestaltung des Einbandes ist ein Teil der europäischen Kunstgeschichte: Vor allem bei Lederbänden wurden – zum Teil unter orientalischem Einfluß – vielfältige Möglichkeiten der Aufbereitung und Blindpressung entwickelt, wobei französische (daher die Bezeichnung «Franz» und «Halbfranz» für Einbände mit Leder) und italienische Buchbinder von der Renaissance bis zum 18. Jh. führend waren. Die Bezeichnung besonderer Einbände – wie Grolier, Manutius, Corvinus, Maiolis und Canevaris – erinnert selten an Buchbinder, sondern eher an die Offizin bestimmter Buchdrucker oder an berühmte bibliophile Sammler.

Die bei der Zubereitung und Gestaltung des Buchdeckels gewonnene Kunstfertigkeit im Umgang mit Holz, Leder, Samt, Seide, Pergament, Karton u.a.m. sowie die Verzierungstechnik mit Gold und Silber wurde auch bei der Herstellung von Behältnissen für Bücher, Bestecke, Geschmeide, Toilettenartikel (z.B. Kämme, Handspiegel) angewandt. Hieraus entwickelte sich das Handwerk der Futteralmacher, das jedoch in den meisten Fällen als ein Spezialgebiet der Buchbinder angesehen wurde.

Rainer S. Elkar

BUCHDRUCKER

Mit Buchdrucker bezeichnete man bis in unsere Zeit einen der seltenen handwerklichen Berufe, der durch die Erfindung eines einzigen Mannes entstanden ist. Nach langen Diskussionen steht heute fest, daß diese Technik um 1450 von Johannes Gutenberg in Mainz entwickelt und im Jahre 1455 mit der Fertigstellung der zweibändigen lateinischen Bibel zu einem ersten Höhepunkt gebracht wurde. Was man heute allgemein «die Erfindung Gutenbergs» nennt, zeigt sich bei näherer Untersuchung als ein ganzes System von Erfindungen, die sich im Laufe der folgenden Jahrhunderte zu mehreren, heute selbständigen Berufen entwickelten: dem Schriftgießer, dem Setzer, dem Drucker, dem Druckpressen- und Maschinenbauer und auch dem Druckfarbenhersteller. Doch bis zum Ende der Frühdruckzeit (1500) wurden all diese Tätigkeiten von dem «Buchdrucker» ausgeübt, dem Handwerker, der 1472 in Baseler Gerichtsakten auch erstmals in deutscher Sprache so genannt wird.

Gutenbergs Absicht war es, Texte ohne die zeitraubenden Mühen des Abschreibens und ohne die damit verbundenen Fehlerquellen zu vervielfältigen. Seine Idee, die verschiedenen Buchstaben aus Metall mit seitenverkehrtem, erhabenem Bild zu formen, war dafür die grundlegende Voraussetzung.

Nach der langwierigen künstlerischen Gestaltung, die Voraussetzung für das Entstehen jeder Druckschrift ist, beginnen die rein handwerklichen Tätigkeiten des Schriftgießers: Das Buchstabenbild wird auf die geglättete Oberfläche eines vierkantigen Eisenstäbchens übertragen, das nichtdruckende Umfeld wird durch Sticheln und Feilen tiefgelegt, bis das Bild selbst frei und erhaben dasteht. Die so erhaltene Patrize wird in ein weicheres Metall, meist Kupfer oder eine Kupferlegierung, abgeschlagen und erzeugt die Matrize mit ihrem seitenrichtigen, aber vertieften Bild; eingespannt in ein recht kompliziertes Gießinstrument, entsteht dann durch Eingießen einer erhitzten Bleilegierung die Drucktype. Diese Typen konnten in jeder Menge gegossen werden, wegen des teuren Metalls beschränkten sich die Frühdrucker meist aber auf die Anzahl, die von den Setzern für den Satz von drei bis vier Druckformen benötigt wurde. Die Kunst dieses Handwerks bestand vor allem im «Zurichten» der Schrift, worunter man das Justieren des Buchstabenbildes auf dem rund 24 mm hohen Bleistäbchen versteht. Bei dieser Arbeit entschied sich, ob die einzelnen Buchstaben im richtigen Abstand zueinander und auf einer Linie standen und ob sie eine Höhe hatten, damit sie in der Presse einwandfrei eingefärbt und gedruckt werden konnten.

Für den Schriftsetzer begann die Arbeit am «Kasten», in dessen heute rund 120 Fächern die verschiedenen Buchstaben und Zeichen für den Griff zum Winkelhaken bereitlagen. Seine Aufgabe war es, die Typen entsprechend dem Manuskript aneinanderzureihen, die einzelnen Wortzwischenräume nötigenfalls so zu verändern, daß die Zeilen eine einheitliche Länge erhielten, um sie dann zu einer Kolumne und schließlich einer Seite zusammenzufügen. Seine Arbeit endete jedoch erst mit dem «Ablegen» der Typen nach dem Druck in die verschiedenen Fächer der entsprechenden Schriftkästen, um sie für den Satz eines neuen Textes zur Verfügung zu haben.

Dem Drucker, der bis ins 19. Jh. auch den Bau seiner hölzernen Pressen übernehmen oder wenigstens ihre Konstruktion beherrschen mußte, oblag die Arbeit, durch richtiges Zusammenstellen der Seiten in der Druckform, das Ausschießen, durch Zurichten und sauberes Einfärben so viele gleichbleibend gute Abzüge herzustellen, wie sein Auftraggeber oder – wenn er, wie in der Frühdruckzeit üblich, sein eigener Verleger war – die Einschätzung der Absatzchancen es verlangte. An den Handpressen war diese Tätigkeit stets zweigeteilt; der Preßmeister hatte für das Einrichten der Presse, das Ein- und Auslegen der Bogen sowie für den richtigen Druck beim Ziehen des Bengels zu sorgen; gleichzeitig kontrollierte er auch die fertigen Bogen. Der Ballenmeister war für das Anreiben der Farbe und ihren gleichmäßigen

Abb. 5: Deutsche hölzerne Handpresse vom Anfang des 17. Jh.s mit Preßmeister und Ballenmeister sowie zwei sitzenden Handsetzern im Hintergrund. Die Sanduhr gab den Rhythmus an, in dem sich die Arbeiter an der Presse abwechselten. Bronzeepitaph von 1631 auf dem Nürnberger Johannisfriedhof. Als Vorlage diente möglicherweise die Titelvignette zum Schriftmusterbuch von Leopold Fuhrmann, Nürnberg 1618. Eine ähnliche Darstellung findet sich schon in Stumpfs «Schweizer Chronik», Zürich 1548.

Auftrag auf die Form mit den lederüberzogenen Druckerballen verantwortlich, deren kunstvolle Herstellung und Pflege ebenfalls zu seinen Aufgaben gehörte. Beim Druck von größeren Auflagen löste man sich gegenseitig in festgelegtem Rhythmus ab. Mit dem Druck der Bogenrückseite war die Arbeit des Druckers beendet, und die Werke fanden in Form von gefalzten und buchweise zusammengetragenen Bogen, aber ungebunden ihren Käufer. Einige Exemplare ließ der Meister auf seine Kosten binden, dabei handelte es sich aber durchweg um Muster. Es scheint, daß in den Druckwerkstätten von Anfang an die «Bücher» piano oder bestenfalls gefalzt ausgeliefert wurden, damit sie in den bis ins 17. Jh. üblichen Versandfässern untergebracht werden konnten.

Bei dem steigenden Bedarf an Büchern sowie dem damit verbundenen Arbeitsanfall in den Werkstätten war es nur eine Frage der Zeit, wann sich die einzelnen Arbeitsbereiche des Buchdruckers verselbständigten. Wahrscheinlich haben einzelne Schriftgießer schon Anfang des 16. Jh.s auf eigene Rechnung gearbeitet. 1572 übernahm jedenfalls Jakob Sabon aus Lyon bei der Erbteilung der bedeutenden Egenolffschen Buchdruckerei in Frankfurt/M. die Schriftgießerei und betrieb sie als eigenständiges Unternehmen. Seitdem zeigte sich immer häufiger, daß die hohen Kosten einer neuen Schrift meist nur noch von mehreren Druckwerkstätten zusammen getragen werden konnten; die Schriftgießerei wurde zu einem eigenen Gewerbe.

Auch die verlegerische und buchhändlerische Tätigkeit der frühen Buchdrucker verselbständigte sich bald. Durch die neue Form der Buchherstellung mit dem Festlegen einer bestimmten Auflage forderte das Verlegen von Büchern nun erhebliche finanzielle Investitionen für Satz, Druck und Papier, Lagerhaltung und Vertrieb. Nur in wenigen Fällen waren die technisch versierten Prinzipale auch diesen kaufmännischen Anforderungen gewachsen. So gab es schon Ende des 15. Jh.s Verleger von Druckwerken, die ohne eigene Offizin tätig waren. Gleichzeitig finden sich erste Hinweise auf den späteren Beruf des Sortimenters, denn schon um 1500 beschäftigten sich «Buchführer» ausschließlich mit dem Vertrieb von Büchern.

Die Kunst des Buchdrucks verbreitete sich von Mainz ausgehend mit erstaunlicher Geschwindigkeit über Deutschland und die angrenzenden europäischen Länder. Eine wichtige Rolle spielten dabei sogenannte «Wanderdrucker», die mit ihren Pressen und Schriften meist den bekannten Handelsstraßen folgten und so den Buchdruck bis nach Rom (1467) und Neapel (1471), nach Valencia (1474), Salamanca (1481) und Lissabon (1489), nach Paris (1471) und London (1477), nach Odense (1482), Kopenhagen (1493) und Stockholm (1483) sowie nach Krakau (1476) brachten, um nur einige Frühdruckorte zu nennen. In Deutschland arbeiteten bis zum Jahre 1500 in rund 60 Städten etwa 300 Druckereien. Italien nahm in der Buchproduktion die zweite Stelle ein: Allein in Venedig kamen in 150 Offizinen 4500 Titel heraus.

Bei der überragenden Bedeutung des jungen Gewerbes und seiner engen Beziehung zu den Autoren, zum zeitgenössischen geistigen Leben, fiel es den Buchdruckern schwer, sich in bereits bestehende Zünfte einzuordnen. Vereinzelt gehörten zwar Meister den Zünften der Goldschmiede, der Briefmaler oder auch der Formschneider und Bildschnitzer an, um die Mitte des 16. Jh.s bemühte man sich aber immer intensiver um eine eigenständige Gewerbeordnung. Die erste, die uns erhalten geblieben ist, erschien 1573 in Frankfurt am Main und regelte, wie auch die folgenden, vor allem das «Postulat», dessen Ursprung in studentischen Bräuchen zu suchen ist. An den Universitäten war die «Deposition» seit Beginn des 16. Jh.s fester Bestandteil der Immatrikulation, bei den Buchdruckern wurde diese symbolische, teils recht derbe Zeremonie am ausgelernten Lehrling vorgenommen, der nach einer zusätzlich absolvierten «Cornutenzeit» in die Gesellenschaft der Gehilfen aufgenommen wurde. Als Cornut oder «Hörnerträger» erhielt er schon den Lohn eines Gehilfen und konnte das Geld für das Postulat, das auch «Forderung» genannt wurde, verdienen. Dieser Brauch lebte bis ins 19. Jh. fort, bis 1803 für Preußen ein grundsätzliches Verbot ausgesprochen wurde, dem die meisten anderen Länder bald folgten. Teile der Depositionszeremonien findet man noch im «Gautschen» der Buchdrucker, einem Anfang des 19. Jh.s aufgekommenen Brauch. Nach dem feierlichen Taufakt erhielt er den Gautschbrief, der ihn als «zünftigen» Jünger der «Schwarzen Kunst» auswies.

Sehr bald nahm das Postulat die Form einer Gewerbeordnung an, die von den aufkommenden, paritätisch von Prinzipalen und Gehilfen besetzten «löblichen Buchdruckergesellschaften» gepflegt und ausgefüllt wurden. Diese Sozietäten waren zunftähnlich aufgebaut und regelten durch eine interne Gerichtsbarkeit das berufliche wie gesellschaftliche Leben der Kunstgenossen und vertraten deren Interessen nach außen hin. Die Einnahmen aus den Geldstrafen und den regelmäßigen Beiträgen der Druckherren und Gehilfen waren die Grundlage eines Kassenwesens, das bereits Formen eines gewerblichen Unterstützungsvereins zeigte. Aus diesen Mitteln wurden seit dem Ende des 16. Jh.s Bestattungskosten für unbemittelt Verstorbene, das «Viatikum» oder Kostgeld für die wandernden Gehilfen und die Unterstützung für notleidende oder kranke Berufsangehörige bestritten. Reine gewerbliche Unterstützungskassen entstanden dann in der zweiten Hälfte des 18 Jh.s. Gleichzeitig wurde dafür gesorgt, daß nicht mehr Druckereien aufgemacht, nicht mehr Lehrlinge angelernt und Gehilfen beschäftigt wurden, als der örtliche Markt für die Buchherstellung verkraften konnte, um das Einkommen aller Kunstverwandten zu sichern. Dagegen hatten die allein von den Druckherren getragenen «Buchdrucker-Innungen», von denen die älteste um 1595 in Leipzig gegründet wurde, längst nicht diese Bedeutung und Wirkung.

Durch diese zünftische Bindung kannte das Buchdruckergewerbe bis zum Ende des 18. Jh.s keinen internen Konkurrenzkampf, der die Existenz einzelner Betriebe bedroht hätte, aber auch nicht den Ehrgeiz zur Rationalisierung der täglichen Arbeit. In den 350 Jahren seit Gutenbergs Erfindung findet man tatsächlich keine technischen Fortschritte, die die Tätigkeit der Schriftsetzer oder Drucker nennenswert vereinfacht hätten. Selbst ein Versuch des Baseler Schriftgießers Wilhelm Haas mit seiner neuen eisernen Presse scheiterte auch 1780 noch an der starren Haltung der örtlichen Zünfte. Es scheint, daß technische Neuerungen im deutschen Buchdruckergewerbe erst allmählich Eingang fanden. Mit einer Verzögerung von zehn Jahren entdeckt man auch in deutschen Offizinen vereinzelt die ersten praktikablen eisernen Pressen von Lord Stanhope (1800), von Clymer oder Cope, die die Arbeit des Druckers erleichterten und spürbar beschleunigten, und mit der gleichen Verzögerung stellte man in den ersten fortschrittlichen Zeitungsdruckereien in Augsburg, Berlin und Hamburg Friedrich Königs «Schnellpressen» auf, die er seit 1811 bereits mit großem Erfolg an englische Unternehmer verkauft hatte; diese leisteten das Drei- bis Vierfache der hölzernen Handpressen und machten die gutbezahlten Drucker weitgehend entbehrlich. In den folgenden Jahrzehnten wurden die Schnellpressen technisch vervollkommnet und im Druckformat vergrößert. Als Ende der 1860er Jahre die ersten brauchbaren Rotationsmaschinen für den Zeitungsdruck auf den Markt kamen und nach 1900 auch bald für den rotativen Buchdruck eingesetzt wurden, war die technische Entwicklung des Buchdrucks im Prinzip abgeschlossen; mit formatabhängigen Druckgeschwindigkeiten von 2500 bis 5000 Exemplaren pro Stunde an den Schnellpressen und 15 bis 18 000 Exemplaren bei Rotationsmaschinen waren die Leistungsmöglichkeiten des Buchdrucks erschöpft.

Bereits seit Ende des 18. Jh.s versuchte man ohne Erfolg die Satzarbeit zu rationalisieren und durch das silbenweise Zusammengießen von Einzeltypen zu Logotypen zu beschleunigen. Eine erste wirkungsvolle Kosteneinsparung ergab sich erst durch die Stereotypie, die nach rund 100jährigen Verbesserungen mit der Entwicklung der Papierstereotypie durch den Franzosen Genoux 1829 ihren Abschluß fand. Durch die reliefartige Abformung eines Satzes und das anschließende Ausgießen mit einer Bleilegierung entfielen nun wenigstens die Satzkosten, die bisher auch bei einem textlich unveränderten Nachdruck wieder angefallen waren.

Die erste erfolgreiche Mechanisierung der Satzarbeit brachte nach zahllosen gescheiterten Versuchen die Erfindung Ottmar Mergenthalers, die Zeilensetz- und Gießmaschine «Linotype», die mit buchstabenbreiten Einzelmatrizen arbeitete, diese zeilenweise sammelte und in einem Stück gegossen auf das Schiff brachte. Nach Gründung der Mergenthalerschen Setzmaschinenfabrik 1895 in Berlin wurde diese Maschine auch in Deutschland hergestellt und verkauft. Bis zum Jahre 1900 wurden allein in sieben Berliner Betrieben 35 Maschinen aufgestellt – und 151 Handsetzer entlassen. Auch wenn die Linotype bald mit dem «Typograph» und der «Monoline» konkurrieren mußte, so konnte sie durch ihr vorteilhaftes Preis-Leistungs-Verhältnis und eine geschickte Geschäftspolitik zu jeder Zeit ihre führende Rolle behaupten. Nur noch die von Tolbert Lanston 1897 erfundene «Monotype» fand durch ihre technische Überlegenheit bei schwierigem wissenschaftlichem Satz eine weitere Verbreitung. Trotz stetiger Leistungssteigerung und immer größerer Schriftenauswahl konnte sich die umwälzende Neuerung des maschinellen Bleisatzes nicht einmal 100 Jahre halten; Mitte der 1970er Jahre wurde die Produktion der Linotype eingestellt. Der seit Ende der 1960er Jahre dominierende Offsetdruck, der verfahrensbedingt bei Umdruck und Plattenkopie seit langem schon photographische Techniken einsetzte, verhalf auch den photographischen maschinellen Setzverfahren zum Durchbruch. Der nun materielosen Satzherstellung mit Licht und Laser war die Bleitype endgültig unterlegen.

Nach der Aufhebung des Postulats blieben Bestrebungen zur Bildung von Interessenverbänden bis 1848 erfolglos, als die erste Versammlung der deutschen Buchdrucker in Mainz zusammentrat, um einen «Nationalen Buchdruckerverein» zu gründen. Prinzipale und Gehilfen verhandelten über die Arbeitsbedingungen und ein Abkommen, in dem auch das «Maschinenwesen» geregelt werden sollte; letztlich scheiterte die Buchdruckerbewegung jedoch an den gegensätzlichen Vorstellungen. Erst 1866 konnten die Gehilfen mit der Gründung des «Verbands der deutschen Buchdrucker» die Basis für die Durchsetzung ihrer Interessen schaffen. Unter dem Druck dieser Organisation schlossen sich dann drei Jahre später die Arbeitgeber zum «Deutschen Buchdrucker-Verein» zusammen, so daß sich im deutschen Buchgewerbe als erstem Wirtschaftszweig zwei organisierte Tarifparteien gegenüberstanden. Nach ersten friedlich getroffenen Vereinbarungen über das Verbot der Sonntagsarbeit kam es 1873 wegen des neuen Tarifvertrages zu Streik und Aussperrung und letztlich zum Abschluß eines Tarifvertrages (mit einer Neufassung der Setzerlöhne), der die Festlegung des Zehnstundentages und die Bildung einer Tarifkommission brachte. Überhaupt standen die Buchdrucker gemessen am durchschnittlichen Jahresverdienst (selbst nach dem langen Streik von 1891) an der Spitze der Lohnskala aller in Industrie und Handwerk Beschäftigten, und auch nach 100 Jahren hatte sich an dieser Führungsrolle nichts geändert. Unserer Zeit entsprechend hat das Gewerbe allerdings fast durchweg industriellen Charakter angenommen. Setzer und Drucker, die noch mit Typen und Handpressen arbeiten, sind eine Seltenheit geworden; in der direkten Konkurrenz zu den Kleinoffset- und «Sofortdruckereien» können sie kaum noch bestehen. Ihre Arbeit ist nur noch bei der Herausgabe bibliophiler Drucke gefragt; hier allein wird auch in Zukunft noch die Schwarze Kunst als Handwerk weiterleben.

Rolf Stümpel

BÜCHSENMACHER UND BÜCHSENSCHÄFTER

Im Mittelalter befanden sich die wichtigsten Zentren des Büchsenmacherhandwerks im deutschsprachigen Raum in Augsburg, Braunschweig, Dresden, Nürnberg und Suhl. Das Schmiedehandwerk war im Mittelalter der Größe und Bedeutung dieser Städte entsprechend stark und führend. Schon 1293 erhielten die Braunschweiger Schmiede das Gilderecht. Zu den Grobschmieden zählten die Huf- und Waffenschmiede, während zu den Kleinschmieden die Schlosser, Feuerschloßmacher und schließlich die Büchsenmacher gehörten.

Die Büchsenmacher bildeten zunächst kein eigenes Handwerk. Diese Tätigkeit wurde bis um die Mitte des 16. Jh.s von den Büchsenschmieden und von den Schlossern ausgeübt. Als die Feuerwaffenherstellung in Braunschweig und in den anderen Waffenzentren Mitte des 16. Jh.s eine bedeutende Stellung einnahm, lösten sich die Feuerschloßmacher von den Schlossern und bildeten innerhalb der Kleinschmiedegilde eine eigene Fachgruppe der Büchsenmacher. Lehrjungen, die bei Schlossern ausgelernt hatten, konnten zur Büchsenmacherei übergehen, sie mußten aber bei einem Büchsenmacher zwei Jahre weiterlernen. Dieser Ablösungsprozeß ist deutlich daran zu erkennen, daß sie von dem ursprünglich zu fertigenden Meisterstück, einem «Slot, Bogeln und Sporen», abgingen: Der Rat beschloß auf Vorschlag der Schmiedegilde 1555, daß die Büchsenmacher nunmehr ein anderes Meisterstück schmieden sollten. In dieser Ordnung wird detailliert beschrieben, wie eine Radschloßbüchse zu fertigen ist: ein Lauf von sieben Viertel Länge, ein Feuerschloß mit einem außenliegenden Hahn. Das Feuerschloß soll selbst eingesetzt, der Lauf auf dem Schaft gerichtet und die Büchse geschlossen sein. 1598 verlangte die Gilde dann «einen Lop und Schloß, den Lop mit einer Boddenschraube, sieben Viertel lang, auch Kugelschwer zu beschießen». Krünitz charakterisiert das Büchsenmacherhandwerk des 18. Jh.s dann in seiner «Oeconomischen Encyclopädie» (1776) folgendermaßen: «Büchsenmacher oder Büchsenschmied ist der jenige Eisenarbeiter, welcher entweder bei einer Gewehrfabrik, oder vor sich selbst, arbeitet und die Röhre, welche ihm die Gewehrfabrik ohne Schwanz-Schraube, Zündloch, Richtkorn und ohne Politur liefert, zu den Büchsen-, Flinten- und Pistolen-Läufen vollends ausarbeitet, die Schlösser dazu fertiget, und mithin ein Schießgewehr dergestalt fertig darstellet, daß es von dem Büchsenschäfter nur noch geschäftet werden darf; wiewohl auch nicht selten die Büchsenmacher dieses Schäften selbst verrichten. Sie haben ein gezünftetes, aber ungeschenktes Handwerk, und stehen gemeiniglich mit den Schlossern, an einigen Orten auch mit den Sporern, Uhrmachern, Windenmachern und Nagelschmieden in einer Zunft.»

Die Büchsenschäfter oder Lademacher hatten seit 1549 in Braunschweig mit den Tischlern zusammen eine Gilde und ihre eigene Ordnung. Büchsenmacher, die zur Gilde der Kleinschmiede gehörten, durften keine Lademachergesellen beschäftigen und hatten sich aller Holzschäftearbeit zu enthalten, soweit diese nicht für das Zeughaus der Stadt bestimmt war. Reibungspunkte gab es auch mit den Goldschmieden, da sie den Büchsenschäftern die Gesellen abspenstig machten, um diese zum Kocher- und Flaschenmachen (Pulverflaschen) und zum Ladenstechen (d. h. zum Verbeinen und Verzieren von Schäften) zu gebrauchen.

Mit dem steigenden Luxus vor allem an den fürstlichen Höfen seit der Mitte des 16. Jh.s wurde die Nachfrage nach kostbaren Feuerwaffen immer größer, so daß sich in der Folgezeit die spezifische Prunkwaffe herausbildete. Ihr charakteristisches Merkmal war neben dem zur Herstellung verwendeten kostbaren Material vor allem die künstlerische Ausgestaltung. Die Mitwirkung von Goldschmieden und verwandten Kunsthandwerkern bei der Ausschmückung von Feuerwaffen ist gerade an Augsburger, Braunschweiger, Dresdener, Nürnberger und Suhler Erzeugnissen nicht selten ein wichtiges Indiz, außerdem waren sie stets von höchster technischer Perfektion. Bei der Untersuchung solcher Waffen läßt sich häufig feststellen, daß sie keine oder kaum Gebrauchsspuren aufweisen und demzufolge selten oder gar nicht benutzt worden sind. Derartige Prunkfeuerwaffen stellten in erster Linie Schaustücke dar, die zur Bereicherung von Rüst- oder Waffenkammern erworben wurden oder als beliebte Geschenke an Fürsten oder Könige galten.

Für das weit verzweigte Gebiet der Produktion der Feuerwaffen, für deren technische Entwicklung sowie für deren Ausschmückung standen zahlreiche Kunsthandwerker zur Verfügung. Einige dieser Künstler wandten sich dem Büchsenmacherhandwerk zu, wie die Eisenschneider, Eisentreiber, Ätzer, Bildschnitzer, vor allem aber die Goldschmiede und Damasculierer (Tauschierer). Die Feuerwaffendamasculierer in Braunschweig verfügten über eine Reihe von Rezepten und Techniken, die sie als kostbares Geheimnis hüteten. Sie wandten sich ganz dem Büchsenmacherhandwerk zu und schieden aus der Gilde der Goldschmiede aus. Die Goldschmiede verteidigten jedoch nachdrücklich ihr Vorrecht, Feuerwaffen künstlerisch mit Gold und Silber zu verzieren. Nach Auseinandersetzungen sollte ihnen dann nach 1573 gegossene und getriebene Gold- und Silberarbeit an Feuerwaffen überlassen bleiben. Mit diesem Hinweis wird die Tätigkeit der Goldschmiede im 16. Jh. als Büchsenschäfter belegt.

In der zweiten Hälfte des 16. Jh.s stand die Waffenherstellung in voller Blüte. Handel und Eigenbedarf an Feuerwaffen waren Anlaß für diese Entwicklung. Schon in der ersten Hälfte des 16. Jh.s zeichnet sich – u. a. durch Bestellung fremder Fürsten – ein Bedarf an kunstvoll gefertigten Feuerwaffen ab, der seinen Höhepunkt in der Mitte des 16. Jh.s erreichte. Insbesondere die Nürnberger Büchsenmacher und Büchsenfasser (Büchsenschäfter) konnten die große Nachfrage nach Handfeuerwaffen für die städtischen Zeughäuser und den großen Bedarf an Militärhandfeuerwaffen befriedigen. Um diese Zeit wurden die besten Büchsenmacher an die deutschen Fürstenhöfe gerufen, und Werkstätten wurden für sie im Schloßbereich eingerichtet. Die Hofbüchsenmacher arbeiteten fast ausschließlich für ihre fürstlichen Auftraggeber. Für Braunschweig hatte dies u. a. zur Folge, daß fürstliche Aufträge mit der Zeit zurückgingen; es blieb aber immer noch ein großer Bedarf an einfachen Feuerwaffen für die Stadtverteidigung. Auch hatte Braunschweig seinen Ruf als Zeughaus der Hanse zu wahren und ein entsprechend großes Lager an Waffen im Zeughaus zum Kauf bereitzuhalten. Für den ausgedehnten Waffenhandel war die Feuerwaffe der wichtigste Ausfuhrartikel. So wurde die Waffenherstellung in den benannten Zentren zu einem bedeutenden Wirtschaftsfaktor. Der Handel verlangte qualitätsvolle und kunstfertige Handfeuerwaffen für die Messen in Leipzig und Frankfurt. Braunschweigische Feuerwaffen wurden auch auf dem Martini-Markt in Danzig gehandelt und gingen bis Polen, Ungarn und Petersburg. Hermann Breuer aus Braunschweig lieferte z. B. dem Markgrafen Georg Friedrich von Brandenburg etliche hundert Musketen und Pistolen. Für den Handel war auch die Verbindung zwischen der Handfeuerwaffen-Produktion und der Kleineisenwarenherstellung, die durch den Zusammenhang mit der Kleinschmiedegilde gegeben war, nicht ohne Bedeutung. Schmiedearbeiten wie Steigbügel, Sporen, Kürassen wurden ebenso wie Feuerbüchsen nach Jütland, Dänemark und Schweden exportiert.

Bereits im 17. Jh. setzten sich in der Feuerwaffenproduktion verlagsartige Strukturen durch: In Suhl, wo schon seit dem 16. Jh. Gewehre produziert wurden, nahmen Gewehrhändler (die meist aus dem Schäfterhandwerk kamen) die Büchsenmacher in Verlag; sie bezogen die fertigen Rohre vom Rohrschmied und beschäftigten in eigener Werkstatt zwei bis drei Büchsenmacher (Reparirer) und Polierer, die die Gewehre zusammenbauten und überarbeiteten. Das Schaftholz wurde von den Schmiedefelder Schafthauern bezogen. In Essen, wo die Anfänge der Büchsenherstellung ins 15. Jh. zurückreichen, gewannen die Gewehrhändler Ende des 17. Jh.s an Gewicht. In Steyr und Ferlach (Kärnten) übernahmen ebenfalls im 17. Jh. «Lieferanten» den Gewehrhandel und nahmen die Büchsenmacher in Verlag. Die Ausbildung blieb jedoch bei den verlegten Handwerken und zum Teil auch noch in der Manufakturproduktion – ungeachtet der rechtlichen und wirtschaftlichen Stellung der Meister – an den zünftischen Normen (Lehrzeit, Wanderschaft und Meisterstück) orientiert. Im 18. Jh. setzte schließlich die manufakturielle Gewehrproduktion ein: Frühe Gründungen waren die Gewehrmanufaktur Potsdam-Spandau (1722) und die Gewehrmanufaktur Herzberg am Harz (1739), bevor in den 1780er Jahren dann die manufakturielle Produktion einen Durchbruch erzielte und zahlreiche Neugründungen zu Beginn des 19. Jh.s nach sich zog. Die handwerkliche Gewehrherstellung in den alten Zentren verlor durch Verlag und manufakturielle Massenproduktion für den Heeresbedarf an Bedeutung (in Augsburg z. B. war die Zahl der Büchsenmacher 1615: 24; 1806: 4) stark geschrumpft, und schon im frühen 19. Jh. prägten mehr der Handel und die Reparatur ihr Arbeitsgebiet als die Gewehrproduktion selbst.

Wolfgang Glage

BÜRSTENBINDER

Wenngleich die Bürste bereits im «Sachsenspiegel» (13. Jh.) abgebildet ist und z. B. in Nürnberg bereits um 1400 ein «pürstenpinter» Hans Schön – nomen est omen – arbeitet, so tritt das Handwerk der Bürstenbinder bzw. Bürstenmacher erst vereinzelt im 15. Jh. auf. Zünftig wurde es zunächst nur an wenigen Orten und nicht vor dem Ende des 16. Jh.s (Wien 1472, Leipzig 1650). Häufig schlossen sich die Bürstenbinder mit den Kammachern (Wien) oder mit den Siebern bzw. Siebmachern (Breslau, Dresden) zusammen.

Selbst in den frühneuzeitlichen Großstädten waren nur wenige Meister tätig: In Leipzig arbeiteten im 17./18. Jh. nie mehr als drei, in Wien nie mehr als fünf Meister. Frankfurt am Main (1777: 15 Meister) und Nürnberg (1621: 29, 1720: 10, 1797/98: 22) dagegen konnten als ausgesprochene Zentren der Bürstenproduktion gelten. In Augsburg arbeiteten außer den Bürstenbindern im späten 18. Jh. auch Pinselmacher für die Nachfrage des Kunsthandwerks und der Kattunmalerei. Neben den städtischen Zentren entwickelte sich besonders im Erzgebirge eine florierende Hausindustrie.

Das Arbeitsgebiet des Bürstenmachers umfaßte Bürsten unterschiedlichster Art: Mit Kehr-, Haar-, Kleider-, Schuh- und Kratzbürsten, Barbierpinsel, Schlicht- und Tuchbereiterbürsten sind nur einige gängige Artikel benannt. Schon in Jost Ammans Ständebuch (1567) ist die Werk- und Verkaufsstatt eines Bürstenbinders mit reichhaltigem Sortiment abgebildet.

Wichtigster Rohstoff waren die Schweineborsten: Der Bürstenbinder kaufte sie meist direkt vom Fleischer, doch bereits um 1700 bestand ein ausgedehnter Borstenhandel. Nürnberger Borstenhändler ließen Borsten «en gros» aus Rußland und Polen kommen und sie sortierten und exportierten sie wieder. Auch über die Messen sowie über Danzig konnten Borsten bezogen werden. Die Perückenmacher lieferten (die nicht glänzenden) Pferdehaare, und aus Dachshaaren und Eichhornschwänzen wurden Pinsel gefertigt.

Abb. 6: Der Bürstenbinder und sein Sortiment (16. Jh.).

Die Borsten mußten vor der Verarbeitung gesäubert und sortiert werden. Hierbei konnten sich die Bürstenbinder den Milzbrand zuziehen. Die gröbsten Borsten wurden aussortiert und gingen an die Nadler, die sie an die Schuster und Sattler absetzten. Die übrigen wurden nach Farbe und Stärke sortiert, dann wurden sie mit der Hechel gekämmt. Zum Teil wurden sie eingefärbt, und vor dem Einbinden wurden sie mit der Stockschere zugeschnitten. Die Bürstenhölzer stellte der Bürstenbinder zunächst selbst her (Buchen-, Eichen-, Pflaumenbaumholz), nur die besseren Bürstenhölzer lieferten Drechsler und Schreiner.

Hinsichtlich der Technik, die Borsten im Bürstenholz zu befestigen, sind zwei Möglichkeiten zu unterscheiden: das Einbinden und das Verpichen. Beim Einbinden wurden die Bündel des jeweiligen Materials mit der Stockschere vorgeschnitten und mit Draht oder Bindfaden in die konischen Löcher des Bürstenholzes eingezogen. Der Draht bzw. Faden wurde während des Einziehens nicht unterbrochen und erst am

Ende vernäht. Beim Verpichen wurden die Bündel in Pech getaucht und in die Löcher eingedreht. Die fertige Bürste wurde dann Reihe für Reihe auf der Bankschere nachgeschnitten. Viele Arbeitsprozesse (Waschen, Beschneiden, Nähen, Binden und Auflösen) konnten auch im zünftigen Handwerk von Frauen ausgeführt werden.

Die Bürstenbinder zählten meist zu den «handelnden» Handwerken und setzten ihre Waren sowohl in feststehenden Läden bzw. Buden als auch den Märkten im Umkreis der Städte ab; das Gros der Waren wurde im Hausierhandel vertrieben. In der zweiten Hälfte des 19. Jh.s entstanden Bürstenhandlungen, die aus der Hausindustrie versorgt wurden, und der Detailhandel nahm die Bürste ins Sortiment auf.

Langfristig stieg zwar im «Prozeß der Zivilisation» der Bedarf an Bürsten aller Art bedeutend und ließ das Handwerk im 19. Jh. noch anwachsen, doch verlor es gegenüber der Hausindustrie (Erzgebirge, Vogtland, Wiesental im Schwarzwald) und später der Fabrikindustrie an Boden. Die Zurichtereien besorgten das Sortieren, Kämmen und Reinigen des Rohmaterials, so daß der Bürstenbinder es nun aus vierter oder fünfter Hand bezog; die Holzarbeit ging seit den 1860er Jahren an die Bürstenhölzerfabriken. Nur der wichtigste und langwierigste Teil des Arbeitsprozesses blieb noch reine Handarbeit: Maschinen konnten der billigen Frauenarbeit in Handwerk und Hausindustrie kaum Konkurrenz machen. Erst in den 1890er Jahren kam das Einstanzen auf, das für die gangbaren Produkte ausreichte und einen alle Arbeitsprozesse umfassenden Fabrikbetrieb ermöglichte.

Michaele Bauer

DRAHTZIEHER

Metalldrähte gehörten seit dem späten Mittelalter zu den wichtigsten gewerblichen Halbfertig-Produkten und bildeten die Produktionsgrundlage für eine Reihe von metallverarbeitenden Gewerben. Eisen-, Stahl- und Messingdrähte waren Ausgangsmaterial für Nägel, Näh- und Stecknadeln, Ketten, Drahtsiebe, Drahtnetze, Fliegendraht, Wollkratzen, Harnische, Nieten, Federn, Häkchen, Ösen und andere Produkte. Gold- und Silberdrähte sowie feine versilberte oder vergoldete Kupfer- und Messingdrähte (die sog. leonischen Gold- und Silberdrähte) wurden zu verschiedenen Schmuck-, Zier- und Luxusgütern weiterverarbeitet.

Regionaler Schwerpunkt für die Herstellung jeder Art von Metalldrähten war vom 14. bis 18. Jh. die Reichsstadt Nürnberg. Von hier aus gingen Drähte und Drahtwaren auf nahezu alle europäischen Märkte. Spezialisiert auf Eisen- und Stahldraht waren die sauerländischen Städte Altena, Iserlohn und Lüdenscheid, in denen sich eine Drahtproduktion seit etwa dem Ende des 14. Jh.s zu entwickeln begann. Sie erreichte ihren Höhepunkt vom 16. bis 18. Jh. und hatte in dieser Zeit eine fast monopolartige Stellung in Europa. Standort einer exportorientierten Messing- und Messingdrahtproduktion war seit 1450 Aachen und Umgebung. Die leonische Drahtproduktion, deren Anfänge bis ins 16. Jh. zurückreichen, hatte ihren Schwerpunkt zunächst in Freystadt und Allersberg und verlagerte sich im 17. Jh. nach Roth und Schwabach, wo sie sich bis ins 20. Jh. erhielt.

Das Handwerk des Drahtziehers zeigte entsprechend der regionalen und technologischen Vielfalt keine einheitliche Organisationsstruktur. Schon frühzeitig differenzierte es sich nach den verschiedenen Metallen (Messing-, Kupfer-, Eisen-, Stahl-, Gold- und Silber-, leonischer Drahtzieher) und nach der Dicke des zu ziehenden Drahtes (Grob-, Mittel- und Feindrahtzieher). Die Gemeinsamkeit aller dieser Drahtzieherhandwerke lag in der Technik des Drahtziehens, die dem Prinzip nach immer gleich war. Quellenmäßig ist sie erstmals nachweisbar in einer Beschreibung des Westfalen Theophilus Presbyter aus dem 12. Jh., doch ist sie wahrscheinlich einige Jahrhunderte älter.

Dem Drahtzug ging das Drahtschmieden voraus, bei dem das Metall gespalten und unter dem Hammer bis auf einen Durchmesser ausgereckt wurde, der sich zum groben Drahtzug eignete. Diese geschmiedeten Metallstangen oder «Zaine» wurden vom Grobdrahtzieher weiterbearbeitet. Er spitzte sie etwas an und zog sie mit einer Zange durch die Löcher des «Zieheisens». Infolge des Zuges verringerte sich der Querschnitt des Drahtes entsprechend der Zieheisen-Öffnung, während die Länge des Drahtes zunahm. Da eine Verringerung des Querschnitts je Zug bei grobem Draht um nicht mehr als höchstens 8% und bei feinerem Draht um nicht mehr als 25% möglich war, mußte der Draht auf dem Weg vom Grob- zum Feindraht nach-

Abb. 7: Der Nürnberger Drahtzieher Pernhart Eberlein († 1533) auf der Schaukel (Schocke). Er zieht Draht mittels einer Zange durch das Zieheisen, eine Stahlplatte mit konischen Löchern. Hausbuch der Mendelschen Zwölfbrüderstiftung.

einander durch mehrere Löcher gezogen werden, deren Öffnungsquerschnitte nur allmählich geringer wurden. Je dünner der Draht wurde, um so weniger Kraftaufwand für den Zug war erforderlich. Vom Mitteldraht an konnte der Drahtzieher auf die Zange verzichten und den Draht mit Hilfe der rotierenden Bewegung einer zylindrischen Trommel («Rolle», «Scheibe», daher «Scheibenzieher» für den Mitteldrahtzieher), auf die sich der Draht wickelte, durch das Zieheisen ziehen. Beim feinsten Draht reichte eine einfache Kurbel an der Trommel («Leier», daher «Leiern-Zieher» für den Feindrahtzieher), um den Zug durchzuführen. Edelmetalle konnten aufgrund ihrer physikalischen Voraussetzungen von vornherein unmittelbar auf die Scheibe gezogen werden. Bis zum Ende des 14. Jh.s wurde der Drahtzug in allen Stufen vermutlich in technisch und ökonomisch weitgehend selbständigen handwerklichen Betrieben ausschließlich mit menschlicher Muskelkraft durchgeführt. Mit zunehmendem Bedarf an feineren Drahtsorten erwies sich der kraft- und zeitaufwendige Grobdrahtzug als Produktionsengpaß für die nachgelagerten Drahtarbeiten, und man ging in Nürnberg seit 1390 daran, eine Drahtmühle, d. h. den Drahtzug mit Hilfe von Wasserkraft, zu entwickeln. Von 1408/15 an ersetzten diese leistungsfähigeren Drahtmühlen nach und nach den Grobdrahtzug und führten zu einer sprunghaften Entwicklung der Nürnberger Draht- und Metallwarenproduktion. Um 1363 gab es in der Stadt 23 Drahtzieher-Meisterbetriebe für alle Drahtstärken, bis 1621 stieg ihre Zahl auf 229 an. Für die Grobdrahtzieher auf den Drahtmühlen allerdings entstand ein besonders belasteter Arbeitsplatz. Sie mußten, nach einer Gesellenordnung des 16. Jh.s, ihren 13stündigen Arbeitstag mit der Sanduhr messen, weil man die Schlaguhren «wegen des großen Gedöß der Drotmühlen» nicht hören konnte.

Der hohe Kapitalaufwand für die Einrichtung der Drahtmühlen und die technologische Abhängigkeit des Mittel- und Feindrahtzuges vom mechanisierten Grobdrahtzug begünstigten seit dem 15. Jh. die ökonomische und soziale Abhängigkeit der einzelnen Meisterwerkstätten von einem Verleger oder Kaufmann. Besonders in der saarländischen Drahtproduktion, in der die Wasserkraft auch für den mittleren und feinen Drahtzug genutzt wurde, entwickelte sich ein kompliziertes, an den regionalen Gegebenheiten orientiertes Verlagssystem.

Erst die erfolgreiche Durchsetzung des Drahtwalzens im 19. Jh. bedeutete das technologische Ende dieser verlagsmäßig organisierten

Drahtproduktion. Das Walzen ersetzte das Drahtschmieden und den Grobdrahtzug auf der Drahtmühle. Das alte technische Prinzip des Mittel- und Feindrahtzuges aber hat sich in den Maschinen für mittlere und feine Drähte bis heute erhalten.

Herbert Aagard

DRECHSLER

Das Drechslerhandwerk, zu dem auch Ring-, Bolzen-, Büchsen-, Silber-, Rotschmieddrechsler sowie Schachtschneider und Paternostermacher zu zählen sind, ist seit dem klassischen Altertum bekannt. Der früheste Hinweis auf die Existenz des Drechslerhandwerks im mittelalterlichen Europa ist um das Jahr 800 dem «Capitulare de villis» zu entnehmen, in denen berufsmäßig ausgeübte Handwerke aufgeführt sind, zu denen auch «tornatores» gezählt wurden. Nur wenig jünger ist der St. Galler Klosterplan von 820, der Werkräume für «tornarii» und «tornatores» ausweist. Der älteste Beleg für zunftmäßige Organisationen datiert um das Jahr 1180 aus Köln. 1271 sind die Drechsler in den Baseler Zunftordnungen vertreten, finden 1259 Erwähnung im Lübecker Kämmereiverzeichnis, werden in Zürcher Quellen 1336/1348 erwähnt, 1371 für Hamburg, 1387 für Frankfurt und schließlich 1429 für Nürnberg. Bis ins 16. Jh. ist nicht von einer Trennung in Holz-, Bein- und Horndrechsler sowie Metalldreher auszugehen, allerdings vollzog sich im 15. und 16. Jh. ein Differenzierungsprozeß: Für Nürnberg ist um 1550 ein eigenständiges Metalldreherhandwerk (Rotschmieddrechsler) nachgewiesen. Die überlieferten Handwerksordnungen regelten auch die Abgrenzung zu verwandten Berufen wie Zimmerleuten und Tischlern. Die Gesellenwanderschaft setzte sich bei den Drechslern durch, und das Handwerk zählte in der frühen Neuzeit zu den «geschenkten» Handwerken. In Ausnahmefällen – wie bei den Nürnberger Paternostermachern – wurden Wanderverbote erteilt.

Bis ins 14. Jh. oblag den Drechslern die Anfertigung des einfachen Mobiliars, bis in die Neuzeit hinein die der einfachen Gegenstände des häuslichen Bedarfs. Erst in der Renaissance entwickelte sich in Aristokratie und Großbürgertum ein neuer Lebensstil mit verfeinerten Lebensbedürfnissen, die durch Produkte der Drechsler befriedigt wurden (Utensilien für Tabakgenuß, Gesellschaftsspiele, Spinnrad). Durch Hans Weber (1589) ist ein reichhaltiger Katalog von Gegenständen überliefert, der die Produktionsvielfalt des frühneuzeitlichen Drechslerhandwerks charakterisiert: Schreibzeuge, Streubüchsen, Siegel- und Fadenbüchsen, Futterale für Gold- und Glasgeschirr, Kredenzscheiben, Teller, Becher, Schüsseln, Gewürzbüchsen, Leuchter, Spinnräder, Rocken und Haspeln, Kugeln und Kegel, Säulen, Knöpfe, Kleiderhaken, Handtuchhölzer, Stühle und Schemel, Röhren, Faßhähne, Pfeifen und Musikinstrumente, Modelle für die Rotschmiede, Säulen und Drehteile für die Schreiner, Stiele für Handwerksgeräte, Utensilien für andere Handwerke sowie für den bäuerlichen Arbeitsbereich.

Im Zeitalter des Barock entwickelte sich aus der Holzdrechslerei eine eigenständige Kunstdrechslerei, die nunmehr kostbare Materialien wie Horn, Bein, Elfenbein, Perlmutt, Schildpatt und exotische Edelhölzer sowie auch Edelmetalle verarbeiteten. So sind z. B. seit dem letzten Viertel des 17. Jh.s in Augsburg auch Silberdrechsler nachgewiesen. Kunsthandwerkliche Drechslereiprodukte fanden als «Curiositäten» besonders in der höfischen Gesellschaft großes Interesse. Zahlreiche Barockfürsten ließen sich von renommierten Drechslern in ihre «Kunst» einweisen. Zu den bekanntesten Kunstdrechslerfamilien des 17. und 18. Jh.s gehörten die Regensburger Familie Teuber sowie die Nürnberger Familie Zick. Zur Mitte des 18. Jh.s nahm das Interesse an diesen Erzeugnissen wieder ab. Heute sind «passig gedrehte Kunstwerke» – aus den ehemaligen Kuriositätenkabinetten – in den großen Museen zu finden.

Das Drechslerhandwerk ist ein technisches Handwerk. Der Gebrauch des «Fideldrehstuhls» ist seit dem klassischen Altertum bekannt und war bis in das 14. und 15. Jh. gebräuchlich. Die Erfindung der «Wipp-Drehbank» ist für das 13. Jh. zu datieren und bedeutete einen enormen technischen Fortschritt. Der älteste Beleg für Deutschland findet sich im Hausbuch der Mendelschen Zwölfbrüderstiftung zu Nürnberg. Die «Wipp-Drehbank», die zwar keine kontinuierlichen Arbeitsgänge ermöglichte, war bis Ende des 18. Jh.s, in ländlichen Regionen auch bis ins frühe 19. Jh. gebräuchlich, obwohl bereits durch

Abb. 8: Werkstatt eines Drechslers mit Wippdrehbank um 1700 (Kupferstich nach einer Vorlage von Jan Luyken).

Leonardo da Vinci das Prinzip einer Fußdrehbank mit gekröpfter Welle erfunden war. Im 16. und 17. Jh. wurde die technische Entwicklung der Drehbank vorangetrieben. Neben den «Passig-Drehbänken» wurden Fußdrehbänke mittels Kurbel-, Tritt- und Schwungrad entwickelt. Seit dem 16. Jh. ist die Nutzung der Wasserkraft als Antriebstechnik belegt; sie wurde besonders in der Metalldreherei frühzeitig angewandt. Gegen Ende des 18. Jh.s setzte sich in der Holzdrechselei die Fußdrehbank mit Kurbel und Schwungrad durch. Die Eisendreherei bediente sich im 19. Jh. neben der Wasserkraft frühzeitig auch der Motoren; bereits im 18. Jh. wurden Support-Einrichtungen entwickelt. In der Holzdrechselei erlangten künstliche Antriebskräfte erst Ende des 19. Jh.s Bedeutung.

Die elementaren Werkzeuge des Drechslers sind Drehröhre und Drehmeißel. Beide Werkzeuge sind – in symbolischer Zusammengehörigkeit – auf alten Inschriften und Siegeln zu finden. Gröbere und feinere Formen – für verschiedene Arbeitsgänge – sind zu unterscheiden. Darüber hinaus wurden verschiedene Dreheisen benötigt sowie die Palette gängiger Bohrwerkzeuge, grobe und feine Meßwerkzeuge sowie eine Reihe von Hilfswerkzeugen und Einrichtungen für die Drehbank. Bis in die zweite Hälfte des 19. Jh.s wurden diese Werkzeuge noch von ortsansässigen Handwerksbetrieben hergestellt.

Der Arbeitsprozeß begann mit der Auswahl der geeigneten Rohmaterialien. Das Holz wurde zugerichtet, für die weitere Bearbeitung eingemessen und auf der Drehbank eingespannt. Das rotierende Holz wurde zunächst grob abgedreht, dann mit feineren Werkzeugen bearbeitet und sodann ausgeformt. Abschließend wurde die Oberfläche behandelt. Einfache Gebrauchsgüter wurden vornehmlich für den lokalen Markt hergestellt, nur wenige Drechslereiprodukte wurden bis ins 19. Jh. über den Fernhandel vertrieben. Bevorzugte Holzarten waren seit dem Mittelalter Birke, Linde, Pflaume, Apfel, Nuß, Tanne, Kiefer, Buchsbaum und Eiche. Seit der Renaissance wurden vermehrt auch exotische Edelhölzer (Ebenholz, Rosenholz) verwendet. Kostbare Gegenstände wurden auch aus anderen Werkstoffen (Elfenbein, Bernstein, Schildpatt etc.) gedrechselt. In der ländlichen und kleinstädtischen Drechslerei fanden bis ins 20. Jh. fast ausschließlich heimische Hölzer Verwendung. In den ländlichen Regionen entwickelte sich auch der dem Drechsler verwandte Spinnradmacher. Die Drechsler fertigten über die Palette einfacher Gebrauchsgegenstände des täglichen Bedarfs hinaus auch Auftrags- und Teilanfertigungen für andere Handwerke, seit Mitte des 19. Jh.s auch für die Industrie. Seit dem 17. Jh. entwickelten sich neben städtischen Handwerkszentren wie Nürnberg, Augsburg und Wien auch regional bedeutende Zentren, wie z. B. in den holzreichen Gegenden Thüringens und Sachsens, besonders im Erzgebirge sowie im Berchtesgadener Land. In diesen Regionen wurden eigenständige Techniken entwickelt, so z. B. im Berchtesgadener Land die spezielle Technik der «Körbchendreherei». Für das 19. und 20. Jh. ist die erzgebirgische Region um das Zentrum

Seiffen anzuführen; dort wurde die Technik des «Reifendrehens» perfektioniert. In diesen Regionen entwickelten sich im 18. und 19. Jh. aus dem Nebenerwerb von Kleinbauern, Land- und Holzarbeitern eigenständige handwerkliche Drechseltraditionen.

Im 19. Jh. verlor das Drechslerhandwerk im Zuge der Industrialisierung und der fabrikmäßigen Produktion sowie der ungünstigen Stilentwicklung des Möbels zunehmend an Bedeutung. Sowohl für den städtischen Bereich in der zweiten Hälfte des 19. Jh.s als auch in den ländlichen Regionen zu Beginn des 20. Jh.s waren Klein- bzw. Alleinbetriebe kennzeichnend. Im 20. Jh. ist die Zahl der handwerklichen Drechslereien stetig zurückgegangen. Seit den 1920er Jahren zeichnete sich eine zunehmende Abhängigkeit als Zulieferbetrieb für die Möbelindustrie ab, eine weitgehende Automatisierung der Arbeitsprozesse setzte ein. Die «traditionelle» Handdrechslerei ist zu Beginn des 20. Jh.s weitgehend verschwunden, und nur noch in Rudimenten hielt sie sich bis zur Mitte des 20. Jh.s.

Volker Rodekamp

FÄRBER

Im 12. und 13. Jh. brachte der Levantehandel die Verbreitung neuer Farben und Techniken. Aus der Levante kamen vor allem Indigo, Farbhölzer (Rot- bzw. Brasilholz), Safran, Saflor, Krapp und Galläpfel. Als Beizmittel fand der Alaun Verbreitung, doch auch Aschenaufgüsse, Kalklaugen, Zinnsalze und Urin blieben als Beizen in Gebrauch. Die neuen Beizenfarbstoffe und die neuen Färbetechniken, die durch Färber aus Ober- und Mittelitalien sowie aus Flandern verbreitet wurden, bildeten die Grundlage einer blühenden handwerklichen Färberei.

Bereits 1208 finden wir flämische Färber (Fläminger) in Wien, in einer Regensburger Urkunde von 1259 werden Schwarzfärber und Waidfärber genannt, und 1268 sind in Braunschweig «verwer» und «verwenmekere» belegt. Um 1300 findet sich in Mitteleuropa allerdings noch keine Spur einer Zunft bzw. Innung der Färber. In Köln waren um diese Zeit zwar einige selbständige Färber tätig, doch auch die Tuchscherer färbten selbst, ebenso wie in Straßburg die Tuchscherer und Wollschläger. Erst seit dem 14. Jh. kam es zu zünftigen Zusammenschlüssen der Färber, doch vielfach blieb das Färben eng mit der Tuchmacherei verbunden und löste sich nur langsam aus der Weberei heraus. Noch im 16. Jh. durften in Straßburg die Tucher und Tuchscherer selbst färben; ländliche Tuchmacher färbten zum Teil noch bis ins späte 19. Jh. selbst.

Früher scheinen sich dagegen die Schwarzfärber als eigenständiges, wenngleich von den Leinewebern abhängiges Gewerbe herausgebildet zu haben. Die schwarze Farbe wurde durch das Kochen von Eisensalzen, Eisenoxyden oder Eisenfeilspänen («Schliff») mit Gerbsäuren in wäßriger Lösung angesetzt, später wurde vor allem mit Rausch gefärbt; zum Graufärben wurden Kupferwasser und Gallus verwendet. Die Schwarzfärber (auch Schlecht- oder Schlichtfärber genannt) waren zunächst ausschließlich Leinwandfärber, erweiterten aber zusehends ihr Arbeitsgebiet. Im Rahmen der hauswirtschaftlichen Produktion wurde rohe Leinwand aus ungebleichtem Garn gewebt; leicht gemangelt oder gepreßt behielt sie die graue Farbe des rohen Garnes. Seit dem 12./13. Jh. wurde die Leinwand dann einem langen Bleich-, Walk- und Mangelprozeß unterworfen, bis sie weiß wurde. Mit der witterungsabhängigen Rasen- bzw. Sonnenbleiche waren allerdings lange Bleichzeiten verbunden. Schon seit dem 14. Jh. wurden in den Textilzentren große Bleichanlagen errichtet, die zunächst häufig (wie z. B. in Biberach) Eigentum der Stadt waren.

Die Farbleinwand wurde meist nur halb gebleicht, dann gefärbt. Der Schwarzfärber zog sie mit einer Kurbel durch die Flotte, um eine gleichmäßige Färbung zu erreichen. Mit der Färberei konnten die langen Bleichzeiten überwunden werden, und die Farbleinwand brach schließlich die Vorrangstellung der gebleichten Ware auf dem europäischen Markt. Leinensorten, die aus gefärbten und gebleichten Garnen zu gestreiften oder gegitterten Stoffen gewebt worden waren, wurden nur gemangelt oder gepreßt.

Da Schwarz und Blau die Hauptfarben des mittelalterlichen Gewandes waren, fiel vor allem das Blaufärben in den Arbeitsbereich der Kunst- und Schönfärber: Ihnen stand darüber hinaus jedoch die ganze Palette der Textilfarben zu. Gelb wurde mit Wau bzw. Färberkraut (Scharte) gefärbt, Rot mit der Färberöte bzw. Krapp (nur Wolle) und

Abb. 9: Schwarzfärber. Holzschnitt des 16. Jh.s.

Brasilholz (Leinen), Karminrot wurde aus der getrockneten Körperflüssigkeit der Cochenillelaus hergestellt und damit der Scharlach (Schafwolle, Seide) gefärbt; bei den anderen Geweben konnte erst nach der Walke gefärbt werden. Während Wollstoffe in der warmen Küpe (Farbbad) gefärbt wurden, ließen sich Leinen und Baumwolle nur in der kalten (oder mäßig warmen) Küpe färben.

Ein weiterer Zweig war die Seidenfärberei: Schon 1359 ist in Köln ein Seidfärber genannt, doch zu einem großen Handwerk haben sich die Seidenfärber nur in einzelnen Zentren des Seidenhandels und der Seiden(band)weberei bzw. Bandweberei entwickelt, und sie standen meist außerhalb der Zünfte. In Frankfurt/M. hatten die Seidenfärber 1592 immerhin 85 Färberkessel in Betrieb, während die Schwarzfärber nur 15 und die Grobgrünfärber nur zwölf Kessel betrieben; in Basel entstand die Seidenfärberei als Refugiantengewerbe und erhielt 1655 ihre erste Ordnung; im Zusammenhang mit der Bandweberei entfaltete sie sich im 18. Jh. stark.

Eng verbunden mit der Färberei entwickelte sich seit dem späten 17. Jh. der Blaudruck: Durch die Ostindische Kompanie kamen blauweiß gemusterte Indiennes nach Europa, und bald gelang die Nachahmung des Blaufärbens nach «holländischer Art». Der Blaudruck (auch Porzellandruck) wurde im Reserveverfahren (negativer Druck) durchgeführt, d. h., beim Aufdruck der Reserve wurde während des anschließenden Färbens das Muster ausgespart bzw. reserviert, während der Zeugdruck dagegen als Direktdruck ausgeführt wurde. Blaudrucke fanden vor allem Absatz bei den Landleuten. Den Färbern ermöglichte der Blaudruck begrenzt Arbeit auf Vorrat und Betätigung im Handel; meist wurde in der «toten Zeit» die Kapazität der Färberei durch den Blaudruck ausgelastet. Hierzu war ein umfangreicher Vorrat an Druckmodeln nötig; einzelne Werkstätten besaßen mehr als 1000 solcher Druckformen.

Die Türkischrotfärberei (Baumwolle) mit dem Beizenfarbstoff Alizarinrot verbreitete sich erst in der zweiten Hälfte des 18. Jh.s. Vor allem in Wuppertal wurde die Türkischgarnproduktion zu einem der wichtigsten Exportzweige und löste sich weitgehend aus dem Handwerk. Neben den bisher angesprochenen Farbstoffen kamen dem Waid und später dann dem Indigo hervorragende Bedeutung zu. Bereits 1031 wird Waid im Augsburger Brückenzoll erwähnt. Er wurde vor allem am Rhein und in Thüringen angebaut, und Erfurt bildete sich als bedeutendste Waidstadt heraus. In den Waidmühlen wurden die saftigen Blätter zerdrückt, gepreßt und getrocknet; pulverisiert und in Fässer verpackt, wurde die Farbe dann in den Handel gebracht. Um 1500 wurden jährlich allein 310 Wagenladungen nach Nürnberg gebracht: Waidmesser und Menger maßen und mischten den Waid dann im Waidhaus, bevor ihn die Waidgießer weiterbehandelten. In Thüringer Ortschaften finden sich noch heute sog. Waidsteine (Quetschräder der Waidmühlen) und in der Gemeinde Pferdingsleben (Kreis Gotha), wo noch bis 1912 Waid angebaut wurde, ist die letzte Waidmühle zu sehen.

Der Indigo war zwar schon lange bekannt, doch konnte er erst nach 1500 den Waid verdrängen. Trotz obrigkeitlicher Verbote der «fressenden» Farbe («Teufelsfarbe») setzte er sich durch. Er wurde in kristallisierter Form in die Werkstätten geliefert und dort zerkleinert bzw. gerieben; größere Färbereien beschäftigten ungelernte Farbreiber meist im Taglohn. Mit dem Siegeszug des Indigos hörte allerdings der Waidanbau auf.

Mit der Färberei (Waschen, Beizen, Spülen, Färben) war meist auch eine erhebliche Gewässerverunreinigung verbunden: So wurden in Nürnberg Klagen laut, daß der «Waidmost» das Wasser der Pegnitz verschmutze, ähnliches ist aus Zwickau überliefert, wo mehr als 100 kleine Färbereien (bzw. färbende Tuchmacher) die Gewässer des Stadtgebietes belasteten. Bezeichnungen wie Blauhandgasse (Frankfurt/M.) und Blaubach (Köln) deuten dieses Problem an. Die Prägung des Stadtbildes und die Konzentration der Färbereibetriebe an den Wasserläufen werden an der vielfach anzutreffenden Färbergasse, dem Färbergraben oder gar dem Färbertor (Nürnberg) erkennbar.

In verschiedenen Textilzentren bestanden im 15./16. Jh. städtische «Färben» (wie z. B. in Frankfurt/M. das «Kumphaus», in Biberach die «Stadtfärbe», in Braunschweig der «Verwehof») oder auch Farbhäuser der gesamten Innung (München, Chemnitz). Seit dem späten 16. Jh. entwickelt sich dann das typische Färberhaus: Lange Stoffbahnen mußten zum Trocknen knickfrei aufgehängt werden können. An vielen Färberhäusern des 17. und 18. Jh.s waren daher an einer Traufseite des Gebäudes und unter dem weiten Dachüberstand rechenartige Vorkragungen angebracht. In den Zentren der exportorientierten Textilproduktion entstanden richtige Färbertürme: Augsburg zählte als ein Zentrum der Schwarzfärberei fast 40 Färberhäuser. Sie dienten meist nur als Werkgebäude; in Kaufbeuren sind solche Anlagen noch erhalten.

Auch die Mang(el)anlagen waren zunächst – wie die Bleichen – meist im Besitz der Zunft oder des Rates: In Nürnberg bestanden seit dem 15. Jh. Mangelanlagen auf der Insel Schütt, die Münchner Färber waren schon 1443 im Besitz eines Manghauses, in Aachen war die «Calanderey» in städtischem Besitz.

Die Färber besaßen jedoch meist eine sog. Glätte oder einen Glätttisch, worauf besonders Glanzleinwand bearbeitet wurde.

Einzelne Schwarzfärber besaßen dann auch eine große Rolle oder Mange(l), auf der sie nicht nur ihre gefärbte Leinwand rollten, sondern auch rohe, gebleichte und gefärbte Leinwand im Auftrag bearbeiteten. Die Lübecker Schwarz-, Schön- und Waidfärber nannten sich daher auch «Press und Mandler», in Bremen mangelten die Klanderer. Die Mange(l) bestand aus einem mit Steinen angefüllten Mangkasten, der über einen Göpel, zunächst wie in Chemnitz (1471) durch ein Tretrad, später meist durch ein Pferd in Bewegung gesetzt wurde und ähnlich der Mangrolle und dem Mangelbrett über die Leinwand rollte.

Für die Gesellen der Färber war die Wanderschaft von entscheidender Bedeutung, um die Technologie ihres Handwerks gleichsam als Arkanum kennenzulernen. Die Wanderbücher der Färbergesellen enthalten daher meist Rezepte, und die Wanderschaft als «Hochschule des Handwerks» war für die Färbergesellen unabdingbar. Die Gesellen wurden im Wochen- oder auch im Vierteljahreslohn bezahlt, da der Arbeitsprozeß in hohem Ausmaß von Naturprozessen abhing. Ähnliche Verhältnisse bestanden bei den (ungelernten) Bleichknechten, die meist vom Land zur Bleichsaison in die Textilzentren kamen.

Im 19. Jh. erfuhr die handwerkliche Färberei besonders durch die Entdeckung der Anilinfarben (1859) einen Umbruch. Durch die Anilinfarben konnte nun jede Farbnuance erreicht werden, und als substantive Farben verbanden sie sich unmittelbar mit der Faser, während die adjektiven Farben zur Fixierung eine Beize voraussetzten. Der Färbeprozeß reduzierte sich daher auf das Waschen und das Bad in der Flotte. Die alten Farbstoffe verloren an Bedeutung: Der Krappanbau in Schlesien und im Elsaß versiegte völlig, der Absatz von Indigo ging spürbar zurück.

Für die ländlichen Färber wurde zudem das Verschwinden der kleinen Tuchmacher problematisch, auch die Landleute lieferten kaum noch Ware zum Färben, und die Nachfrage nach Leinen ging zurück. In der Textilindustrie des 19. Jh.s wurde die Färberei dann – wie schon bei den Wolltuchmanufakturen des 18. Jh.s – zunehmend in den Großbetrieb einbezogen. Lediglich der sog. Blaudruck wurde bis ins 20. Jh. handwerklich in kleinen Werkstätten betrieben.

Reinhold Reith und Konrad Vanja

FEILENHAUER

Der Feilenhauer stellte die in der Metall- und Holzverarbeitung unentbehrlichen Feilen ebenso wie Raspeln her. Erstmals ist ein Feilenhauer 1387 in Frankfurt a. M. erwähnt, ein weiterer starb um 1422 in Nürnberg. Dort wird der Beruf erst wieder 1467 und dann seit 1494 häufig genannt, im 16. Jh. auch in Steyr, Leipzig, Köln und Augsburg, später in vielen Städten, meist mit nur jeweils einem oder wenigen Vertretern und als zünftiges Handwerk in die Schmiedegilde integriert.

Hauptort war zunächst Nürnberg mit etwa 30 Meistern seit ca. 1540, zeitweise um 1560/70 etwa 40, dann 1780 bis 1865 zwischen 33 und 41 und 1873 noch 20; die letzten Meister starben um 1900. Die wichtigsten Konkurrenten waren im 17. und 18. Jh. – neben England – Steiermark, Kärnten und Thüringen; in Schmalkalden sollen um 1700 etwa 200 Handwerker gearbeitet haben. Wien, Augsburg und Berlin hatten im 18. Jh. je vier bis sieben Meister, Berlin später allerdings mehr, 1890 waren hier noch 22 Meister tätig.

Eigene Handwerksordnungen gab es in Nürnberg (1535), Augsburg (1549), Steyr (1565), Schmalkalden (1658), Berlin und Mark Brandenburg (1735) sowie in Zwickau und Breslau. Danach war die Feilenhauerei ein geschenktes Handwerk mit Zeichenzwang und geregelter Ausbildung. Vorgeschrieben waren je drei Jahre Lehr- und Gesellenzeit, im 18. Jh. bis zu sechs bzw. zehn Jahre, häufig mit Wanderschaft verbunden, sowie ein Meisterstück von drei Feilen bestimmter Form und Größe. Der Umfang des Betriebes war oft beschränkt, in Nürnberg auf zwei Gesellen und einen Lehrling pro Meister; hier gab es im 18. Jh. durchweg weniger Gesellen als Meister. In der Regel verkauften die Meister frei an Kaufleute und andere Handwerker; daneben war das Aufhauen abgenutzter Feilen als Reparaturarbeit weit verbreitet.

In Remscheid sind Feilenhauer erst im 18. Jh. eindeutig nachgewiesen. 1797 traten hier und im benachbarten Wermelskirchen 65 Feilenhauer gemeinsam auf; eine Zunft gab es hier jedoch nie. Rasch entwickelte sich das Bergische Land zum überragenden Standort Deutschlands. Einen besonderen Aufschwung bis in die 1890er Jahre brachte die Industrialisierung, ehe die zunehmende Präzision in der Technik des Gießens, Stanzens, Fräsens und Schleifens zu einem gewissen Rückgang der Nachfrage und die Mechanisierung zu einem Ende von Handwerk und Handarbeit führten. Es gab in Remscheid und im Kreis Lennep 1848 361 selbständige Feilenhauer, 1858 dann 549, um 1900 1600, 1927 nur noch 60 und 1939 20 bis 25. 1895 waren im Deutschen Reich in 2689 Hauptbetrieben 8656 Personen hauptberuflich tätig, davon entfielen auf Remscheid mit Kreis Lennep 44 bzw. 29%. Weitere Standorte waren das märkische Sauerland seit etwa 1750 (durch Zuwanderer aus dem Bergischen Land in Hagen, Schwelm u. a.), Waidhofen a. d. Ybbs und Hainfeld in Österreich, Winterthur und Vallorbe in der Schweiz.

Eine Feile wurde aus einem gut härtbaren Werkzeugstahl (Raffinierstahl, im 19. Jh. Guß-, später Walzstahl) geschmiedet. Zur weiteren Behandlung mußte sie weichgeglüht, d. h. unter weitgehendem Luftabschluß (Lehm, Asche) auf etwa 780 °C erhitzt und langsam ausgekühlt werden. Die leicht entkohlte Oberflächenschicht wurde, wie es in Nürnberg schon im 16. Jh. Vorschrift war, abgeschliffen. Hierzu dienten große, in eigenen Schleifmühlen oder -kotten vom Wasserrad getriebene Schleifsteine aus Sandstein; deren Steinstaub und die Nässe bedeuteten die größten gesundheitlichen Gefahren des Feilenhauergewerbes (Silikose, Gicht, Rheuma).

Unregelmäßige Einkerbungen auf der Feilenoberfläche konnte man mit einem Hammer mit meißelförmiger Schneide erzielen; dieses Verfahren ist um 1100 wie um 1422 nachweislich angewendet worden. Seit etwa 1500 arbeitete man aber nur noch mit Hammer und Meißel. Die Meißel hatten eine breite gehärtete Schneide, die für Raspeln waren spitz mit dreieckigem Querschnitt. Die Hämmer, mit gekrümmtem kurzem Stiel, einer einzigen quadratischen Bahn und 0,25 bis 5,2 kg Gewicht, wurden aus dem Handgelenk geschlagen, wobei die Feile auf dem Amboß durch einen endlosen Lederriemen gehalten wurde, den der vor dem Amboß sitzende Feilenhauer mit beiden Füßen fest anzog. Zum Schutz fertig gehauener Seiten legte man eine dünne Platte aus Blei, Zink oder Zinn unter; runde und dreieckige Feilen wurden im Gesenk liegend bearbeitet. Man begann an der An-

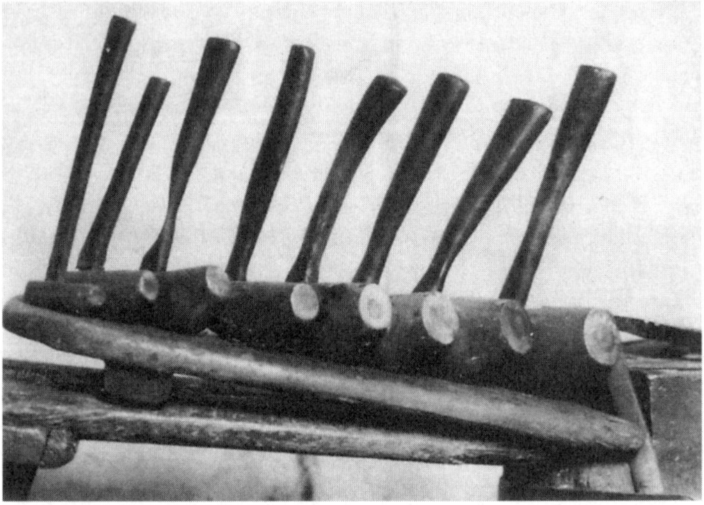

Abb. 10: Stark abgegriffene und nach Gewicht geordnete Hämmer eines Feilenhauers (Berlin, 1931).

gel, seit etwa 1800 jedoch nach englischem Vorbild an der Spitze und erzeugte Einschnitt nach Einschnitt mit jeweils ein bis zwei Schlägen parallel hintereinander (Unterhieb), wobei der Meißel immer gegen den Grat des vorigen Hiebes gesetzt und unter einem Neigungswinkel von 80° gehalten wurde. Nach leichtem Abfeilen der Grate setzte man eine zweite Reihe von Hieben quer unter einem Winkel von 110 bis 130° auf die gleiche Weise darüber (Oberhieb, Kreuzhieb). Bei 80 bis 220 Schlägen pro Minute bewältigte ein Hauer bis zu 50 Feilen pro Tag.

Entscheidend wichtig und ein gehütetes Betriebsgeheimnis war das Härten der Feile. Um die hochstehenden kleinen Zähne vor Verzunderung zu schützen und ihnen zugleich eine etwas größere Härte zu geben, bestrich man jede Feile vor dem Glühen mit einer kohlenstoffgebenden Paste, als deren Hauptbestandteile seit dem Hochmittelalter Ochsenhorn und Salz, daneben Ruß, Kohle, Klauenmehl, Leim und andere Stoffe bekannt sind. Die glühende Feile wurde rasch in kaltem Salzwasser abgeschreckt.

Abb. 11: Der Feilenhauer richtet die glühende Feile vor dem Abkühlen im Härtebad (Berlin, 1931).

Der Feilenhauer konnte alle Arbeitsschritte selbst ausführen oder aber einzelne an andere Handwerker (Schmiede, Schleifer) vergeben. Feilen- oder Feilschmiede gab es v. a. im Bergischen Land, wo sie nicht nur das Schmieden und Härten ausführten, sondern auch die gesamte Arbeit leiteten. Hier lösten sich die Feilenhauer um 1800 aus den Werkstätten der Feilenschmiede und arbeiteten oft als Heimarbeiter für die dann als Verleger auftretenden Feilenschmiede, später für Fabrikanten und Kommissionäre. 1845 bis 1887 bestand eine Feilenhauer-Innung; 1858 kamen im Kreis Lennep mit Remscheid auf 549 Meister 225 Gesellen und 202 Lehrlinge. Wichtiger wurden aber dann die seit 1869 entstandenen gewerkschaftlich organisierten Vereine, so der Feilenhauerverein von 1887, der 1908 im Deutschen Metallarbeiterverband aufging.

Nach Vorformen um 1810 (Remscheid, Suhl, Siegen) entstanden Feilenfabriken seit etwa 1840 (A. Mannesmann in Remscheid), die alle Arbeitsgänge umfaßten und schrittweise mechanisierten. Aber noch um 1900 war für Remscheid das Nebeneinander von Groß- und Kleinbetrieb typisch. Die aus England übernommene Feilenhaumaschine erreichte erst um 1890 zufriedenstellende Ergebnisse, bei vier- bis sechsfacher Leistung eines Handhauers. 1890 gab es in Remscheid etwa 600 dieser Maschinen. Hohe Feilenhauerlöhne bewirkten nach 1918 ihre endgültige Durchsetzung. Um 1960 wurden in Remscheid nur noch vereinzelt bei Sonderaufträgen Feilen von Hand hergestellt.

Erhaltene Feilenhauerwerkstätten sind heute in Museen in Remscheid und Hagen/W. zu sehen.

Rainer Stahlschmidt

FISCHER

Bereits im 14./15. Jh. entwickelten sich die Fischerzünfte analog zu den Zusammenschlüssen anderer Handwerke in einzelnen Städten, so z. B. in Basel 1354, in Frankfurt vor 1355, in Augsburg nach 1368 und in Ulm vor 1397. Die Mitglieder dieser Zünfte hatten einen Anteil am Fischrecht in den zünftischen Gewässern und konnten ihre gefangenen oder erhandelten Fische auf dem Markt verkaufen. Oft bildeten die Fischer zusammen mit anderen Handwerken eine Zunft, so mit den Schiffern in Basel und Schweinfurt, mit den Metzgern in Freiburg/Br. oder auch mit den Garnsiedern in Ulm. Die Größe der Fischerzünfte schwankte je nach lokaler Bedeutung des Handwerks; die Straßburger Zunft, die im Jahr 1444 insgesamt 222 Meister und zwölf Frauen zählte, dürfte zu den größten gehört haben. Die Wohnbezirke von Fischern sind vielfach auch heute noch an den Straßen- und Quartiernamen zu erkennen (z. B. Augsburger Fischerviertel). Meist war der Fischmarkt, der im Zentrum der Stadt abgehalten wurde, von den Wohnstätten, die aufgrund der meist niedrigen Einkommen mehr an der Peripherie lagen, getrennt.

Der zwei- bis dreijährigen Lehrzeit folgte noch eine Gesellenzeit von durchschnittlich zwei Jahren. In Schweinfurt schloß sich im 18. Jh. noch eine dreijährige (für die Meistersöhne verkürzte) Wanderzeit an. Ein Meisterstück wurde bei den Fischern nur selten gefordert. Jeder Meister durfte in der Regel nur einen Gesellen haben.

Der Zugang zum Fischmarkt wurde vom Rat reguliert: Hierbei traten häufig Spannungen auf, da der Rat an einer ausreichenden Fischversorgung interessiert war, die Fischer jedoch fremde Anbieter nicht immer gerne duldeten. Da die Fanggründe der örtlichen Fischer nur selten ausreichten, um den Bedarf einer Stadt zu decken, war man auf Fänge aus anderen Regionen angewiesen: So wichen z. B. die Berliner Fischer im 18. Jh. auf entlegenere Gewässer (Uckermark, Pommern, Mecklenburg) aus. Für fremde Fischer standen oft weniger Verkaufstage in der Woche zur Verfügung, was allerdings in Zeiten des gesteigerten Fischkonsums bzw. -bedarfs auch wieder aufgehoben werden konnte. Alle Versuche der Fischer, von den Marktzulieferern fremde Ware zu erwerben, um damit Fürkauf, d. h. Zwischenhandel zu betreiben, wurden vom Rat der Städte im Laufe der Zeit unter Strafe gestellt.

Auf dem Fischmarkt selbst wurden die Fische lebend in Behältern zum Verkauf angeboten. Nürnberg unterschied die Grünfischer (die nur frischen Fisch verkaufen durften) und die «gesalzenen» Fischer; auch in Berlin und Cölln war der Handel mit Süßwasserfischen der Innung vorbehalten, der Handel mit Seefischen jedoch den Materialisten, Viktualienhändlern und Hökern. Die Preise wurden allgemein seit dem ausgehenden 16. Jh. vom Rat festgesetzt; der Verkauf

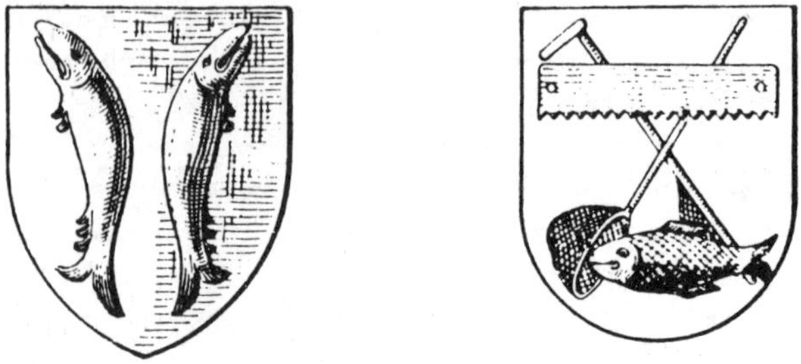

Abb. 12: Zunftzeichen der Kölner und der Augsburger Fischer.

von Kleinfischen durfte nach einem geeichten Hohlmaß, sonst nur nach Gewicht erfolgen. Die Fische unterstanden der Lebensmittelkontrolle durch die zünftischen Fischermeister und durch vom Rat beauftragte Marktaufseher; besonders genau wurden die gesalzenen Heringe, die seit dem 13. Jh. von den Küsten bis nach Südtirol geliefert wurden, untersucht und erhielten ein Prüfzeichen von den Fischbeschauern.

Die gesteigerte Nachfrage nach dem Lebensmittel Fisch ließ eine gezielte Produktion des Fisches rentabel werden. Um die Unwägbarkeiten des Fanges in Flußläufen zu reduzieren oder auch um ungenutztes Land wirtschaftlich intensivieren zu können, wurden in ganz Deutschland – bekannt ist dies vor allem aus Franken und der Oberpfalz – Teiche angelegt, die im wesentlichen mit Karpfen besetzt wurden. Neben den zünftisch organisierten Fischern gab es noch eine große Anzahl von Fischern, die, in Dörfern lebend, den Fischfang als Nebengewerbe betrieben und den Fang an ihren Grundherrn lieferten oder auf den Markt brachten.

Die Technik der Fischerei hing von der Art des Gewässers ab. Die Fischerei mit der Angel war in großen Gewässern, sofern nicht besondere Nutzungen vorlagen, für jeden gestattet. Die feine Angelschnur bei fliegender Angel wie auch bei der Grundangel bestand aus mehreren geflochtenen Pferdehaaren, die grün eingefärbt werden konnten. An diese wurden, mit Vorfächern versehen, ein oder mehrere Angelhaken gebunden. Sowohl natürliche Köder als auch lebende Fische, aber auch künstliche Fischimitationen, waren in Gebrauch. Für die professionelle Fischerei spielte der Einsatz von Garnen und Netzen eine wichtige Rolle. Das festgestrickte Garn wurde von einem oder zwei Schiffen aus um einen Fischschwarm gelegt oder mit zwei starken Leinen durch den Fluß gezogen, wobei sich die Fische in einem sackartigen Trichter verfingen (Zuggarn). Daneben gab es noch eine Vielzahl von Garnen wie Flußgarn und Strichgarn oder solche für bestimmte Fischarten, wie das in der Schweiz und am Rhein verwendete Lachsgarn. Eine ebenso große Vielfalt ist bei den Netzen anzutreffen: Netze, die im flachen Wasser eingesetzt wurden (Stell-, Grund- und Bodennetze) und Netze für tiefes Wasser (Schwebnetze). Daneben kamen noch Reusen und Fischfallen zum Einsatz. Von untergeordneter Bedeutung war das Fischstechen. Neben diesen transportablen Geräten gab es noch feste Fangeinrichtungen: große Senknetze, die Salmenwagen, feste Holzhäuschen mit Netzen im Rhein – und Fischwehre. Die Maschengröße der Netze wurde zunehmend normiert, damit durch feines Garn nicht untermaßige Fische gefangen wurden. Ebenso wurden in den meisten Regionen Schonzeiten, etwa der Mai für die Äsche und die Forelle, und ein Schonmaß für Fische festgelegt.

Im Zuge der Industrialisierung, die zum einen zwar bessere Arbeitsmöglichkeiten als die Fischerei bot, zum anderen aber durch die Wasserverschmutzung die traditionellen Lebensräume der Fische bedrohte, ging die Anzahl der Fischer seit dem Anfang des 19. Jh.s stark zurück. Auch hatte das Ausbleiben der Lachsschwärme am Rhein den Niedergang dieses Gewerbes entlang des Stromes zur Folge. Die Gewerbestatistik von 1875 ergab noch 19 623 Fischer, sieben Jahre später wurden nur noch 13 392 Beschäftigte in diesem Handwerk gezählt, von denen nur 1200 an der Nordsee Küstenfischerei betrieben, während der größte Teil im Binnenland beschäftigt war.

Peter Lengle

GERBER

Bereits im Spätmittelalter waren mehrere Handwerke auf die Herstellung von Leder spezialisiert. Hinsichtlich der Produktionstechniken zerfällt das Gerberhandwerk nach den in Mitteleuropa gebräuchlichen Gerbverfahren in drei Gruppen: a.) die Rot- oder Lohgerber stellten durch Gerbung der großen und schweren Häute mit Loh (Eichen- und Fichtenrinde) Leder für Sättel und Zaumzeug, Sohl- und Schuhleder her (vegetabilische Gerbung), b.) die Weißgerber produzierten durch Salzgerbung mit Alaun (mineralische Gerbung) die edleren und dünneren Ledersorten, besonders aus Kalbs-, Schafs- und Ziegenfellen Bekleidungsleder und c.) die Sämischgerber (Irher, Ircher) durch Walken mit Fett oder Tran wasserdichtes Leder (Schafe, Ziegen, Böcke). Daneben waren verschiedene kleinere Handwerke mit der Herstellung spezieller Ledersorten befaßt: Die Rotlöscher (Rotlascher, Löschmacher) und Corduaner (Cordewaner, Kuderwanner, Kurdewener) stellten Feinleder her, und die Pergamenter (Pirmenter) fertigten ohne eigentlichen Gerbprozeß aus Kalbsfellen Pergament.

Zunächst waren Rot- und Weißgerber meist mit den übrigen Ledergewerben in einer Zunft zusammengefaßt; in größeren Städten wie Lübeck und Frankfurt am Main traten die Rotgerber bereits seit dem 14. Jh. als eigenständige Korporation auf, in Straßburg bestanden bereits ab 1390 drei gesonderte Gerberzünfte. Im 15. und 16. Jh. vollzog sich dann durch die Abgrenzung der Arbeitsbereiche auf breiter Basis die berufliche Ausdifferenzierung und Zunftbildung, denn zunächst betätigten sich auch die Schuhmacher, Riemer, Sattler und Säckler in der Lederherstellung. Zunehmend wurden sie, was die Herstellung des Leders betrifft, auf die Produktion für eigenen Bedarf eingeschränkt. Im Norden und in den Küstenstädten konnten sich die Gerber erst relativ spät das ausschließliche Recht der Lederherstellung sichern.

Der Arbeitsprozeß der Gerber zerfällt in drei Abschnitte: 1. die Vorbereitung der Häute in der Wasserwerkstatt, 2. der eigentliche Gerb-

Abb. 13: Kragfigur mit Scherdegen am «Haus zum Spätgerber» in Konstanz.

prozeß in den Gruben (bei den Rotgerbern) und in den Bottichen (bei den Weißgerbern) und 3. das Zurichten der gegerbten Felle.

Bei den Rot- und Lohgerbern (Loher, Lorer, Lauer, Lederer) mußten die rohen («grünen») Häute zunächst in fließendem Wasser gespült werden, bevor auf dem Schabebaum mit dem Scherdegen (Zunftzeichen) die Fleisch- und Fettreste und danach die Haare entfernt wurden. Folgende Verfahren konnten angewendet werden: Die Haare konnten durch Urin oder in der «Schwitzkammer» durch Räuchern gelöst werden. Das übliche Verfahren war vor allem die Behandlung im «Äscher»: In Bottichen mit gebranntem Kalk oder Pottasche wurden die Häute eingelegt und danach wieder gespült. Erst dann begann der eigentliche Gerbprozeß durch das Einlegen («Einstoßen») der Häute in die mit frischem Wasser und Loh gefüllten Gerbgruben (Ziehlöcher). Nach dem langandauernden Gerbprozeß wurde erneut in der Wasserwerkstatt gespült. Dann hängte man die Häute zum Abtropfen auf Stangengerüste oder Galerien und brachte sie danach auf den Trockenboden. Unter dem Dach des Gerberhauses befanden sich meist mehrere Geschosse, die speziell dafür eingerichtet waren und durch ein Aufzug- oder Zwerchhaus beschickt werden konnten. Nach der Trocknung wurde das Leder zugerichtet, d. h. geglättet, gefalzt und gespalten und die Ränder abgeglichen. Die verbrauchte Lohe wurde zu «Lohkäs» gepreßt – von den Gerberkindern (den Lohtripplern) in Formen getreten –, dann getrocknet und als Brennmaterial verwendet.

Das Handwerk der Rotgerber erforderte durch die umfangreichen Bauten – das unmittelbar am Wasser gelegene Gerberhaus mit Werkstatt und Lagerräumen, Kellergewölbe, Galerien und Trockengeschossen – ein außerordentlich hohes Anlagekapital. Da der Gerbprozeß bei den schweren Häuten sechs Monate bis drei Jahre dauerte, war darüber hinaus ein hohes Betriebskapital nötig. Rotgerber zählten meist zu den vermögenden und im Rat vertretenen Handwerkern. Zahlreiche erhaltene Gerberhäuser lassen noch heute ihren Reichtum erkennen.

Bei den Weiß- und Sämischgerbern vollzog sich die Bearbeitung der kleinen Felle ebenfalls zunächst in der Wasserwerkstatt; nach dem Wässern und Kalken wurden die Felle enthaart (Köln: Fellpflücker) und die Schaf- oder Ziegenwolle zum Verkauf «gerauft». Nach der Behandlung im Äscher, dann dem Entfleischen, Ausstreichen, Walken, Waschen und Beizen wurde schließlich in Bottichen mit Alaun gegerbt. Der Gerbprozeß dauerte höchstens drei Monate. Danach wurden die Häute auf Stangen getrocknet, gestollt und auf dem Streichrahmen bearbeitet. Im Gegensatz zu den Rotgerbern waren keine umfangreichen Produktionseinrichtungen notwendig. Nur zum Walken der Felle wurde meist gemeinsam mit den Tuchmachern eine Walkmühle (Wassermühle) betrieben. Ältere Darstellungen zeigen noch die Fußwalke.

In der Regel lagen die Gerberhäuser am Fluß, Bach oder Kanal, wo am Steg oder in seichtem Gewässer gearbeitet werden konnte. Wegen der starken Verschmutzung der Gewässer lagen sie meist dort, wo der Fluß das Stadtgebiet verließ. Auch die starke Geruchsbelästigung – die Prager Gerber wurden im Spätmittelalter schlicht als «Stänker» bezeichnet – führte zur Ansiedlung der Gerber am Rand des Stadtgebietes oder in den Vorstädten; aus diesen Gründen wurden den Gerbern häufig bestimmte Quartiere bzw. Straßen zugewiesen. Einzelne Ger-

Abb. 14: Gerberhäuser in der Nürnberger Vorderen Ledergasse (1642) mit den typischen Aufzughäusern und Dachgauben (1944/45 zerstört).

berviertel (Colmar, Straßburg) sind noch heute an Straßennamen und Baubestand erkennbar.

Das größte lederherstellende Handwerk bildeten die Rot- oder Lohgerber. Bis zum Beginn des 17. Jh.s wuchs das Handwerk stark an: In Leipzig arbeiteten um 1600 bereits 81, in Nördlingen 1618 152 Meister. Seit dem 17. Jh. dehnte es sich dann auch auf die kleinen Landstädte und Märkte aus, und in der Folge gingen Absatz und Umfang des städtischen Handwerks zurück. Lediglich einzelne Städte wie Straßburg (1789: 175) konnten ihre Stellung behaupten.

In der spätmittelalterlichen Stadt kamen in der Regel drei Rotgerber auf einen Weißgerber. Nur in Breslau finden wir bereits 1470 33 Weiß- und Sämischgerber, und ab 1544 (70) überrundeten sie die Rotgerber. Dem starken Anwachsen des städtischen Handwerks im 16. Jh. folgte seit dem 17. Jh. ein Abschwung. Der Wandel der Mode (Bekleidungsleder wurde durch Barchent, leichte Wollstoffe und schließlich durch bedruckte Kattune verdrängt) und die zunehmende Konkurrenz neuer Gewerbestandorte verringerten den Absatz. Das Breslauer Handwerk hatte 1579 (132 Meister) seinen Zenit überschritten, 1790 zählte es nur noch 36 Meister.

Die Pergamenter waren auf wenige größere Städte begrenzt. Ihr Absatz wurde seit dem 14. Jh. zunehmend durch die Papierproduktion begrenzt, sie arbeiteten vor allem für den Bedarf der Kanzleien und

Universitäten. Das Leipziger Handwerk (seit 1611 mit eigener Ordnung) zählte im 18. Jh. nie mehr als vier Meister; bedeutende Standorte waren noch Augsburg und Wien. Wie die Weißgerber verwerteten die Pergamenter ihre Abfälle beim Leimsieden: «Auß ohrn und klauwen seud ich Leim», läßt Hans Sachs den «Permennter» rezitieren. Die Corduaner (Ledertauer, Lederbereiter) waren ebenfalls ein kleines großstädtisches Handwerk und vor allem in den Küstenstädten zu finden. Im 18. Jh. verloren sie an Bedeutung, da Corduanleder aus der Türkei, aus Spanien oder Ungarn importiert wurde.

Die Gerber bezogen die rohen Häute direkt vom Metzger auf dem Wochenmarkt oder aus dem Umland. Bis ins 18. Jh. hatten die Gerber meist das Einstands- oder Vorkaufsrecht, darüber hinaus deckte ein umfangreicher Häutehandel den Bedarf.

Die Rotgerber benötigten als Gerbstoff Eichenrinde oder eine Mischung aus Eichen- und Tannenrinde, die Lohe. Da zur Herstellung eines Zentners Leder ca. vier bis fünf Zentner Lohe benötigt wurden, lagen alle Gerberzentren (Siegerland, Ostthüringen, Württemberg, Elsaß, Südsteiermark und Krain) in unmittelbarer Nähe von Eichenwaldungen. Während der Häutekauf individuell getätigt wurde, war der Lohekauf gemeinschaftlich geregelt; größere Lohkäufe wurden bis ins 18. Jh. aufgeteilt. Die Lohe wurde in der zunfteigenen Lohmühle gemahlen; im 18. Jh. verwendete man neben der Lohstampfe bereits Lohmühlen mit rotierenden Steinen, und um 1800 wurden die Stampfen allmählich verdrängt. Die Weißgerber bezogen ihren Gerbstoff, den Alaun, bis Mitte des 15. Jh.s aus der Levante, dann auch aus Italien. Seit Ende des 15. Jh.s wurden im Salzburgischen und im 16. Jh. in Schlesien Alaunsiedereien angelegt.

Das fertige Leder wurde nach der Schau auf den Wochenmärkten (Lederbänke) feilgehalten, der Verkauf lag meist in der Hand der Meisterfrau. In der Regel ging der Absatz der städtischen Gerber über den lokalen Bedarf hinaus: Bereits im 13. Jh. waren die Corduanmessen in der Champagne («nundinae cordoani») berühmt, im Spätmittelalter waren neben den Frankfurter und Leipziger Messen auch die Zurzacher und Nördlinger Messe für den Lederhandel bedeutend, die Weißgerber setzten später auch auf den Messen in Frankfurt/O., Braunschweig und Naumburg ab. Einzelne Ledersorten (Lütticher Leder, Leipziger Pfundleder, russisches Juchtenleder) wurden als ausgesprochene Markenartikel gehandelt.

Zunächst bestanden hinsichtlich der Produktivität des Gerberhandwerks kaum Beschränkungen, erst seit der Mitte des 15. Jh.s wurden durch Vereinbarungen der Handwerkerbünde die Zahl der Äscher, die Höchstzahl der verarbeiteten Häute und der Lohverbrauch festgelegt. Im 16. Jh. wurde fast durchweg auf vier Äscher pro Werkstatt begrenzt, und die Zahl der Arbeitskräfte wurde festgelegt: z. B. die Kölner Loher 1437 zunächst auf vier, 1465 dann auf drei Knechte. Die Nürnberger Ordnung von 1604 erlaubte zwei Gesellen oder einen Gesellen, zwei «Raufferinnen» und einen Lehrjungen, oder einen Gesellen und einen Stückwerker. In der zweiten Hälfte des 18. Jh.s verloren die zünftigen Regulierungen an Bedeutung, und es entstanden handwerkliche Großbetriebe bzw. Manufakturen: Sie konnten die Rohstoffe preisgünstiger beziehen, erhöhten die Anzahl der Gruben (die größte Hanauer Manufaktur arbeitete 1790 mit 60 Gruben) und wurden durch die merkantilistische Wirtschaftspolitik begünstigt. Die Technik des Produktionsprozesses veränderte sich kaum, erst in den 1830er Jahren begann in den Großgerbereien der Übergang von der Gruben- zur Faßgerbung.

Während in den Manufakturen auch ungelernte Arbeitskräfte beschäftigt werden konnten, wurden im Handwerk in der Regel nur gelernte Hilfskräfte zugelassen. Die Rolle der Frankfurter Lohgerber von 1355 läßt eine wesentliche Trennung zwischen Lehrjunge und Geselle noch nicht erkennen, 1436 wird jedoch deutlich unterschieden; weibliche Lehrlinge sind bei den Weißgerbern noch ausdrücklich genannt. Eine Festsetzung der Lehrzeit (zwei bis drei Jahre) wurde im 15. Jh. üblich, im Laufe der Neuzeit wurde sie auf drei bis fünf Jahre erhöht. Seit den 1860er Jahren ging die Zahl der Lehrlinge stark zurück.

Die Gesellen wurden im Zeitlohn (Wochenlohn) beschäftigt, erst ab dem späten 18. Jh. wurde in größeren Gerbereien Tag- oder Stücklohn bezahlt. Zusätzlich erhielt der Geselle von jedem «Werk» eine Haut oder konnte auf eigene Rechnung zwei Häute «beistoßen».

Die Gerberei verlangte nicht nur handwerkliches Geschick, sondern auch schwere körperliche Arbeit: bei den Rotgerbern die Bearbeitung der schweren Häute, bei den Weißgerbern die Arbeit am Stollpfahl. Im Winter war die Arbeit in der Wasserwerkstatt außerordentlich hart, im Sommer gaben die Häute und Abfälle einen unausstehlichen Gestank von sich. Das lange Stehen im kalten Wasser und die Durchnässung führten häufig zu Erkältungen und rheumatischen Erkrankungen, auch Infektionskrankheiten zählten zu den typischen Berufskrankheiten.

Wenngleich schon im 14. und 15. Jh. Gerbergesellen wanderten, so finden sich erst im 16. Jh. Ordnungen, die die Wanderschaft fordern: Im 15. Jh. entstanden erste Vereinigungen der Gesellen, und zwischen dem 15. und 17. Jh. bildeten sich bei den Weißgerbern vier Kreise mit unterschiedlichem Handwerksrecht und Bräuchen aus. Innerhalb ihres Kreises hatten die Gesellen Anspruch auf das «Geschenk» (Wanderunterstützung). Auch nach der Aufhebung des Wanderzwanges im 19. Jh. war das Wandern bis in die 1890er Jahre noch weit verbreitet.

Die Erlangung des Meisterrechts war mit zunehmend höheren Anforderungen verbunden: Nach Lehrzeit und Wanderschaft folgten Mut- bzw. Wartejahre. Meisterstück und Meisteressen setzten sich erst im 17. Jh. durch. In vielen Städten zeigt sich um 1700 die Tendenz zur «Schließung»: Die Zulassung wurde auf Meistersöhne und einheiratende Gesellen beschränkt. Überhaupt waren bei den Gerbern Berufsvererbung und Betriebsübergabe (hoher Wert der Produktionsmittel) an den Meistersohn vergleichsweise stark ausgeprägt. Nur in wenigen Handwerken haben sich patrilineare Handwerkerdynastien und familienbetriebliche Traditionen so stark ausgebildet: Viele Gerberfamilien lassen sich über Jahrhunderte verfolgen.

War das frühneuzeitliche Gerberhandwerk noch ein ausgesprochen städtisches Handwerk, so nahm es im Lauf des 19. Jh.s – mit regionalen Unterschieden – ländlichen und kleinstädtischen Charakter an. Der Rückgang der handwerklichen Produktion in den Städten war unübersehbar. Um 1860 weist die Lederproduktion dann deutlich ländlichen Charakter auf, und in verkehrsreichen Gebieten war um 1880 die handwerksmäßige Gerberei fast verschwunden. Die Zahl der handwerklichen Betriebe nahm ab, während seit den 1880er Jahren zunehmend mehr Lederfabriken entstanden. Im Großbetrieb verkürzte die Verwendung des Quebrachoholzes als Gerbstoff den Gerbprozeß auf längstens acht Wochen, und die seit den 1890er Jahren im Großbetrieb rentable Chromgerbung reduzierte ihn dann auf wenige Stunden. Durch zunehmende Maschinisierung (Lederspaltmaschine, Glättmaschine, Walkfaß etc.) und Arbeitsteilung konnten überwiegend ungelernte Arbeitskräfte beschäftigt werden. Rohstoffe wurden en gros bezogen, während der kleine Meister auf den Zwischenhandel angewiesen blieb.

Zwischen 1882 und 1895 ging die Zahl der selbständigen Gerber um 30% zurück, zahlreiche Sohlledergerbereien mußten in den 1890er Jahren schließen. Mit der seit den 1880er Jahren rapide fortschreitenden Dezimierung des Schuhmacherhandwerks durch Schuhfabriken und Magazine, die Leder nur noch en gros (Lederhandel) bezogen, verlor der handwerkliche Gerber endlich seinen besten Kunden.

Bereits gegen Ende des 19. Jh.s hatte daher die handwerkliche Gerberei nur noch dort Perspektive, wo man an kleinen Orten oder auf dem platten Land Häute direkt vom Metzger und Bauern kaufen konnte, die nötige Lohe in der Nähe fand, sie vom Produzenten selbst bezog und das Leder unmittelbar an den Schuhmacher verkaufen konnte.

Reinhold Reith

GLASMACHER UND GLASER

Zum Beruf des Glasmachers gehört die Herstellung von Glas und Gläsern aus der Schmelze mit Hilfe der Glasmacherpfeife, also die Kenntnis der Hüttentechnik wie auch technisches Geschick zur Produktion von Hohlglas. Der Glasbläser dagegen arbeitet aus Röhren und Stangen, die ihm die Glashütte liefert, Hohlglas, Kleinfigürliches und anderes mehr vor der Lampe, einem Gebläse. Auch der Glaser verarbeitet die Produkte des Glasmachers; seine Aufgabe ist die Herstellung von Fensterverglasungen. In der Vergangenheit handelte er auch mit Hohlgläsern und Spiegeln.

Die Anfänge der Glasherstellung liegen im 4. Jahrtausend im Vorderen Orient und in Ägypten. Vom hohen Stand des keltischen und des römischen Glases abgesehen, erfolgte der Impuls für das mittelalterliche Handwerk durch byzantinische Glasmacher nach der Ausplünderung Konstantinopels durch die Venezianer. Das antike Wissen von der Glasproduktion war aber nicht unterbrochen, sondern wurde in den frühmittelalterlichen Klöstern bewahrt, wo Glas zur Deckung des Eigenbedarfs (Kirchenfenster, Ampeln etc.) hergestellt wurde.

In vielen mittelalterlichen Glashütten arbeiteten freie Glasbläser. Die Leitung der Hütte oblag dem Hüttenmeister. Er war für die Produktion verantwortlich wie auch für den Bau der Ofenanlage, der Schmelzhäfen, für die Beschaffung der Rohstoffe und des Heizmaterials sowie für den Vertrieb. Er kam selbst aus dem Handwerk. Seine Mitarbeiter, die Glasmacher, unterschieden sich durch hohe Spezialisierung, so in den Frittmacher (Fritte ist ein Zwischenprodukt des Glases), in den Anfänger (der ein Hohlglas beginnt, also die gröbere Arbeit verrichtet), den Fertigmacher (der es beendet und das größte Geschick besitzt) und in besonders auf Flachglas spezialisierte Kräfte. Ihnen standen zahlreiche Hilfskräfte zur Seite. Der Schmelz- oder Arbeitsofen war früher nicht einmal sehr groß: im frühen Mittelalter vielleicht nur von 1,5 m Durchmesser, in der frühen Neuzeit etwa 4–5 m, wobei die kleinen Öfen nur einen Arbeitsplatz hatten, die größeren dagegen sechs Arbeitsöffnungen besaßen. Nebenöfen dienten zur Herstellung der Fritte, zum Kalzinieren (Reinigung der Rohmaterialien) und zum Kühlen des Glases. Der Ausstoß einer solchen Hütte mit sechs Arbeitsplätzen lag um 1610 bei 500–700 Römern, 100–300 Scheiben, 200–400 Bierbechern und 13 Kuttrolfen (Angster, Zwiebel- bzw. Vexierglas mit kugeligem Bauch und gedrehtem Hals) pro Tag.

Je nach Fertigprodukt ist das Handwerkszeug zu differenzieren. Für Hohlglas und Flachglas gemeinsam ist die Pfeife (ein Blasrohr) sowie das Hefteisen (eine Stange). Um ein Gefäß herzustellen, nahm der Glasmacher mit der Pfeife einen Klumpen zähflüssigen Glases aus dem Schmelzofen und gab dem Kölbel unter ständigem Drehen und Wiedererhitzen eine grobe Gestalt. Die gestalterische Feinarbeit erfolgte im Glasmacherstuhl, auf den er die Pfeife mit dem Glas auflegte und diese auf den Lehnen ständig hin und her rollte. Aufgemacht wurde die Blase mit der Schere, danach mit einer Zange aufgetrieben. Um die Kuppa zu formen, mußte das Werkstück umgeheftet werden. Dazu «klebte» ein Helfer das Hefteisen mit einer Spur von Glas an die Unterseite, und der Glasmacher sprengte die Pfeife mit einem Tropfen Wasser ab. Nach erneutem Erhitzen konnte er dann die Blase mit Schere und Zange öffnen und weiten. Natürlich konnte der Glasmacher seinem Gefäß auch Gestalt durch Blasen in eine Form geben. Durch den Umgang mit dem glühenden Glas konnte sich der Glasmacher bei starker Belastung den Feuer- oder Glasmacherstar (Linsentrübung) zuziehen.

Flachglas gewann der Glasmacher zum einen nach dem Mondglas- und zum andern nach dem Streckglasverfahren. Beim ersteren wird eine große Kugel geblasen, die schüsselartig geöffnet und dann durch die Zentrifugalkräfte zu einer großen runden Scheibe gedreht wurde. Aus dieser Scheibe wurden Halb- und Viertelkreise (Monde) und auch Rauten geschnitten, die dann in den Handel gelangten. Nach dem Streckglasverfahren wurden riesige Zylinder im plastischen Zustand aufgeschnitten und in Strecköfen mit speziellen Hölzern flachgebügelt. Da das Fensterglas weitgehend klar sein sollte, entfärbte man das grünliche Glas durch die Zugabe von Braunstein in der Schmelze, seltener auch durch Arsen. Regional wurden auch die Mittelstücke oder Ochsenaugen der Mondscheiben für Scheiben verwendet. Die eigentliche Butzenscheibe ist jedoch eine runde, aus einem kleinen Glaskölbel durch Öffnen und Formen entstandene Scheibe mit einem mittels der Zange umlegten Rand. Das anfänglich im 18. Jh. nur für die Herstellung von Spiegeln eingesetzte Gießverfahren wurde auch bald zur Produktion von Fensterglas eingesetzt. Ein weiteres Produkt der Glashütten waren die Röhren, die besonders als technisches Glas zum Einsatz kamen. Auch dieses Verfahren erfolgt heute maschinell, wie auch das handwerkliche Glasblasen im 19. Jh. auf vielen Gebieten durch maschinelles Blasen in Formen oder durch Preßglas ersetzt wurde.

Im Mittelalter war die Farbgebung von Gläsern ein in den Klosterhütten streng bewahrtes Arkanum. Neben dem oberflächlichen Vergolden der kostbaren Glasgefäße war auch eine dauernde Vergoldung mit Blattgold recht beliebt. Die Verwendung von Emailfarben auf Hohlglas kam in Deutschland erst um 1600 in Mode. Transparentemailfarben stammen aus dem 19. Jh., die Verzierung mit Schwarzlot (opakes, schwarzes Email) hatte im 18. Jh. ihren Höhepunkt. Im frühen 19. Jh. gelangen weitere Veredelungsmethoden bzw. verschiedene Beizen.

Den Manufakturen, die wertvolle Gläser herstellten, waren Glasschleifereien angeschlossen. Geschliffen wurde mit feinem Sand, anschließend wurde mit Zinnasche poliert. Besonders für das für optische Zwecke produzierte Glas war eine gute Kenntnis des Glasschleifens notwendig. Führend waren dabei italienische Glashersteller; der Beruf des Brillenschleifers oder -machers bezeichnet eine weitere Spezialisierung. Bei der Gravur werden im Gegensatz zum Schnitt mit einem rotierenden Steinrad oberflächliche Verzierungen in das Glas gebracht. Die Glasschneider der Barockzeit waren angesehene Kunsthandwerker, die ihr Gewerbe auch losgelöst vom Hüttenbetrieb in eigenen Ateliers ausübten.

Ein gutbezahlter, dafür aber auch gesundheitsgefährdender Zweig des Glasmachens war die Herstellung von Spiegeln (Spiegler). Die frühen Glasspiegel waren mit metallenem Blei belegt; aus Venedig kam dann um 1500 die Quecksilberverspiegelung. In Deutschland galt lange Zeit Nürnberg als die Hochburg der Spiegelmacher, allerdings erfolgte die Herstellung auch direkt in Hütten und Manufakturen.

Der Glasbläser fertigte (mit einem Gebläse) aus Röhrchen und aus Stäben seine Produkte. Die Anfänge dieses Berufszweiges liegen im späten 16. Jh.; aus ihm entwickelte sich der Instrumentenmacher (Thermometer, Barometer, Apparaturen für chemische Labors) im 17. Jh. Der Perlenmacher war ein spezialisierter Glasbläser. Böhmen und Thüringen galten in der Neuzeit als Hauptlieferanten von (hohlen) Glasperlen. Der Perlenmacher blies ein dünnes Rohr vor der Lampe derart auf, daß sich Kugel an Kugel reihte, die in einem weiteren Prozeß getrennt werden mußten und schließlich veredelt wurden.

Wie sich die Glasmalerei aus bescheidenen Anfängen im 10. und 11. Jh. heraus entfaltete und im 12. und 13. Jh. ihre große Zeit hatte, so traten im 13. Jh. auch außerhalb der Klöster Glaser auf. Fenster waren zunächst auf Kirchenbauten beschränkt, erst für 1363 ist ein Nürnberger Stadtglaser belegt, und um 1470 wurden z. B. in Nürnberg die öffentlichen Gebäude mit Fenstern versehen. Das mehrgeschossige Fachwerk des Bürgerhauses mit ganzen Fensterreihen schaffte schließlich ein weiteres Betätigungsfeld für die Glaser, wenngleich Glasfenster um die Mitte des 16. Jh.s noch immer eine Besonderheit waren und z. B. in Wien die «Sliemer» bis ins 18. Jh. Fenster aus ölgetränktem Papier herstellten. Die Glaser bildeten daher ein kleines Handwerk, das bis zum Ende des Mittelalters nirgends als eigenständige Zunft auftrat, vielmehr in Mischzünften in Gemeinschaft mit den Schilderern, Malern, Goldschmieden, Goldschlagern und anderen stand. Da das Handwerk in mittleren und kleinen Städten nur schwach vertreten war und auf die größeren Städte begrenzt war, bildete sich das Handwerk in der frühen Neuzeit als ein «geschenktes» heraus, das die weite

Wanderschaft der Gesellen stützte, andererseits auch die Mitarbeit der Meisterfrau (Meisterwitwen durften in Nürnberg ohne fremde Hilfe das Handwerk ausüben) tolerierte; die Meistertöchter sollten nach einem Dekret von 1707 nicht neben den Gesellen «vor der Tafel» arbeiten, sondern nur mit dem Fenstertragen und Bleiausziehen beschäftigt werden.

Zum Handwerkszeug des Glasers gehörten u. a. Lötkolben, Kröseleisen und Bleihammer. Den Lötkolben benutzte er zur Verbindung der Bleiruten, mit dem Kröseleisen trennte er das erwärmte Glas, und mit dem Hammer formte er das Blei. Ein Butzenfenster fertigte der Glaser, indem er die vielen Butzen in einem Holzrahmen aufbaute, sie dann auf der Werkplatte feststiftete, die Zwischenräume zwischen den einzelnen Butzen (je nach Art des Stiftens) mit drei- oder vierseitigen Scheibchen (Hornaffen) ausfüllte und die Einzelscheiben mit Blei verlötete. Die Anfertigung von Glasmalereien gehörte ebenfalls zum Handwerk. Häufig wurde jedoch zwischen den Bleiglasern (die im Niedersächsischen auch Fenstermacher hießen) und den Glasmalern unterschieden; bis ins 16. Jh. blieben Maler und Glaser über die Glasmalerei häufig verbunden und fanden sich in sog. Lukasbrüderschaften zusammen. Bekannt sind die süddeutschen Kabinettscheiben aus unterschiedlich gefärbtem Flachglas, mit Malerei und Verbleiung. In Norddeutschland hingegen war es Brauch, zur Hochzeit Fensterbierscheiben (das Präsent wurde mit Bier belohnt) zu schenken, auf denen bäuerliche Motive aufgemalt waren. Seltener hingegen sind die Schliffscheiben. Geätzte Dekore stammen meist aus dem späten 19. Jh. Besonders bei den Kirchenfenstern wurde die Bleirute auch zum graphischen Mittel.

Bei größeren Fenstern mußten die Glaser für die Umfassung doppeltes Blei nehmen. Gegossene Bleistränge waren bis zu 60 cm lang und bis zu 5 cm breit. Aus Gründen der Stabilität wurden die Randbleie zur Einfassung der Felder aus zwei Bleisprossen, deren Hohlraum mit Holz oder Flacheisen gefüllt war, hergestellt oder durch Umbleien (Umschlagen einer breiteren Bleirute) stabilisiert. Der Grund für die doppelte Verbleiung lag wohl darin, daß die Fenster nicht mehr in die Nuten eines Holzrahmens geschoben, sondern direkt vor das Fenster gesetzt wurden. Besonders bei großen Kirchenfenstern hängte man die Scheiben regelrecht an Eisenstäben auf, die über der Fensterbreite befestigt waren. Das Ziehen des Bleies durch Schienen – erste Nachrichten vom Bleizug datieren vom Ende des 15. Jh.s – war zunächst verboten, da das Ergebnis des Ziehens eine schwächere (auch biegsamere) Rute war.

Heinz-Peter Mielke

GLOCKENGIESSER UND GESCHÜTZGIESSER

Der Glockenguß wurde von angelsächsischen Missionsmönchen im 5. Jh. von Nordafrika nach Mitteleuropa gebracht, in Klöstern weiterentwickelt und von Mönchen des Benediktinerordens zu erster Blüte geführt. Die «schedula diversarum artium» des Mönches Theophilus aus dem 12. Jh. enthält die wichtigste Darstellung der Technologie des Glockengusses im Mittelalter.

Diese war das Wachsausschmelzverfahren, bei dem eine einteilige geschlossene Lehmform verwandt wurde. Auf eine horizontal gelagerte hölzerne Spindel wurde ein Lehmkern aufgetragen, der den späteren Innenraum der Glocke bildete, dieser mit einem Wachs- oder Talgmodell der Glocke umgeben und auf dieses wiederum ein Lehmmantel aufgetragen. Beim Brennen der aufgerichteten Form floß das Wachs heraus, der Hohlraum wurde mit flüssiger Bronze gefüllt. Dieses Verfahren wurde dann im 13. und 14. Jh. zunehmend durch das Mantelabhebverfahren abgelöst, bei dem eine zweiteilige Form aus Kern und Mantel eine «falsche Glocke» (Dicke, Hemd) aus Lehm umschließt. Nach dem Brennen wurde der Mantel abgehoben, die «falsche Glocke» zerschlagen und nach Aufsetzen des Mantels der Hohlraum mit Bronze ausgegossen. Diese Technik ermöglichte den Guß größerer Glocken und nach Einführung der Drehschablone an der stehenden Glocke präzise Formarbeit. Es ist mit geringfügigen Veränderungen das bis heute gültige Formprinzip.

Im 13 Jh., mit der Ausbildung von Handel und Gewerbe und der Entwicklung einer eigenständigen städtischen bürgerlichen Kultur, ging der Glockenguß zusehends in weltliche Hände über. Zinn-, Rot- und Gelbgießer gossen Auftragsarbeiten für den kirchlichen Gebrauch (z. B. Weihwasserkessel, Leuchter, Räuchergefäße) und widmeten sich nun auch nebenbei der Glockengießerei. Aus dem 13. Jh. datieren erste Erzeugnisse, die zeigen, wie früh das städtische Handwerk den Glockenguß übernahm. In Straßburg ist 1277 ein Meister Hartmann als Glockengießer genannt, in Augsburg wurde 1339 ein Meister Hugo mit dem Guß der Sturmglocke betraut. In Lübeck findet die jetzige Glockengießerstraße 1294 als Klokengeterstrate erste urkundliche Erwähnung, ebenso die Glockengasse in Köln im Jahr 1259.

Eine Trennung der einzelnen Handwerke ist außerordentlich schwierig, da Rot-, Kannen-, Grapen- und auch Zinngießer eng verwandt waren und bisweilen dieselben Produkte fertigten. Wie der Fundhorizont belegt, gossen Glockengießer auch Gegenstände des täglichen Gebrauchs, außerdem Grabplatten, Bronzetüren etc. Die Spezialisierung erfolgte im Verlauf der frühen Neuzeit. Glockengießer unterlagen – wie auch andere Handwerke – dem Zunftzwang; im 15. Jh. bildeten sie mit den Stück- und Bildergießern meist eine eigene Zunft. Nach drei- bis sechsjähriger Lehrzeit mußte der Geselle seine Kenntnisse auf der «Walze» vertiefen, um Meister werden zu können.

Die Glockengießer waren ein Wandergewerbe: Aus transporttechnischen Gründen erfüllten sie ihre Aufträge vor Ort. Hilfskräfte wurden meist am Arbeitsort rekrutiert, die Gemeinden stellten selbst die Rohstoffe, Material und Zubehör und sorgten für Unterbringung und Verpflegung.

Handwerk und Technologie, vor allem Rippenkonstruktionen und Model, gingen in Erbfolge als Geheimnis gehütet vom Vater auf den Sohn über.

Die Rippe (Profil der Glockenwandung) ist neben Material und Gußstruktur ausschlaggebend für die Klangqualität. Die Glockengießkunst ist ein in Jahrhunderten gewachsenes, kompliziertes und vielschichtiges Handwerk, das verschiedene Materialien und Werkzeuge kannte: Als Material für den Guß hat sich Glockenbronze (Glockengut, Glockenspeise) aus 78% Kupfer und 22% Zinn bewährt, als Material für die Form kamen kalkfreier Lehm, Pferdemist, Kälberhaare, Ziegelmehl, Bienenwachs, Rindertalg, Hanf und Spreu in Anwendung – und als Brennmaterial dienten Holz und Holzkohle. Als technisches Zubehör sind noch Klöppel, Joch, Jochlagerung, Glockenstuhl und Läutevorrichtung zu nennen.

Die unterschiedliche Qualität der uns überlieferten Glocken resultierte aus den improvisierten Gießstätten, den regional zur Verfügung stehenden Formmaterialien und den jeweiligen Witterungsverhältnissen. Erst feste Gießstätten ermöglichten einen auf Vergleich und Erfahrung beruhenden Erkenntnisstand. Bereits im 14. und 15. Jh. entstanden in Köln, Mainz, Augsburg, Erfurt, Nürnberg und Straßburg Gießereien, in denen in langer Generationsfolge gegossen wurde.

Mit der Einführung des Geschützwesens im 15. Jh. festigte sich die soziale Stellung vieler Gießer, die als Geschütz- und Glockengießer zu umworbenen Spezialisten wurden. Technisch gesehen ist die Geschütz- und Stückgießerei eng mit der Glockengießerei verwandt, zweifellos haben sich beide Handwerke aneinander weiterentwickelt. Fortschritte im Berg- und Hüttenwesen und der Ausbau der Transportwege waren eine wichtige Voraussetzung für die Herstellung kriegstechnischer Geschütze. Dies kam auch der Anfertigung größerer Glocken zugute.

Das Handwerk wird heute, abgesehen von technischen Hilfsmitteln (Kran, verbesserte Öfen etc.), fast unverändert betrieben. Der umfassenden Glockenvernichtung in den beiden Weltkriegen folgte eine Nachkriegshochkonjunktur, in der sich die rationalisierte industrielle Fertigung, vor allem im europäischen Ausland, immer stärker durchsetzte. Die sieben verbliebenen Gießereien in der Bundesrepublik stehen jedoch noch in der Tradition handwerklicher Produktion. Der Lehrberuf des Glockengießers im Formerhandwerk umfaßt heute drei Ausbildungsjahre.

Wichtige Sammlungen zeigen das Deutsche Glockenmuseum auf Burg Greifenstein, das Glockenmuseum Gescher, Westfalen, und die Museen in Laucha/Unstrut und in Apolda, Thüringen.

Ulla Wilhelmi-Gräf

GOLDSCHLAGER

Zu den kleineren und nur in wenigen Städten des späten Mittelalters vertretenen Handwerken zählten die Goldschlager (Goldschläger). Sie stellten Blattgold her, das vielfältig verwendet wurde: Die Goldspinnerinnen umwoben damit den Grundfaden (Seele) zur Weiterverarbeitung im Seidengewerbe; «Doppelgold» und Silberblatt benutzten die Schwertfeger zum Feuervergolden, Feingold benötigten die Maler und Bildhauer, blasses, mit Silber versetztes «Franzgold» (Parisergold) sowie Zwischengold ging an die Buchbinder und Vergolder, mit starkem «Fabrikengold» (Rauschgold) arbeiteten die Drahtzieher. Auch Waffenschmiede, Büchsenmacher, Schlosser, Sporer und Tischler gehörten zu den Abnehmern des Blattgoldes; Glaser vergoldeten damit das Fensterblei und die Apotheker ihre Pillen. Silberne Platten wurden für die Gürtler zur Knopfproduktion geschlagen. – Der «unechte» Goldschlager (Metallschlager, Tombackschläger) schlug aus einer Legierung von Kupfer und Zink Blattmetall; «weiße» Blätter wurden aus englischem Zinn und Zink geschlagen.

1373 wird für Nürnberg erstmals ein «ungestüm goltslaher» urkundlich erwähnt. Das Goldschlagen wurde zunächst als freie Kunst, dann ab 1554 als «geschworenes» Handwerk betrieben. In Köln erhielten sie zusammen mit den Goldspinnerinnen 1397 ihren Zunftbrief, die Wiener Goldschlager erhielten 1481 eine Ordnung. In der frühen Neuzeit blieb das Handwerk weitgehend auf die großen Handelsstädte begrenzt. In Nürnberg wurde 1621 das Handwerk geschlossen und auf zwölf Werkstätten begrenzt, in Augsburg arbeiteten 1615 sechs Meister. Im späten 17. Jh. erfuhr die Blattgoldproduktion einen Boom: Augsburg zählte zu Beginn des 18. Jh.s bereits 26, 1720 sogar 38 Meister. Seit 1710 wurde vor allem in Fürth Blattmetall geschlagen, und in den 1790er Jahren umfaßte hier die Metallschlägerei bereits 42 Werkstätten. Neben Nürnberg waren um 1800 noch Augsburg, Wien, Dresden, Prag und Berlin bedeutend.

Die Herstellung des Blattgoldes erfolgte in mehreren Arbeitsschritten: Nach dem Schmelzen des Rohmaterials und dem Legieren wurde in Formen (Zaine) gegossen. Das Ausschmieden übernahmen die Zainer: Durch Auswalzen (seit dem 17. Jh. z. T. im Streckwerk, einem kleinen Walzenpaar), Ausrollen und Glühen wurde das Rohmaterial verdünnt und in «Quartiere» von Papierdicke geschnitten. – Der Kernprozeß der Arbeit war das Schlagen: Zunächst wurden 150 Goldplatten zwischen die Blätter der Pergamentform (Quetsche) gelegt. Der «Pack» wurde auf dem Goldschlagerstein mit dem 20pfündigen Schlaghammer bei beständigem Drehen der Form bearbeitet. Die verdünnten Blätter wurden zu 600 Blatt «gerissen», dann mit «Goldschlagerhäutchen» geschichtet und in der Lotform mit dem Formhammer geschlagen, bis sie zu «Goldloten» verdünnt waren und 2400 Blätter ergaben. In der Dünnschlagform wurde dann ausgeschlagen; den Abschluß der Schlagarbeit bildete das Garmachen mit dem symmetrischen Doppelhammer. Nach sechs- bis siebenstündigem gleichmäßigem Schlagen wurde mit dem «Karren» geschnitten, und die Meisterfrauen und -töchter legten die Blätter mit Zangen in Papierbücher ein. Der Abfall (Krätze) wurde vom Schawinschlager ausgeschlagen oder vom Schawinreiber zu Bronze verarbeitet.

Der monotone Arbeitsprozeß erforderte ein hohes Maß an Konzentration, Geschicklichkeit und Körperkraft. Die Gesellen mit den grünen Schürzen, die in ohrenbetäubendem Lärm an den Steinen arbeiteten, zählten jedoch zu den bestentlohnten Handwerkern.

Hohe Kosten fielen für das Rohmaterial und vor allem für die Formen an: Im 16. Jh. stellten die Goldschlager sie noch selbst aus dem Überzug des Blinddarms der Rinder her, doch schon im 17. Jh. gab es spezialisierte Formenmacher.

Blatt- und Metallgold wurde meist durch Kaufleute auf den Messen abgesetzt und exportiert. Durch hohen Kapitalbedarf und Export konnten die Goldschlager von den Kaufleuten abhängig werden; bereits um die Mitte des 19. Jh.s waren die Fürther Metallschlager nur noch als Heimarbeiter für große Meister oder Kaufleute tätig und mußten Werkzeug und Material auf Kredit nehmen. Gemessen am Gesamthandwerk lag die Zahl der Gesellen, die in einer Werkstatt arbeiteten, hoch. In Nürnberg (1611) konnte ein Meister drei und in Augsburg vier Gesellen beschäftigen, in Fürth sollte er im 18. Jh. nicht mehr als sechs «Steine» führen.

Abb. 15: Goldschlager. Bronzeepitaph von 1651 auf dem Nürnberger Johannisfriedhof.

Erst seit den 1840er Jahren wurden Schlag- und Walzwerke eingesetzt. Noch bis ins 19. Jh. hatte jeder Meister seinen Bedarf selbst vorgearbeitet, zunehmend übernahmen nun Großmeister (Hammerwerksbesitzer und Bronzefabrikanten) die Vorarbeiten. Auch das Schmelzen und Legieren wurde in den 1860er Jahren nur noch von wenigen Meistern betrieben. Seit den 1890er Jahren wurde der mechanische Federhammer eingeführt, bei dem der Arbeiter nur noch die Formen drehen mußte; allein das Dünnschlagen blieb eine manuelle Tätigkeit.

Aufgrund des diffizilen Arbeitsprozesses dauerte die Lehrzeit ungewöhnlich lange: Die Kölner Goldschlager verlangten ab 1556 mindestens fünf Lehrjahre, in Nürnberg wurde 1554 die Lehrzeit auf sieben Jahre festgesetzt. Mit der zunehmenden Mechanisierung des Arbeitsprozesses verlor die Gold- und Metallschlagerei als Lehrberuf an Bedeutung, und die Lehrzeit wurde auf zwei Jahre reduziert. Die Arbeit teilten sich nun Schmelzer, Presser, Zurichter, Setzer, Dünnschlager, Bräunerinnen, Einfüllerinnen und Beschneiderinnen. Schon die Lehrjungen wurden – wie die Gesellen – nach der Zahl der geschlagenen Formen (Stücklohn) entlohnt.

Da die Kapitalvoraussetzungen zur Niederlassung als Meister hoch waren, gelangte nur ein Teil der Gesellen zum Meisterrecht. Nach der Nürnberger Ordnung von 1554 durften die Gesellen heiraten. 1611 verbot Nürnberg im Verbund mit andern Städten die Mitarbeit der «Gesellenweiber», erst seit den 1840er Jahren setzte sich überregional die Beschäftigung von Frauen mit dem Einlegen und Beschneiden durch.

Ein regelrechter Wanderzwang bestand bei den Goldschlagern nicht: Da das Handwerk nur in wenigen Städten zu finden war, wurden die Gesellen in der Regel «beschrieben»; sie reisten mit festem Ziel und vorheriger Arbeitszusage. Die Konzentration der Blattgoldherstellung im mittelfränkischen Raum setzte der Mobilität der Gesellen zunehmend engere Grenzen.

Mitte des 19. Jh.s war Fürth mit 87 Werkstätten, 222 Gesellen, 125 Lehrjungen und 400 Einlegerinnen Hauptsitz der Metallschlägerei, bis in den 1880er Jahren Blattsilber weitgehend durch Brokat- und Bronzefarben verdrängt wurde. Nürnberg blieb bis ins 20. Jh. (1882: 69 Betriebe, 850 Beschäftigte) bedeutendster Standort der Gold- und Silberschlagerei, Nürnberger Blattgold beherrschte lange Zeit den englischen Markt. In den 1880er Jahren bekamen die Nürnberger Groß- und Mittelbetriebe durch die verlegten Schwabacher Familienbetriebe starke Konkurrenz, und in den 1920er Jahren war schließlich Schwabach mit 150 Betrieben die bedeutendste deutsche Goldschlagerstadt: Jährlich wurden hier für den Export 1000 kg Rohgold zu 100 Millionen Blatt geschlagen.

Reinhold Reith

GOLD- UND SILBERSCHMIED

Die Aufgabe der Goldschmiede war und ist die Verarbeitung der edlen Metalle Silber und Gold – in neuerer Zeit auch Platin – zu Gegenständen des Schmucks, der Tischkultur, des kirchlichen Lebens und zu vielen anderen Zwecken. Die namensgebende Technik des Schmiedens, d. h. der Verformung des Metalls mit dem Hammer, spielte dabei vorwiegend bei der historisch gesehen wichtigeren Verarbeitung von Silber eine Rolle.

Gold wurde üblicherweise in Gußtechnik (Ausschmelzverfahren, Sandguß etc.) verarbeitet, meist in kleinem Format (Schmuck). Andere oft angewandte Vorgänge bei der Herstellung von Schmuck waren u. a. das Fassen von Edelsteinen oder die Filigranarbeit.

Silber, das meistverarbeitete Metall, diente als Material für nahezu alle Produkte des Handwerks: Trinkgefäße, Tafelgeschirr und -besteck, kirchliche Geräte von der kleinen Hostiendose bis zum ganzen Altar, Möbel, aber auch Kleidungszubehör wie Knöpfe, Gürtel, Bucheinbände etc. Beim Schmuck spielte Silber in größerem Umfang im Bereich des volkstümlichen Filigranschmuckes des 18. und 19. Jh.s eine Rolle.

Als typischer Arbeitsablauf kann die Herstellung eines größeren Trinkgerätes gelten: Aus einer gegossenen runden Metallscheibe (Ronde) wurde ein Blech in gewünschter Stärke geschmiedet, aus diesem wurde anschließend der Hohlkörper mittels des Hammers und eines Ambosses mit verschiedenen Einsätzen geschlagen («aufgezogen»). Einzelne Teile wie Pokalschäfte oder plastischer Zierat wurden gegossen. Die Oberfläche der Hohlgefäße wurde oft in verschiedener Weise dekoriert; entweder ziseliert mit durch Hammer und Punzen reliefmäßig getriebenen und strukturierten Formen oder graviert, also mit einem Stichel spanabhebend in die Oberfläche eingetieft. In manchen Fällen erzielte man die gewünschte Wirkung durch Ätzen. Zu diesen Ziertechniken, die auch bei der Verarbeitung von Gold angewendet wurden, treten u. a. das Emaillieren und das Niellieren. Oft wurde das Produkt nach dem «Ausbereiten» (weißsieden, glätten, polieren) durch Feuervergoldung mit einer dünnen Goldauflage versehen. Zum Arbeitsbereich der Goldschmiede zählte außerdem das Schneiden von Siegeln in Silber.

Das fertige Stück wurde abschließend vom städtischen Schaubeamten (Wardein) und/oder den Vorstehern der Innung auf seinen vorgeschriebenen Feingehalt kontrolliert. Bei «probmäßigem» Befund wurden silberne Waren mit der Stadtbeschaumarke gestempelt; diese seit dem ausgehenden 14. Jh. mehr und mehr verwendete Marke (meist Wappen oder Initial der Stadt) wurde seit dem frühen 16. Jh. durch die Meistermarke ergänzt. Die Marken dienen heute als wichtigstes Hilfsmittel bei der Bestimmung von Provenienz und Künstler. Nicht zeichnungspflichtig waren in der Regel goldene Arbeiten, erst das Reichsgesetz von 1884 führte auch für sie eine Stempelpflicht ein.

Ihr Material bezogen die Goldschmiede oft als Bruchsilber oder über die örtliche Münze. Üblich war auch die Einlieferung alten Silbers zum Einschmelzen durch den Auftraggeber. Die Reichsmünzordnung von 1559 erlaubte den Goldschmieden das Brechen und Schmelzen von Münzen für den eigenen Bedarf.

Durchgängig sind seit dem ausgehenden Mittelalter Klagen vor allem der Silberschmiede zu beobachten, die auf eine Verteuerung wie Verknappung des Materials hindeuten. Namentlich in der Kipper- und Wipperzeit des frühen 17. Jh.s erreichte diese Situation einen existenzbedrohenden Höhepunkt, da die Goldschmiede das Edelmetall in Konkurrenz zu den profitableren und damit zahlungskräftigeren Unternehmen der Münze, der Goldschlager, der leonischen Drahtzieher u. a. nur mehr schwer zu beschaffen wußten.

Die Goldschmiede gehören mit zu den ältesten technischen Berufen. Ihr bis ins 19. Jh. hinein angewandtes handwerkliches Wissen überliefert schon das wohl im 12. Jh. verfaßte Traktat «De diversis artibus» des Theophilus Presbyter, das die Erfahrungen in den klösterlichen und höfischen Werkstätten des Mittelalters zusammenfaßte. Mit dem Aufstieg der städtischen Gemeinschaften etablierten sich Goldschmiede vorwiegend in den Kommunen, zunächst eher dort, wo Kirche und andere Auftraggeber Garanten für eine ausreichende Auftragslage waren. In Köln und Wien findet man bereits in der zweiten Hälfte des 12. Jh.s Nachrichten von Goldschmieden. In der zweiten Hälfte des 13. Jh.s werden Goldschmiede bereits in ca. 50 Städten des Reichsgebietes erwähnt.

Besonders die Handelsstädte, aber auch die Konzentrationspunkte kirchlicher und weltlicher Macht förderten die Niederlassung von Goldschmieden. Lübeck als führende Hansestadt zählte während der Blütezeit des Städtebundes zu den führenden Goldschmiedestädten, Köln nahm bis ins 14. Jh. den bedeutendsten Rang ein. Seit dem ausgehenden Mittelalter verlagerte sich das Schwergewicht auf süddeutsche Städte, zunächst (im 15. und 16. Jh.) auf Nürnberg, später auf Augsburg, das seine dominierende Stellung bis ins späte 18. Jh. beibehalten konnte. Vor allem nach dem Dreißigjährigen Krieg zählten verschiedene Residenzstädte (Dresden, im 18. Jh. auch Berlin u. a.) zu den Zentren des Handwerks, wobei viele Goldschmiede als Hofhandwerker außerhalb des engen zünftischen Rahmens arbeiten konnten. Gerade die barocke Prachtentfaltung an den fürstlichen Höfen des 17. und 18. Jh.s verschaffte dem Goldschmiedehandwerk eine gute Auftragslage.

Im Laufe des 18. Jh.s profitierten bis dahin als Goldschmiedezentren eher zweitrangige Orte von den territorialstaatlichen Maßnahmen zur Förderung der Wirtschaft bzw. des Manufakturwesens. So konnten sich in Hanau sog. «Freifabrikanten» neben der weiterhin bestehenden Zunft niederlassen. Es entstanden stark exportorientierte Manufakturen, die vor allem Galanteriewaren, Dosen, Tabatieren, Stock- und Degengriffe etc. produzierten. In Pforzheim nahm die fabrikmäßige Herstellung von Bijouterie mit der Gründung der Staatlichen Uhrenfabrik 1767 ihren Anfang, bis ins erste Drittel des folgenden Jahrhunderts vorwiegend mit handwerklichen, später dann mit (meist aus Frankreich kommenden) Maschinentechniken arbeitend. Drücken, Prägen, Pressen, Guillochieren u. a. dieser Verfahrensweisen fanden zögernd im Laufe des 19. Jh.s Eingang in den Herstellungsprozeß auch bei Korpusware, wobei an einzelnen Orten eine Spezialisierung auf bestimmte Produkte festzustellen ist. Das Edelmetallgewerbe in Schwäbisch Gmünd konzentrierte sich z. B. auf die Produktion von volkstümlichem, meist filigranem Schmuck und von Devotionalien, die um 1800 in großen Mengen bis nach Amerika exportiert wurden. Die Übernahme der Massenproduktion durch großbetriebliche Fertigung (Pforzheim 1810: 21 Betriebe mit ca. 400 Beschäftigten, Hanau um 1900: 20 Firmen mit 873 Beschäftigten) verwies die weiterhin handwerklich tätigen Goldschmiede auf die ortsansässige Kundschaft und den Handel mit Fertigware.

Während in den meisten Kommunen nur wenige Meister arbeiteten, führte die Konzentration in den Zentren des Handwerks, auch bedingt durch weite Handelsverbindungen, schon früh zu respektablen Größenordnungen: Augsburg z. B. konnte (im Gegensatz zu Nürnberg) die schon im 16. Jh. große Zahl von Werkstätten nach dem eklatanten Einbruch während des Dreißigjährigen Krieges bis ins 18. Jh. kontinuierlich steigern (1594: 200 Meister, um 1735: 275). Auch in Wien waren 1 736 243 Goldschmiede tätig, wobei jedoch nur 99 Angehörige der Innung waren.

Das Goldschmiedehandwerk gehörte allgemein zu den besser situierten und angesehenen Professionen. So lassen sich in nahezu allen Städten Goldschmiede als Hausbesitzer nachweisen. In Konstanz betrug Mitte des 15. Jh.s das durchschnittliche Vermögen der Goldschmiede das Vierfache des städtischen Durchschnitts. In vielen Städten konnten Goldschmiede einen Vertreter in den Rat entsenden; so waren in Nürnberg die Goldschmiede eines von acht (unter über 200) Handwerken, die einen Ratsangehörigen stellen durften. In Zürich gehörten die Goldschmiede der privilegierten Kaufmannszunft der «Constaffel» an. Auch in Hamburg finden sich bis ins 15. Jh. die Wohnsitze der Goldschmiede in den Kaufmannsvierteln, erst danach etablieren sie sich vorwiegend in den Handwerkergegenden.

Erste Hinweise auf organisierte Handwerke finden sich bereits ab dem späten 12. Jh. Die ältesten erhaltenen Ordnungen stammen aus dem 14. Jh. (Köln Anfang 14. Jh., Wien 1366). Mancherorts wurden die Goldschmiede Mitglieder anderer Zünfte (in Ulm bei den Schmieden, in Basel bei den Wechslern), verfügten jedoch über eigene Handwerksordnungen. Nur selten stellte die Zulassung zum Handwerk eine Gerechtigkeit dar, die (wie z. B. in Hamburg) vererbt oder verkauft werden konnte; geschlossene Ämter gab es in mehreren Städten vor allem des norddeutschen Raumes (Hamburg, Lübeck, Lüneburg u. a.). Parallel zu den beruflichen Vereinigungen finden sich vielerorts religiöse Goldschmiedebruderschaften, die meist unter dem Patronat des hl. Eligius standen.

Die hohen Anforderungen des Handwerks bedingten eine verhältnismäßig lange Ausbildung. Die Lehrzeit betrug bis ins 16. Jh. hinein meist vier Jahre (in Köln allerdings schon früh acht Jahre). Ein Gesellenstück im modernen Sinn war nicht üblich, lediglich in Augsburg wurde ab 1748 ein «Probstück» verlangt. Im 19. Jh. gingen wesentliche Impulse der beruflichen Aus- und Fortbildung von den vielerorts gegründeten Kunstindustrie- und Gewerbevereinen aus, die neben den Verarbeitungstechniken vor allem die entwerfenden und zeichnerischen Fähigkeiten der Handwerker zu fördern suchten. Außerhalb des Handwerks wurde auch die Ausbildung an den Akademien (als erste die Staatliche Zeichenakademie Hanau) eingeführt.

Die handwerkliche Ausbildung mit Gesellenstück und Prüfung als abschließenden Teilen gliedert sich heute in drei Berufsbilder – Goldschmied, Silberschmied und Steinsetzer.

Seit dem späteren 16. Jh. wurden in den meisten Städten vier bis sechs Gesellenjahre verlangt, einem Wanderzwang waren die Gesellen nur in wenigen Städten unterworfen (z. B. in Basel, Ulm, Bremen oder Berlin), doch gab es umfangreiche Wanderbewegungen, deren bevorzugte Stationen meist die größeren Goldschmiedestädte wie Augsburg, Nürnberg oder Hamburg waren, die aber auch in den Niederlanden, in Italien oder in Frankreich liegen konnten. In den größeren Städten gab es regelmäßig eine gemeinsame Kasse («Büchse») für das «Spitalgeld» (so in Basel), aus der erkrankte Gesellen unterstützt wurden.

Untersagt war allgemein die Gewinnbeteiligung des Gesindes ebenso wie die Stückarbeit. Häufig verpflichteten die Ordnungen die Gesellen zu Schadensersatz für verdorbene Arbeiten.

Nur in wenigen Städten – so in Zürich und bis 1703 auch in Köln – war das Meisterstück nicht obligatorisch. Meist wurden drei Stücke gefordert: ein Ring mit gefaßtem Stein, ein geschnittenes Siegel und ein Trinkgeschirr, an denen der angehende Meister die Beherrschung der wichtigsten Techniken nachweisen mußte. Seit dem späten 17. Jh.

wurde an vielen Orten Auswahl und Entwurf der Stücke dem Kandidaten selbst überlassen.

Hohe Kosten für Zulassung und Meisterstück, hohe Material- und Werkstattkosten und eine in den größeren Städten immer schärfer werdende Konkurrenzsituation ließen vor allem nach dem Dreißigjährigen Krieg einen Teil der Goldschmiede verarmen. So zeigt sich etwa am Beispiel Nürnbergs ein immer größer werdender Graben zwischen relativ wohlhabenden und verarmten Meistern, von denen manche ihre Stadt sogar zeitweilig verließen, um in Augsburg «gesellenweise» Arbeit zu finden. Schon im 16. Jh. hielten allerdings viele Ordnungen die Mitglieder zur Teilung der vorhandenen Aufträge an. Diese Praxis führte z. B. in Hamburg zu einer verlagsähnlichen Situation, in der manche Goldschmiede schließlich nur noch als Händler bzw. Generalunternehmer auftraten.

Diese Situation folgte aus der starken Konzentration der Werkstätten in den bedeutenderen Städten. Wo man die Meisterzahl nicht definitiv begrenzte, versuchte man daher der Situation mit zunehmender Verschärfung der Meisterrechtsbedingungen, Kontingentierung der Zulassung, der Verlängerung der Lehr- und Gesellenjahre und der Begrenzung der Zahl der Hilfskräfte Herr zu werden.

Innerhalb der größeren Handwerke war schon früh eine gewisse Spezialisierung zu beobachten. In Nürnberg wurden bereits in der ersten Hälfte des 16. Jh.s Gold- und Silberarbeiter unterschieden, 1578 kamen als dritte Gruppe die Drahtarbeiter mit eigenem Meisterstück hinzu. In Augsburg wurde die Teilung in Gold- und Silberarbeiter 1702 formal eingeführt. Daneben findet sich eine ganze Reihe von spezialisierten Handwerkern, die den Beruf zum Teil ohne Meisterrecht ausüben konnten: Silbergießer, Silberdreher und andere Spezialisten lieferten den Goldschmieden vorproduzierte Teile, «Silbergradierer» besorgten die Gravuren auf der Metalloberfläche. Ausbereiter verrichteten die abschließenden Vorgänge bei der Herstellung von Silberarbeit; eine Nürnberger Ordnung der Ausbereiterinnen von 1754 läßt erkennen, daß hier auch Witwen und verwaiste Töchter von Goldschmieden tätig waren.

Am weitesten fortgeschritten war die Arbeitsteilung in Augsburg im 17. und 18. Jh.: Hier war die Kooperation mit anderen Handwerken üblich. Zum Schlagen größerer Gefäße wurden Kesselschmiede herangezogen, Silberkistler erstellten die Subkonstruktionen von Altären, Möbeln usw., Silberbleche wurden teilweise als Halbware aus Hammerwerken bezogen – ein Vorgriff auf die industriellen Fertigungsmethoden des 19. Jh.s.

Ralf Schürer

GÜRTLER UND GELBGIESSER

Wenngleich die Bezeichnung Gürtler auf den Gürtel zurückgeht, so arbeitete dieser Handwerker dennoch nicht in den dafür charakteristischen Materialien Stoff und Leder, sondern überwiegend mit unedlen und in geringem Maße auch mit edlen Metallen. Das Gürtlerhandwerk läßt sich bis in die Bronzezeit zurückverfolgen, als metallene Beschläge, Schnallen und Schließen – also charakteristische Gürtlerarbeiten – typische Bestandteile der Kleidung waren. Als frühe Erzeugnisse sind weiter Zaumzeuge und metallene Beschläge für Pferdegeschirre und Wagen zu nennen. Späterhin verfertigte der Gürtler auch Beschläge für so unterschiedliche Objektgruppen wie Patronentaschen und Uniformmützen, Bücher, Zimmertüren, Fenster und Möbel verschiedenster Art. Altäre und Altarbilder versah er mit verzierten Blechverkleidungen. Kirchengerät, etwa Weihrauchschiffchen und ewige Lampen, gehörten ebenso zu seinen Erzeugnissen wie kleiner Hausrat, z. B. Dosen, Messer, Gabeln und Löffel, aber auch Prunkgeschirre und Bügeleisen sowie Halsketten aus unedlen Metallen. Im 18. Jh. wurde auch die Herstellung metallener Knöpfe bedeutend, hinzu kamen Orden und Ehrenzeichen.

Viele Gürtlererzeugnisse waren über die praktische Nutzanwendung hinaus schmückender Zierat, der von anderen Handwerkern, etwa den Schneidern, den Sattlern und den Tischlern, ihren Arbeiten appliziert wurde. Dies erforderte vom Gürtler ein erhebliches Einfühlungsvermögen, er kann daher zu den Kunsthandwerkern gerechnet werden. In der Regel entwarf der Gürtler seine Gegenstände und ihre Verzierungen selbst. So wurden z. B. in Braunschweig zumindest seit der zweiten Hälfte des 18. Jh.s zum Meisterstück Risse typischer Arbeiten verlangt.

Viele Gürtlerarbeiten waren Luxusprodukte, die nur einen begrenzten Abnehmerkreis fanden. So hat das Gürtlerhandwerk in vielen Kleinstädten überhaupt keinen Eingang gefunden, in den meisten größeren Städten aber nur einige Vertreter besessen. Andererseits haben sich früh bestimmte Zentren ausgeprägt, wie Wien (1728: 30 Meister), Nürnberg (1621: 36, 1680/1720: 18, 1781: 50, 1811/12: 41) und später Berlin (1827: 104 Meister und 154 Gesellen). In Wien waren bereits um 1300 Gürtler tätig (1326: 5 Meister). Bereits 1422 erhielten die Wiener Gürtler eine Ordnung, und ab 1435 bildeten sie gemeinsam mit den Bortenwirkern eine «Zeche».

Ein Hauptmaterial des Gürtlers war die goldglänzende Bronze. Weiterhin sind an Grundmaterialien das Kupfer sowie dessen Legierungen Messing, Tombak und Alpacca, das auch unter den Bezeichnungen Neusilber und Argentan bekannt ist, sowie auch Eisen bzw. Stahl anzuführen. Zinn wurde in größerem Maße nur für die Knopfherstellung verwandt. Edelmetalle durften aufgrund der Zunft- bzw. Gildevorschriften nur zur Vergoldung bzw. Versilberung der Erzeugnisse benutzt werden.

Wie die Palette der Materialien und der Erzeugnisse war auch das Spektrum der Tätigkeiten des Gürtlers weit gespannt. Es umfaßte nahezu alle in den übrigen Metallhandwerken angewandten Techniken. Der Gürtler bediente sich sowohl des Treibens wie auch des Gießens, dazu kamen u. a. das Drücken und Pressen. Zusammengefügt wurden die Gegenstände dann durch Falzen, Bördeln und Nieten, aber auch durch Hart- und Weichlöten.

Durch Polieren sowie durch verschiedene Arten der Metallverfärbung, das Patinieren und Brünieren bzw. das Versilbern oder Vergolden, erhielten die Objekte oft ihren besonderen Charakter. Das Vergolden besorgten häufig die Meisterfrauen und -töchter, die Arbeit mit Hammer und Zange stand jedoch nur den Gesellen zu: Nach einem Konflikt mit dem Straßburger Handwerk setzten die Gesellen 1563 überregional durch, daß Frauen nicht mehr «über stöck und amboß» gesetzt werden durften. Das Gravieren, Ziselieren, Prägen und Punzieren waren die gängigsten Verzierungstechniken. Die Stempel dafür schnitt der Gürtler in der Regel selbst nach eigenen Entwürfen. Vielerorts war ihre Anfertigung Bestandteil des Meisterstückes. In Nürnberg waren dazu sogar fünf stählerne Stempel mit Figuren zu liefern, außerdem ein Nieteisen sowie ein Gürtel von bestimmter

Abb. 16: Gürtlerwerkstatt um 1700.

Form mit besonders dekorierten Beschlägen aus Messing bzw. Stahl. In Berlin wurden um 1750 zwei vergoldete Kutschengeschirre verlangt, in Stockholm gleichzeitig eine biblische Geschichte «von getriebener Arbeit».

Aus dem weiten Betätigungsfeld des Gürtlers ergaben sich Überschneidungen mit verschiedenen anderen Metallhandwerken, besonders mit denen, die Buntmetalle verarbeiteten. Andererseits haben sich in den großen Städten auch aus dem Gürtlerhandwerk einige Spezialberufe herausgebildet, so etwa der Metallknopfmacher (Nürnberg: Knopfpresser und Knopfgießer) und der Bügeleisenhersteller; auch der Fingerhuter war dem Gürtler verwandt.

Das Gelbgießerhandwerk andererseits hat seine Wurzeln sowohl im Gürtler- wie auch im Rotgießerhandwerk. Die Rotgießer haben in den meisten Städten bis ins 18. Jh. auch die Tätigkeit des Gelbgießers ausgeübt: Dieser war spezialisiert auf den Messingguß in Sandformen und die anschließende Bearbeitung durch Abdrehen, Schaben, Polieren und Verzieren bzw. Versilbern und Vergolden. Als typische Erzeugnisse des Gelbgießers können Beschläge, Schnallen, kleine Glocken und Schellen, metallene Mörser, Wachsscheren, Messerstiele, Knöpfe etc. gelten, kurz Gürtlerarbeiten, allerdings beschränkt auf die Ausführung in Messing. Daneben fertigte der Gelbgießer typische Rotgießerarbeiten, etwa Feuerspritzen, Statuen und Kronleuchter. Bereits im 18. Jh. setzte die Massenproduktion typischer Gürtler- und Gelbgießerprodukte ein, die beide Handwerke schließlich verdrängte. Ein neues Betätigungsfeld eröffnete sich für die Gürtler jedoch in der feinmechanischen Industrie.

Mechthild Wiswe

HUFSCHMIED

Die Tätigkeit des Hufschmiedes entwickelte sich Hand in Hand mit der Entwicklung der Verkehrstechnik, und das Arbeitsgebiet des Hufschmiedes umfaßte wesentlich den Hufbeschlag und den Wagenbau, allerdings auch die Herstellung von Zimmeräxten, Beilen, Sensen, Sicheln und von grobem Eisenzeug. Das Arbeitsgebiet des Waffenschmiedes (bzw. auch des Beilschmiedes) war auch dort, wo beide tätig waren, kaum scharf zu trennen. Besonders auf dem Land kam ihm ein außerordentlich breites Arbeitsgebiet zu. Während der Kleinschmied bzw. Schlosser eher ein städtischer Handwerker war, war der Hufschmied ein ausgesprochener Landhandwerker. Auf dem Land konnte er mitunter einen wassergetriebenen Hammer betreiben, und mit der Produktion von Hauen und Schaufeln wurde er dann zum Grobzeug- oder Hackenschmied und nahm auch noch Aufgaben des Schlossers wahr.

Schmiede bildeten zunächst gemeinschaftlich eine Zunft oder Gilde, meist unter dem Patronat des St. Eligius. So waren z. B. im 13. Jh. in Magdeburg, Braunschweig, Zürich und in Frankfurt/M. noch im 14. Jh. alle Schmiede zusammengefaßt, bevor sich die Trennung in Kleinschmiede (Schlosser) und Grobschmiede (Huf- und Waffenschmiede) vollzog, wobei der Hufschmied (Pferdeschmied) neben dem Waffenschmied als ältester Vertreter des Schmiedehandwerks angesehen werden kann. Die einfache Bezeichnung Schmied verschwindet denn auch mit der seit dem 14. Jh. zunehmenden Ausdifferenzierung der eisenverarbeitenden Handwerke. In Breslau existierte bereits 1307 eine Zeche der Grobschmiede (die 1470 20 Meister umfaßte), Nürnberg zählte 1363 23 Hufschmiedemeister, in Leipzig ist 1359 erstmals ein Huf- oder Grobschmied erwähnt (erst 1534 erfolgt die endgültige Trennung von den Kleinschmieden), und in Zürich ist 1402 der erste Hufschmied namentlich genannt. Bereits 1427 schlossen sich in Braunschweig die Gesellen zu einer Bruderschaft bei den Barfüßern zusammen.

Das Hufeisen, das wahrscheinlich im 9. Jh. aufkam, war für die Geschichte des Transportwesens fast ebenso revolutionär wie das Rad und der Wagen, mit dem sich der Hufschmied beschäftigen mußte. Hufeisen wurden aus Stahl geschmiedet, d. h., Flacheisen wurden auf dem Amboß mit Finne (Spitze) und Bahn der verschiedenen Schmiedehämmer geformt. Beim Ausschmieden aus einem rohen Stahlstab mußte ein «Zuschläge» den rund 6 kg schweren Zuschlaghammer auf den Setzhammer schlagen; der Meister oder der Altgeselle hielt Setzhammer und Werkstück, eine dritte Person mußte noch den Blasebalg treten oder ziehen. Zum Ausschmieden des Hufeisens wurden der Falzhammer und der Stempelhauer und zum Ausschmieden des Zehenaufzuges (der Kappe) das Sperrhorn benutzt. Zum Beschlagen wurden die Niet- und Hauklinge, der Beschlaghammer, der Holzschlegel, die Beschlagzange und schließlich die Hufnägel (mit rechteckigem Kopf) benötigt. Mit der Nietklinge wurden die Nägel an der äußeren Hufwand aufgenietet (umgebogen), mit dem Rinnmesser wurde weicheres Horn von Sohle und Strahl beschnitten. Mit Hauklinge und Holzschlegel entfernte der Hufschmied die harten Hornteile an der Hornschuhwand. Dann wurde das Hufeisen angepaßt und aufgebrannt. Nach dem Eintreiben der Hufnägel wurde mit dem Unterhauer ein wenig Horn weggeschlagen, die Nägel wurden abgekniffen, umgebogen und in die Hufwand eingehämmert. Unruhige Pferde kamen in den Notstall (Balkengestell) zur Ruhigstellung, häufig war der Hufschmied auch als Roßdoktor («Kurschmied») gefragt.

Das Rohmaterial Eisen und Stahl wurde meist über die Eisenkramer bzw. die Eisenhandlungen in Stangen verschiedener Stärke (Schabloniereisen, Krauseisen) bezogen. Als Brennstoff wurde bis zur Industrialisierung die Holzkohle verwandt, Steinkohle kam nur in einigen Teilen West- und Nordwestdeutschlands zur Anwendung: Für eine Tonne Schmiedeeisen wurden etwa sechs Tonnen Holzkohle benötigt. Meiler und Köhler betrieben ihr Gewerbe meist als bäuerlichen Nebenerwerb, doch schwelten noch im späten 18. Jh. (zumindest in Preußen) in kleinen Städten und auf dem Lande die Grobschmiede ihre Holzkohlen selbst.

In der Regel wurden nur gelernte Arbeitskräfte beschäftigt, wobei die Lehrzeit mit zwei bis drei Jahren vergleichsweise kurz war. An ungelernten Arbeitskräften wurden allenfalls Zuschläger (wie z. B. in Berlin um 1850) beschäftigt.

Der Naturallohn, d. h. die Verköstigung im Meisterhaus, hielt sich selbst in den Städten lang. Auf dem Land waren um 1900 durchgängig noch Natural- und Wochenlohn üblich, zumal der Hufschmied meist noch eine kleine Landwirtschaft betrieb oder mit den Müllern und Fleischern im Gegengeschäft stand. Durch die weite Verbreitung des Handwerks auf dem Land waren überregionale Wanderungen der Gesellen zwar möglich, die Regel sind sie nicht gewesen; das Huf- und Waffenschmiedehandwerk hat sich dementsprechend nie zum geschenkten Handwerk entwickelt. In Bayern standen 1771 den 1449 Meistern auf dem Land nur 266 Meister in den Städten und Märkten gegenüber.

Durch den Industrialisierungsprozeß wurde das Handwerk zunächst wenig berührt: In Berlin wurden um 1890 die Hufeisen zwar schon in großer Menge bezogen und mußten nur noch angepaßt und aufgeschlagen werden. Nur im Winter wurden noch Eisen auf Vorrat gearbeitet. Auf dem Land dagegen wurde das Handwerk noch in vollem Umfang ausgeübt. Insgesamt herrschte der Kleinbetrieb vor. Bei der großen Bedeutung der Landwirtschaft hatte der Dorfschmied

Abb. 17: Alte Dorfschmiede in Wiepkenhagen (Pommern).

seine Stellung behaupten können, lediglich im Wagenbau wurde der Kleinmeister zusehends in den Hintergrund gedrängt.

Um 1900 dürfte der Arbeitsalltag eines dörflichen und kleinstädtischen Hufschmiedes folgendermaßen ausgesehen haben: Er schleift Beile, Meißel, Maurerhämmer, Hämmer. Reifen für Fässer werden gemacht, Reparaturen an Toren und Geländern ausgeführt, Reifen an Kübeln und Fässern werden verzinkt, Schlüssel werden passend gemacht, Wagenscheren und Wagengestelle, Nähmaschinen und Kaffeemühlen repariert, Sensen gesetzt und Spaten gestielt und vermehrt auch Öfen aufgestellt und Ofenrohre passend gemacht. In den 1920er Jahren gehörte auch die Pferdepflege zum Arbeitsgebiet der Schmiedebetriebe, dann wurden auch landwirtschaftliche Maschinen repariert, elektrisch und autogen geschweißt, gelötet, gebohrt, vieles berufsfremd repariert, und allmählich kam dem Handel immer größere Bedeutung zu. – Hufschmiede sind heute fast nur noch für den Reitsport tätig.

Andreas Kuntz

HUTMACHER

Während in Paris bereits im 13. Jh. Hutmacher tätig waren, so datiert ihr Auftreten in Deutschland nicht vor dem 14. Jh.: In Lübeck werden 1321 die sog. Filter erwähnt, wenig später treten sie in München auf, dann 1347 in Danzig, 1360 in Nürnberg, 1361 in Straßburg; 1378 bilden sie in Köln eine «Bruderschaft von den Filzhüten», von 1407 datiert eine erste Ordnung der «hudemecher» zu Frankfurt am Main.

In gewerblicher und technischer Hinsicht haben sie sich aus dem Handwerk der Wollweber und Wollschlager heraus entwickelt, denn das Fachen – als Kernprozeß der Hutproduktion – war dem Wollschlagen verwandt, und in Straßburg haben Hutmacher bis 1361 auch Wolle im Lohnwerk geschlagen. In München wurde erst 1428 das Arbeitsgebiet zwischen den Loderern und den Hutmachern abgegrenzt, in Hamburg bildeten die Hutmacher noch bis zu Beginn des 15. Jh.s mit den Wollwebern ein Amt. Die Technik der Verfilzung (daher auch die Berufsbezeichnung Filter, Vilter, Hutfilter, Filtmacher) kennzeichnet offenbar erst im 14. Jh. wesentlich die Produktion der Hutmacher.

Lange Zeit dominierten Filze, Schuhe, Gamaschen, Reitsocken etc. die Produktion des Hutmachers, die Verfertigung des Hutes stellte jedoch die komplizierteste Arbeit dar. Wichtigster Rohstoff war Wolle, aber auch Hasen-, Kaninchen-, Otter- und Biberhaar wurden verwandt. Beim Wollkauf war jeglicher «Fürkauf» verboten. Vor dem Enthaaren (Rupfen, Scheren) wurde seit dem späten 18. Jh. mit Scheidewasser gebeizt, das Quecksilber und Arsenik enthielt und typische Berufskrankheiten der Hutmacher (so Krünitz: «Zittern in den Gliedern, Gliederschmerzen und Lähmungen») verursachte. Nach dem Waschen und Trocknen folgte die Hauptarbeit, das Fachen: Der Fachbogen, eine etwa zwei Meter lange Stange, wurde durch eine Darmsaite zum Schwingen gebracht, die die Haare aufwirbelte. Zur Erleichterung der Hand hing er an einer von der Decke herabhängenden

Abb. 18: Hutmacherwerkstatt. Holzschnitt des 16. Jh.s.

Schnur. Besonders die Führung des Fachbogens fiel den Lehrjungen sehr schwer und verlangte viel Übung. Die Fachsaite wurde mit dem Schlagholz in Bewegung gesetzt, und auf der Fachtafel wurden die Haare dann durchgepeitscht und bildeten eine flaumige Schicht, die durch Druck einen leichten Zusammenhalt und durch Schub eine dreieckige Form (mit bogenförmigen Seiten) erhielt. Mehrere solche Fache wurden mit dem Fachsieb weiter verdichtet, dann folgte das eigentliche Filzen.

Die Fache wurden durch Feuchtigkeit, Wärme und Druck so lange bearbeitet, bis sich das Material verdichtete. Dann wurden zwei Fache zusammengefilzt, bis schließlich eine riesige kegelförmige Mütze (Trichter) entstand. In einem kupfernen Walkkessel, der in einen Ofen eingelassen war, wurde der Filzkörper in die Walkbeize eingetaucht und dann mit Rollholz (Stock) und Bürste einem langwierigen und kraftaufwendigen Arbeitsvorgang unterzogen. Der Stumpen – noch sieht er aus wie ein Topf – konnte nun geformt werden: Zuerst wurde der Kopf «ausgestoßen», der Rand glattgezogen und der Hut auf der Form getrocknet; nach dem Trocknen wurde er eingefärbt und zum Lüften auf Bretter gestellt. Färben und Lüften wurden mehrfach wiederholt, dann wurde ausgewaschen, nochmals gekocht und mit den «Glattstampfern» rein gestrichen. Beim folgenden «Steifen» wurde Leim aufgetragen und über dem Ofen eingedampft, so daß er völlig in den Filz einzog. Abschließend wurde der getrocknete Hut zugerichtet, d. h. gebügelt, gebürstet und schließlich mit Futter, Schweißleder, Band, Tresse, Feder ausstaffiert und die Hutkrempe umsäumt.

Da zum Verkauf nur ein Maß – die lichte Weite – stimmen mußte, war der Hut zur Vorratproduktion geeignet. Als handelndes Handwerk standen die Hutmacher jedoch auch in Konkurrenz mit den Kramern. In Leipzig gelang es sogar den Barettkramern, die Hutmacher kleinerer Städte in Verlag zu nehmen und diesen in der ersten Hälfte des 17. Jh.s auch auf die Leipziger Meister auszudehnen, d. h., sie lieferten den Meistern Hutformen und Rohmaterial. Vielfach übernahmen sie auch das Staffieren (Ausschmücken), erst seit Beginn des 17. Jh.s bildete sich ein eigenes (meist unzünftiges) Gewerbe der Staffierer (Hutaufstutzer, Hutschmucker) heraus, die auch Putzmacherinnen beschäftigten.

Die handwerkliche Hutproduktion blieb bis ins 19. Jh. ausgesprochen kleinbetrieblich (mit höchstens zwei bis drei Gesellen je Betrieb) strukturiert. Erst mit dem Beginn des 17. Jh.s finden sich Hinweise auf den Wanderzwang: Leipzig verlangte zwei, Nürnberg 1662 drei Wanderjahre. Da die Hutmacherei in der frühen Neuzeit ein spezifisch städtisches Gewerbe war, denn der Hut war zunächst die Kopfbedeckung der städtischen Bevölkerung, zählten die Hutmacher zu den «geschenkten» Handwerken.

Bereits im Spätmittelalter (Frankfurt/M. 1407) war Stückwerk der Gesellen möglich, spätere Ordnungen (Speyer 1543, Leipzig 1558, Frankfurt 1583) erwähnen die Arbeit im Wochenlohn, wobei jedoch ein Tagessoll vorgeschrieben war; was darüber hinaus produziert wurde, konnte stückweise bezahlt werden. Im 18. Jh. sind vor allem Stück- und Taglohn, daneben auch der Wochenlohn üblich. Häufig erhielten die Gesellen Stücklohn, während die Zurichter (Berlin, Bremen) im Zeit- bzw. Wochenlohn beschäftigt wurden. Bereits zu Beginn des 19. Jh.s wohnten in Preußen die Gesellen nur noch in den Landstädten im Meisterhaus, in Leipzig war ein Teil der Gesellen verheiratet. Ein Gesellenstück wurde (in Leipzig) erst ab 1825 verlangt.

Neben den Lehrjungen wurden weitere Hilfskräfte beschäftigt: Zurichter kratzten die Wolle und übernahmen die Zubereitung und z. T. auch das Färben der Hüte. Bereits die Satzung der Kölner Filzhutmacher von 1378 schrieb vor, daß weder Meisterfrauen noch Töchter Männerarbeit verrichten sollten; das Ausstaffieren, Besetzen und Einfassen wie auch der Verkauf wurden jedoch in der Regel von Frauen vorgenommen.

Zu Beginn des 19. Jh.s wurde der Wollhut durch den Haarhut und den Seidenhut (durch Bekleben hergestellter Zylinderhut) verdrängt, nur im ländlichen Raum hielt er sich. Die Herstellung feiner Filz- bzw. Haarhüte war bereits seit dem späten 17. Jh. durch Hugenotten z. T. manufakturiell betrieben worden: Als Zentren bildeten sich Berlin und Erlangen (1775: 300 Arbeitskräfte) heraus. Auch im Handwerk setzte sich die Arbeitsteilung in der Hutproduktion durch, und das Haarschneiden, Fachen und Walken, Fassonieren und Staffieren wurden nun von verschiedenen Arbeitskräften vorgenommen. Die Zahl der Betriebe ging im Industrialisierungsprozeß zurück, während sich z. B. 1849 bis 1861 die Betriebsgröße verdoppelte.

Um die Mitte des 19. Jh.s wurden in rascher Folge Maschinen entwickelt, die die einzelnen Arbeitsgänge mechanisierten. Zwar wurde die erste Hutmachermaschine bereits 1826 durch den Londoner Hutmacher A. Williams erfunden, in Deutschland kamen sie jedoch erst nach der Jahrhundertmitte zum Einsatz. In schneller Folge erschienen Fach-, Blas- und Walkmaschinen auf den Weltausstellungen und auf dem Markt. Mit der Einführung der Fachmaschine (Glockenfachmaschine) konnten Wollhüte industriell produziert werden. Sie verdrängte schließlich die herkömmliche Technik des Fachbogens, die in kleinen Städten noch in den 1860er Jahren angewandt wurde. Ab 1870 kamen maschinell hergestellte Wollhüte auf den Markt. Der Hut wurde billiger und fand weitere Verbreitung.

Auch die Haarhutfabrikation wurde zusehends maschinisiert. Der Großbetrieb war auch durch die Färberei überlegen, da der Hutmacher in der Regel nur naturgrau, braun und schwarz färbte. Hutmacher bezogen nun die gefärbten Stumpen als Halbfabrikat und beschränkten sich auf das Formen und Staffieren. Ende der 1870er Jahre und in den 1880er Jahren hatte sich die fabrikmäßige großbetriebliche Hutproduktion bereits durchgesetzt und das Hutmacherhandwerk verdrängt: Der Hutladen übernahm nun die Reparatur, das Färben,

Formen, Bügeln und Staffieren, und die Meister gingen allmählich zum Handel über.

Innerhalb des «Hutmuseums» im «Gotischen Haus», Bad Homburg v. d. Höhe, ist eine Abteilung der handwerklichen und industriellen Herstellung von Hüten gewidmet. Die regional bedeutende Geschichte der Strohhutproduktion dokumentiert das «Strohhut-Museum» in Lindenberg im Allgäu. Das «Musée du Chapeau» in Chazelles-sur-Lyon (Loire), einem Hutmacherzentrum seit dem 16. Jh., befindet sich in einer ehemaligen Hutfabrik.

Reinhold Reith

KAMMACHER

Wenngleich bereits im Spätmittelalter prachtvolle Kämme hergestellt wurden, erlangte das Handwerk der Kammacher erst in der frühen Neuzeit Bedeutung. Außer Kämmen verschiedenster Art fertigten die Kammacher auch die Strähle bzw. Grämpel der Wollkämmer sowie Pulverhörner. Unterschiedliche Bezeichnungen waren gängig: Neben der Bezeichnung Streler bzw. Strelmacher (Schweiz, Süddeutschland), Kammenscherper bzw. Kammenschmied (Frankfurt/M.) findet sich auch der Name Grempelmacher oder Strählmacher (Breslau). Bereits 1428 erhielten die Wiener Kammacher eine Ordnung. In Nürnberg schlossen sie sich 1535 mit den Hornrichtern und Kalemalmachern zusammen und bildeten ab 1566 ein «geschenktes Handwerk». In Ulm waren sie bereits 1490 in die Krämerzunft inkorporiert, 1603 erging dann eine Kamm- und Strelmacher-Ordnung. Von 1565 datiert der Handwerksbrief der Zürcher Strelmacher, Schaffhausen folgte 1603, und die Berner Kammacher setzten 1668 ein Zunftpatent durch.

Die Kammacher waren in der frühen Neuzeit ein explizit städtisches Handwerk mit wenigen Meistern; vielfach schlossen sie sich mit den Bürstenbindern (wie z. B. in Wien) zusammen. Zürich z. B. zählte 1590 vier Meister, Wien 1621 drei Meister und Leipzig 1613 (bis 1826) fünf Werkstätten. Seit der Mitte des 17. Jh.s wurden Haarfrisuren immer künstlicher und ausgefallener; Perücke, Haarbeutel und Zopf wurden nacheinander Mode und forderten die Kammacher. Das Handwerk entfaltete sich: In Frankfurt/M. arbeiteten 1777 schon 15 Meister, und Nürnberg zählte als bedeutendster Standort 1612 bereits 28 Meister und Ende des 18. Jh.s schließlich 90 Meister.

Wichtigster Rohstoff war das Horn, das von den Metzgern und Gerbern am Ort bezogen oder in größeren Mengen importiert wurde. Vielfach wurde ungarisches Horn verwendet. Das große brasilianische Horn war beliebt, ebenso englisches Ochsenhorn; deutsches und vor allem polnisches Horn war schiefrig, splittrig und von minderer Qualität. Auch die Türkei und Rußland lieferten Horn. Der Hornkauf wurde durch die Ordnung geregelt, um eine gleichmäßige Verteilung (wie in Nürnberg im Hornstadel) unter den Zunftgenossen zu erreichen. Hufen wurden nur bei Hornmangel verarbeitet; Holzkämme wurden allenfalls für die Landleute produziert. An edleren Materialien wurde Schildpatt, Schildkrot und besonders Elfenbein verarbeitet. Im 19. Jh. wurde das Horn dann weitgehend durch den billigeren Kautschuk verdrängt, und seit den 1880er Jahren setzte sich Celluloid in der Kammproduktion durch.

Das Horn mußte zunächst entschlaucht und in kleine Stücke gesägt bzw. geschrotet werden. Die Hornspitzen wurden an den Horndrechsler verkauft, der daraus Pfeifenröhrchen drehte. Die Schrote wurden dann aufgeschnitten, in heißem Wasser erwärmt und auf dem Wärmestock über dem Feuer erweicht und mit Holzzangen gerade gebogen. Diese Platten wurden dann mit dem «Schnitzer» und dem «Iler» bearbeitet, dann gepreßt und abgekühlt. In Nürnberg stellten die Hornrichter und Hornpresser Platten für die Kamm- und Brillenmacher her; ihre übelriechenden Werkstätten lagen am Stadtgraben.

Die Hornplatte wurde dann mit der Örtersäge in dünne Scheiben geschnitten (später mit dem Meißel gespalten), die einzelnen Platten dann gepreßt und mit dem Handmesser keilartig zugehauen sowie mit dem Bockmesser geschabt und mit der Bestoßfeile bearbeitet. Damit war der Kamm zugehauen. Das folgende Einschneiden der Zähne blieb bis zur Mitte des 19. Jh.s ausschließlich Handarbeit. Die Länge der Zähne wurde vorgezeichnet und die Hornplatte in eine hölzerne Kluppe gespannt: Die Zähne wurden eingeschnitten, dann mit der Feile bearbeitet und gerundet. Danach konnte der Kamm gebeizt oder gefärbt, geglättet und poliert werden. Das Schaben und Glätten mit dem Handmesser sowie das «Abreiben» der Kämme besorgten die Meisterfrauen; die Beschäftigung der Mägde wurde z. B. in Nürnberg 1559 untersagt. Die Gesellen wurden (zumindest seit dem 18. Jh.) im Stücklohn bezahlt.

In der Regel waren die Kammacher ein «handelndes» Handwerk, d. h., sie durften einen offenen Laden führen und einen «Kram» treiben. In Basel waren die Strelmacher im 15. Jh. kramerzünftig. Der Export – aber auch der Jahrmarkt- und Hausierhandel – war für den Absatz bedeutend.

Wenngleich schon Ende des 18. Jh.s Kammanufakturen (Berlin, Potsdam) bestanden, so wurde bis ins 19. Jh. ausgesprochen kleinbetrieblich produziert: In Berlin arbeiteten 1827 24 Meister mit 45 Gesellen, Nürnberg zählte 1865 noch 127 Meister mit 74 Gehilfen. Seit den 1830er Jahren wurde der Arbeitsprozeß zunehmend maschinisiert: Im Großbetrieb wurde das Schroten durch die Kreissäge vorgenommen; Zahnschneidemaschinen wurden aus England und Frankreich eingeführt, später auch in Nürnberg produziert. Zunächst konnten damit nur großzahnige Ausrichtkämme hergestellt werden, doch schließlich zeigte sich die Zahnschneidemaschine in Feinheit, Regelmäßigkeit und Gleichheit der Zähne der Handarbeit überlegen: In den 1880er Jahren leistete sie bereits das Dreifache des Handarbeiters bei größerer Präzision, sie war allerdings nur in größeren Betrieben rentabel. Gegen Ende des 19. Jh.s war schließlich das Kleinhandwerk in der Kammproduktion unbedeutend; wer in der Gewerbestatistik noch als Meister gezählt wurde, war vielfach nur noch ein Krämer.

Reinhold Reith

KLEMPNER

Wie unscharf umrissen dieses erst spät verselbständigte Metallhandwerk langhin war, zeigen die bis heute landschaftlich uneinheitlichen Benennungen. Sie leiten sich von ganz unterschiedlichen Aspekten der Tätigkeit ab: Nord- und Mitteldeutschland verwenden die lautmalende Bezeichnung Klempner, der die ältere Form

Klemperer vorausgegangen ist. Ihr liegt das Geräusch des Blechhämmerns zugrunde, das zu den typischen Arbeiten zählte. Südlich und westlich des «Klempnergebietes», beginnend in Westfalen und bis nach Lothringen reichend, gilt die Bezeichnung Spengler (Spängler). Diese wird in Zusammenhang mit der Spange gebracht, die früher zu den Erzeugnissen des Handwerks gehörte. Dem Zusammenhang von Spengler und Spange entspricht es, wenn die in Österreich übliche Berufsbezeichnung «Klampferer» von «Klampfe» in der Bedeutung Spange hergeleitet wird. Die Handwerksbezeichnungen Blechner, Blechschmied (Blechenschmied) und Blechschläger gehen andererseits auf das hauptsächlich verarbeitete Material zurück. Die Bezeichnungen Flaschner (die von Baden bis zur Oberpfalz belegt ist) und Laternenmacher benennen das Handwerk nach den Haupterzeugnissen. Gelegentlich wird zwischen Flaschnern und Spenglern unterschieden. Erstere verarbeiteten nur weißes – und seit dem. 17. Jh. auch gelbes – Blech, letztere aber auch schwarzes mit und ohne Verzinnung. Die Schweiz kannte darüber hinaus auch die Bezeichnung Stürzner. Hinweise auf ein eigenständiges Spenglerhandwerk aus dem Spätmittelalter sind aus Mitteleuropa bisher nicht bekannt geworden. 1336 sind die Zürcher Spengler der «Schmidenzunft» zugehörig, und das Handwerk (auch «Löter» genannt) bestand lange nur aus zwei Meistern. Nürnberg zählte – als Zentrum des Blechhandels – 1363 schon 17 Flaschner, 13 Spengler und (1370) zehn Blechschmiede, die später in das Flaschnerhandwerk einbezogen wurden; seit 1586 waren auch einzelne «Zinner» tätig. In Basel waren die Klempner im 15. Jh. kramerzünftig, in Leipzig sind erstmals 1550 Klempner (Klapperer, Klepperer) belegt. Bereits im 15. Jh. soll in Wien eine Zunft der Flaschner bestanden haben, die Spengler erhielten 1557 eine Zunft; 1774 wurden beide Handwerke dann vereinigt. Das Handwerk verselbständigte sich seit dem 16. Jh., zunächst jedoch nur in großen Städten. Von den Hamburger «Isern Luchtenmachern» als Vorläufer der Klempner liegen bereits Gildeordnungen von 1532 und 1548 vor, für Berlin läßt sich der erste Klempner erst 1574 nachweisen, die älteste Ordnung der Berliner Innung stammt von 1687. Die Leipziger Klipper und Laternenmacher erhielten 1652 ihre Artikel, in Braunschweig bekamen die Eisen-Leuchtenmacher und Klempner (neun Meister) 1651 eine Gildeordnung. In einem Grazer Gewerbeverzeichnis ist 1617 noch kein Klampferer genannt, 1670 sind dann drei Meister tätig. In Kleinstädten ließen sich Klempner erst weit später nieder, auf dem flachen Land war dieses Handwerk überhaupt nicht vertreten. Als kleines und zunächst auch auf die großen Städte konzentriertes Handwerk zählte es zu den «geschenkten» Handwerken mit weitgewanderten Gesellen.

Die genannte Braunschweiger Ordnung von 1651 forderte als Meisterstück je einen Gegenstand aus Messing- bzw. Eisenblech sowie ein drittes Stück, in dem beide Materialien kombiniert zu verarbeiten waren. In der Regel mußten eine große Messinglaterne, ein Knauf mit einer Windfahne aus Eisenblech sowie eine zusammenklappbare Laterne in einem Futteral gefertigt werden. Ein ähnliches Meisterstück (drei verschiedene Laternen) verlangten die Berliner Klempner (1687). Mit diesen Werkstücken sollte der angehende Meister beweisen, daß er mit den Hauptmaterialien seines Handwerks angemessen zu arbeiten verstand. Seine Rohstoffe bezog er von den Hammerwerken.

Außer den genannten Erzeugnissen stellte der Klempner Flaschen her, vor allem Feld- und Pulverflaschen, sowie kleinen Hausrat aus Blech, etwa Trichter, Reibeisen, Durchschläge, Dosen, Eimer und Feuerzeuge. Seit dem 17. Jh. wurde die Anfertigung und Montage von Dachrinnen und -röhren zu einem Hauptarbeitsgebiet. Alle Erzeugnisse des Klempners konnten jedoch auch von anderen Metallhandwerkern hergestellt werden. Besonders mit den Schlossern (schwarzes Blech), den Kupferschmieden (Kupfer- und Messingblech) und z. B. in Bremen mit den Messing- und Beckenschlagern (gelbes Blech) kam es häufig zu Auseinandersetzungen. Überwiegend verarbeitete der Klempner jedoch Eisenblech in der Form von Weiß- und Schwarzblech sowie Blei. Seit dem 18. Jh. lieferte er auch die beliebten lackierten Blechwaren und übernahm z. B. im 18. Jh. in Nürnberg nach dem Absterben des Plattnerhandwerks auch das Arbeitsgebiet des Harnisch- und Küraßmachers.

Wie in anderen Metallhandwerken war die Werkstatt des Klempners, der das Blech kalt verarbeitete (Schlagen, Walzen, Treiben), ausgerüstet mit einem Amboß sowie mit Hämmern (Teller-, Schweif- und Treibhammer), Faustkeilen, Schlegeln und Zangen. Dazu kam als besonders wichtiges Werkzeug die Blechschere. Der Klempner fügte seine Werkstücke durch Nieten, Bördeln oder Löten zusammen. Die nicht dem Feuer ausgesetzten Gegenstände, etwa die Dachrinnen,

Abb. 19: Flaschnerwerkstatt um 1700 nach einer Vorlage von Jan Luyken.

lötete er weich mit einem Lot, das zu gleichen Teilen aus Zinn und Blei bestand.

Die große Bedeutung der Löttechnik im Rahmen der Klempnerarbeit ist einer der Gründe dafür, daß um 1830 der findige Klempner Züchner aus Seesen am Harz das Prinzip der Konservendose erfand und zur praktischen Anwendung brachte. Ihre Herstellung entspricht grundsätzlich der Fertigung anderer Dosen: Die Zarge, d. h. die spätere Wandung, sowie die Deckel- und die Bodenplatte wurden zunächst mit dem Zirkel angerissen und dann mit der Blechschere von Hand ausgeschnitten. Die Zarge wurde daraufhin auf dem Knie mit einem besonderen Hammer vorgerundet, um sie geschmeidig zu machen. Dann brachte man sie auf dem «Sperrhaken», einem besonders geformten Amboß, in die endgültige Walzenform und kantete diese ab. Nun konnte die Wandung durch Verlöten geschlossen und die Bodenplatte eingelötet werden. Nach Füllung wurde schließlich der Deckel aufgelötet. In der Frühzeit der Produktion soll ein Klempnergeselle im Durchschnitt täglich zwölf derartige Konservendosen hergestellt haben. – Eine Rekonstruktion der Züchnerschen Klempnerwerkstatt befindet sich im Heimatmuseum in Seesen a. Harz.

Im Industrialisierungsprozeß ist das Klempnerhandwerk bis zu Beginn des 20. Jh.s zwar noch stark angewachsen (Nürnberg 1811/12: 45 und 1902: 146 Werkstätten, Berlin 1827: 101 und 1890: 630 Werkstätten), von seinem traditionellen Arbeitsbereich blieben jedoch nur noch Montage und Reparatur von Dachrinnen; Blechwaren konnten maschinell hergestellt werden. Hinzu kam jedoch der weite Bereich der Sanitärtechnik und des Heizungsbaues.

Mechthild Wiswe

KLINGEN- UND MESSERSCHMIED

Das Handwerk des Schmiedes gehört zu den ältesten Gewerben. Die ersten Schmiede stellten zunächst Werkzeuge her, ganz sicher auch Waffen, noch bevor sie Pflüge und Hufbeschläge fertigten. Als sich die Produktion und auch die Bearbeitung des Eisens in Europa gegenüber der Bronze durchgesetzt hatte, erlangte der Schmied sehr bald eine Vorrangstellung unter den andern Handwerken. Dies vollzog sich zwischen 1500 und 800 v. Chr. je nach Region, im Süden (Italien) früher, im Norden (Germanien, Skandinavien) später. In der Zeit der Völkerwanderung treten die ersten Waffenschmiede des Nordens bereits als Persönlichkeiten mit Namen und Erzeugnissen hervor. Wieland der Schmied ist ein früher, mythischer Ahnherr, dem gleichen indogermanischen Sagenkreis verhaftet wie Hephaistos, Daidalos und Vulkan. Ingelrid, Ulfbert und Gicelin waren Meister, deren Namen sich bereits eingeschlagen auf Schwertern des 10. Jh.s finden und die als Qualitätszeichen noch 200 Jahre auf Klingen angebracht wurden.

Anfang und Ausgangspunkt jeder Klinge lag in der Hand des Schmiedes. Sein Rohmaterial, das Eisen, bezog er in Form von Luppen, später in Barren von den Erzeugern, d. h. aus den Eisenschmelzen und -hämmern der Förderungsgebiete. Eisen wurde an vielen Stellen der Erde zutage gebracht und konnte an relativ viele Orte transportiert werden. Daher war die Voraussetzung für eine Blüte des Klingenschmiedehandwerks nicht vorwiegend die Nähe von Förderstätten, sondern es waren eher die Gegebenheiten, die die Weiterverarbeitung ermöglichten. In Orten wie Solingen trieben zahlreiche Bäche die Hämmer und Schleifsteine an, und aus den Wäldern bezog man günstig Holzkohle, in Steyr war es tatsächlich die Nähe der Erzvorkommen und die Köhlerei, und in Nürnberg waren es das hochentwickelte Kunsthandwerk und die Stellung als Handelszentrum, die eine Weiterverarbeitung und Veredelung der Klingen förderten.

Der Schmied gab mit seiner Arbeit der Klinge Form, verlieh durch das Hämmern dem Material Dichte, Festigkeit und Elastizität. Je intensiver das Werkstück geglüht und gehämmert wurde, um so besser war die Qualität der Waffe. Beim Schmiedevorgang erhielt das im ursprünglichen Zustand relativ weiche Eisen die angemessene Relation von Kohlen- und Sauerstoff und wurde dadurch zu Stahl. Dieser Prozeß erfolgte bis ins 18. Jh. hinein allein aufgrund der Erfahrung von Klingenschmieden. Erst seit dem ausgehenden 18. Jh. konnte man diese Vorgänge analysieren und den Stahl als Ausgangsstoff auf chemisch-physikalische Weise erzeugen.

Der in seine Form geschmiedete Stahl, d. h. die Schwert-, Degen-, Dolch- oder Messerklinge, mußte danach gehärtet werden. In erhitztem Zustand wurde sie in kaltem Wasser oder in einer andern Flüssigkeit (Blut, Talg, Urin) abgeschreckt. Genau wie beim Schmieden waren auch hier die Temperaturen und die Dauer des Abschreckens zu beachten. In hochspezialisierten Schmiedezentren entwickelte sich bald ein eigener Berufsstand, der des Härters, der sich ausschließlich auf diese Arbeit konzentrierte; anderswo härtete der Schmied seine Klinge selbst.

Verhältnismäßig früh schon begannen sich die Handwerke der Klingenschmiede zu spezialisieren. Im 12. und 13. Jh. unterschieden sich in Köln, in Passau und in Nürnberg die Schmiede für Schwertklingen von denen der Messerklingen; Klinger und Messerer wurden sie fortan genannt. In ihrem Verhältnis untereinander scheint es seit dem Spätmittelalter in den verschiedenen Zentren unterschiedliche Entwicklungen gegeben zu haben. Im Süden mit den Hauptorten Steyr, Passau, Nürnberg, Regensburg, München, aber auch im Norden mit Hamburg, Lübeck, Lüneburg und Braunschweig bildeten die Messerer eine starke Gruppe. Ihr Produkt war ein Gerät mit Klinge, die nur eine Schneide besaß. Darunter zählen nicht nur sämtliche Messer des täglichen Gebrauches, sondern auch die Seitenwehren, die langen Messer oder einschneidigen Dolche, die der einfache Mann als Waffe trug.

In Solingen und vermutlich auch in Köln gab die Herstellung von blanken Waffen schon seit dem frühen Mittelalter, bestimmt aber seit dem 13./14. Jh., den Ton an. Die «kleinen Metzer», die Gebrauchsmesser für den Alltag, wurden von den Klingenschmieden nebenher und zusätzlich hergestellt, als ein Zubrot oder wenn das Waffengeschäft in friedlichen Zeiten nicht gut ging. Erst in der zweiten Hälfte des 16. Jh.s trennten sich die (Klein-)Messermacher von der großen Bruderschaft der Waffenschmiede und erkämpften sich eine Ordnung, wobei die Schwert- und Degenhersteller sich das Recht vorbehielten, jederzeit auch Messer zu machen.

Bis zum Ausgang des Mittelalters fertigten die Messerer ihre Erzeugnisse noch ganz eigenhändig, d. h. vom Schmieden über das Schleifen bis zum Belegen mit Heftschalen. Gegen Anfang des 16. Jh.s fand eine weitere Arbeitsteilung statt. In den großen Zentren bildete sich der Stand der Reider heraus, in Norddeutschland «mest(= messer)bereder» genannt. Diese bezogen die von den Schmieden gefertigten und von den Schleifern geschärften Klingen als Halbfertigprodukte und versahen sie mit Griffen. Hierzu verwendete man Holz der verschiedensten Sorten, darunter auch Importe aus exotischen Ländern und Übersee, ferner Horn, Knochen, Schildpatt, Messing und Eisen bis hin zu Silber, Gold und Halbedelsteinen.

In den Städten, in denen die Messerherstellung keine zentrale Bedeutung erlangte, machte der Messerer sein Messer vom Schmieden über das Härten und Schleifen bis zum Ausarbeiten des Griffes auch in späteren Zeiten selbst. P.N. Sprengel belegt dies in seiner Enzyklopädie für die Berliner Messerschmiede um 1770, vermerkt jedoch nicht ohne Erstaunen, daß im benachbarten Eberswalde «ein Profeßionist dem anderen in die Hand arbeite» und daß es mehrere Schleifmühlen gebe.

Zwischen den Schmieden und Schleifern einerseits sowie den Messerern andererseits entwickelten sich zuweilen Abhängigkeitsverhältnisse. Finanzkräftige Messermacher vergaben Arbeit an Stückwerker, d. h. im Akkord für sie arbeitende nichtselbständige Meister, oder sie verlegten die Schmiede bzw. Schleifer, die sie mit ihrem Material arbeiten ließen. Im 18. und 19. Jh. wurden letztere oft nur mit Waren bzw. Halbfabrikaten der Branche entlohnt und gerieten durch das Trucksystem in Not.

Häufig, jedoch nicht immer sind die Klingen sowohl der Messermacher wie auch der Blankwaffenschmiede mit den Marken, Zeichen oder Namen ihrer Hersteller versehen. Das geschah durch Einschlagen und Stempeln in das glühende Eisen oder durch Ätzen der Namen. Das Markenwesen war – je nach Ort – verschieden und erscheint uns heute recht kompliziert durch das Nebeneinander von Meisterzeichen, Beschau der Stadt, Zeichen des Handwerks und Signatur für Nichtzünftige. In Solingen durfte jeder Klingenmacher sogar mehrere Zeichen besitzen und dies auch vererben, verkaufen, vertauschen und aufteilen.

Das Handwerk der Schmiede von Klingenwaffen erlebte seine höchste Blütezeit in der zweiten Hälfte des 16. Jh.s bis zum Ende des Dreißigjährigen Krieges. In der zweiten Hälfte des 17. Jh.s ging diese Produktion stark zurück, erst im 19. Jh. gab es wieder eine starke Nachfrage nach Blankwaffen für die nationalen Heere. Noch immer blieb die Herstellung einer guten Klinge weitgehend Handarbeit, aber sie wurde erleichtert durch Dampfhämmer, elektrisch betriebene Schleifmaschinen und Fließbandarbeit in den Fabriken.

Während das Handwerk der Waffenschmiede im 17. Jh. verfiel, nahm das der Messerschmiede und Messermacher großen Aufschwung. Exportländer – Amerika, Afrika, Indien und Indonesien – wurden erschlossen, die Produktion wurde mechanisiert. Schmieden und Schleifen vollzieht sich heute vielfach maschinell, doch werden hochwertige Messer noch immer von der Hand bearbeitet.

Hanns-Ulrich Haedeke

KNOPFMACHER

Obwohl etwa seit dem 13. Jh. zuerst die Paternosterer (Petenmacher, Rosenkranzmacher) und Drechsler aus organischen Materialien wie Holz und Bein, später auch Gold- und Knopfschmiede, Rot-, Gelb- und Zinngießer sowie Gürtler aus Metallen und Legierungen Knöpfe herstellten, bezieht sich die Berufsbezeichnung Knopfmacher (Knopf- und Schnurmacher, Knopf- und Crepinarbeiter, ungarische Knopfmacher) ausschließlich auf die Produzenten bestimmter textiler Knöpfe. Diese zählten zunächst zum breiten Arbeitsgebiet der Posamentierer. Doch seit dem 16. Jh. spezialisierten sich zunehmend Meister auf die Herstellung von Knöpfen und konnten sich von den Posamentierern trennen und in eigenen Zünften organisieren. Erstaunlicherweise geschah dies zunächst in Osteuropa: 1515 wurde in Samaria/Šamorín eine Knopfmacherzunft (ungar.: gombkötő, wörtlich eigentlich Knopfstricker) gegründet. Es folgten Nagyszombat/Trnava 1559, Preßburg/Pozsony/Bratislava 1602, Straßburg 1618, Ödenburg/Sopron 1630, Bremen (wo bereits 1455 ein Knopfmacher tätig war) 1637, Basel 1662 und Frankfurt/M. 1684. In Wien etablierten sich «ungarische Knopfmacher» 1691, «Knöpf- und Handarbeiter» 1697, gefolgt von Berlin 1698, Augsburg 1710 und Kassel 1718. Während die (auf fünf Meister limitierten) Wiener «ungarischen Knopfmacher» nur Waren nach ungarischer Art herstellen durften, waren in den Zunftorganisationen in Ungarn in der Frühzeit sowohl Meister, die «ungarische», als auch solche, die «deutsche» Arbeit anfertigten, einverleibt. Neben den typischen Knöpfen und Verschnürungen stellten die ungarischen Knopfmacher vor allem verschiedene Gürtel aus Schnüren, Quasten, Säbelgehänge und Gestecke für Kopfbedeckungen her; die Knopfmacher produzierten neben dem namengebenden Produkt auch noch Gängelbänder, Schleifen, Quasten, Banderolen, Zweifelknöpfe, Kniegürtel etc.

Alle diese Erzeugnisse wurden weitgehend in reiner Handarbeit verfertigt, wie ja überhaupt in Streitfällen das Arbeitsgebiet der Knopfmacher und Posamentierer so abgegrenzt wurde, daß die Posamentierer alle Stuhl- und Handarbeit mit Ausnahme der Knöpfe herstellen durften. Dementsprechend bescheiden war auch die Ausstattung der Werkstätten mit Maschinen und Werkzeugen. Auf einem kleinen Drehrad (ähnlich dem der Seiler) wurde das Grundmaterial (Seide, Kamelhaar, Wolle, Ziegen- und Roßhaar sowie ein Gemisch aus Seide und Kamelhaar) zu einem meist vierfachen Faden (Kortel) verarbeitet und auf der Gimp(f)mühle der «Gimp(f)» (Litzen bzw. plattierte Schnüre, meist mit Gold- und Silberdraht übersponnen) hergestellt. Seide und Garne wurden meist vom Meister selbst eingefärbt. In freier Handarbeit wurden die Korteln auf von den Drechslern gedrehten hölzernen Knopfformen in mehreren Lagen mit Nähnadeln so angebracht, daß unterschiedliche Muster entstanden. Zusätzlich konnten solche Knöpfe noch mit aus Gimp(f) geformten Verzierungen geschmückt werden. Für besonders wertvolle Knöpfe wurden bereits für das Grundmuster mit Gold- oder Silberdraht übersponnene Seidenfäden verwendet. Neben diesen genähten Knöpfen wurden auch gestickte angefertigt: Dazu wurde ein Ring aus verzinntem Eisendraht mit Leinen überzogen, ausgefüllt und das gewünschte Muster mit Sticknadeln aufgestickt. Häufig kam auf das Leinen vorher noch eine aus Gold- und Silberfolie gestanzte Auflage. Für die anderen Erzeugnisse wurden noch weitere Nadeln, Klöppelhölzer und kleine Haken benötigt. Zumindest für die ungarischen Knopfmacher war auch noch ein kleiner Schutz für die Handfläche aus Metall (häufig herzförmig), der mittels eines Ringes am Finger befestigt werden konnte, charakteristisch.

Die hohen Preise der Ausgangsmaterialien Seide, Gold- und Silberdraht etc. führten auch in diesem Handwerk in manchen Fällen zu verlagsähnlichen Formen der Abhängigkeit.

Andererseits führte der geringe Werkzeugbedarf auch zu einer großen Anzahl von außerzünftig tätigen Pfuschern, darunter Frauen, aber auch Soldaten, die meist nur das schon zu Schnüren verarbeitete Ausgangsmaterial verwendeten. Erstaunlich oft wurden auch die Gattinnen der Schneider als unbefugte Knopfproduzentinnen erwähnt; die 1697 gegründete Wiener Zunft mußte es den Frauen der Schneider jedoch gestatten, weiterhin Knöpfe zu verfertigen, doch wurden diese verpflichtet, die Knöpfe nur an die Knopfmacher zu verkaufen und ihr Wissen an niemanden, auch nicht an ihre Töchter, weiterzugeben.

Wie in den meisten Textilgewerben war auch bei den Knopfmacherzünften die Mitarbeit der weiblichen Familienangehörigen toleriert: So durften etwa die im väterlichen Haushalt wohnenden Töchter mitarbeiten (Zürich, Augsburg, Ulm) und die Witwen das Handwerk weiter betreiben.

Änderungen der Mode, die Verbreitung der Metallknöpfe, aber auch die Entstehung größerer Manufakturen führten bereits im 18. Jh. zu einer merklichen Verschlechterung der wirtschaftlichen Lage. Das Handwerk reagierte mit einer Verlängerung der Lehrzeit (Preßburg 1602: drei Jahre, Straßburg 1618: mind. vier Jahre, 1726 wurde in Augsburg von vier auf fünf Jahre mit Lehrgeld und fünf bis sechs Jahre ohne Lehrgeld verlängert, und diese Regelung setzte sich überregional durch), der Stillstandszeiten, aber auch durch Verlagerung des Produktionsschwergewichtes auf die Galanteriewaren. Diese fand u. a. in der Änderung der Handwerksbezeichnung bei neuerlichen Bestätigungen der Ordnungen ihren Niederschlag, oder es kam auch zur Wiedervereinigung der Knopfmacher mit den Posamentierern. In Ungarn, wo Schnurornamente und Verschnürungen vor allem im 19. Jh. auch in die bürgerliche und bäuerliche Bekleidung übernommen worden waren, existierte dieses Handwerk bis in die erste Hälfte des 20. Jh.s. So konnte das Soproner Museum noch 1955 eine komplette Knopfmacherwerkstatt erwerben, die nun auch in der neuen ständigen Schausammlung ausgestellt ist.

Wolfgang Gürtler

KÜRSCHNER

Der Kürschner, der im deutschen Sprachraum auch Pelzer, Buntfutterer, Wild- und Grauwerker genannt wird, beschränkt heute seine Tätigkeit auf das Schneidern von Pelzwerk und den Verkauf von Konfektionswaren. In der Vergangenheit lag in seiner Hand auch der Handel mit rohen Fellen sowie deren Zubereitung zu Pelzen, zu Rauh- oder Rauchwerk sowie auch die Einfärbung. Bereits im 9. Jh. ist althochdeutsch und altsächsisch das Wort «kursinna» (Pelzrock) be-

Abb. 20: Das Kürschnerhaus in Nördlingen. Fachwerkhaus mit großem Trockenboden, 1955 abgebrannt.

legt, von dem sich die Handwerksbezeichnung (auch Kürsner, Kursener) ableitet. Bereits früher als für die meisten anderen Handwerke läßt sich für die Kürschner ein Zusammenschluß zu Zünften nachweisen: Die ältesten bekannten Satzungen sind 1160 im französischen Raum in Rouen bestätigt worden. Bereits von 1226 datiert der Stiftungsbrief der Basler Kürschner, 1273 schließen sie sich in Breslau, 1277 in Braunschweig und 1280 in Berlin zu einer Zunft zusammen. Mancherorts bildeten sie eine gemeinsame Zunft mit verwandten Handwerken; in Braunschweig zeitweise mit den Weißgerbern und den Handschuhmachern, in Basel mit den Schneidern. Am Oberrhein war (bis ins 14. Jh.) auch die Bezeichnung Neyer (Näher) für die Kürschner gebräuchlich.

Gemessen an der Zahl der Meister bildeten sie ein starkes Handwerk: Die Augsburger Zunft (die seit 1368 bestand) zählte 1475 86 Meister (1536: 107), Breslau 1499 schon 92 Meister (1406: 80) und Leipzig 1555 immerhin 45 Meister, wenngleich Ende des 16. Jh.s die Bedeutung der Kürschnerei durch die Verwendung kostbarer Stoffe zurückging.

Der Umgang mit den Fellen toter Tiere hatte zur Folge, daß die Kürschnerei zu den unreinen Handwerken gerechnet wurde. Die starke Geruchsbelästigung und das laute Getöse, womit ihre Arbeit verbunden war, führte zu bestimmten Auflagen: Mancherorts durften sich die Kürschner nur am Stadtrand niederlassen. Andererseits durfte die Zubereitung der Felle nur in einem von der Zunft verwalteten Hof oder dem Kürschnerhaus (z. B. Nürnberg, Memmingen) vorgenommen werden. Trotz der «Unreinheit» ihrer Arbeit zählten die Kürschner zu den angesehensten und oft ratsfähigen Handwerkern. Meist waren sie wohlhabend, da sie den Fellhandel selbst in der Hand hatten und auch die Fertigwaren direkt an die Verbraucher verkauften. Wohlstand und sozialer Rang äußerten sich auch darin, daß sie oftmals eigene Zunfthäuser und Altarpatrozinien besaßen und milde Stiftungen einrichteten. Wegen des Fell- und Pelzhandels gerieten sie häufig mit den Kramern in Streit, auch mit den Säcklern, Weißgerbern, Täschnern, Handschuhmachern und Pergamentern ergaben sich (meist wegen der Lamm- und Ziegenfelle) Überschneidungen.

Im 18. Jh. waren die Messen in Leipzig, Frankfurt/M. und Braunschweig Hauptmärkte des Rauchwarenhandels, d. h. für rohe und zugerichtete Felle. Für russische, auch böhmische und polnische Rauchwaren waren Breslau und Groß-Glogau bedeutend, nordische Rauchwaren kamen über Danzig und amerikanische über Hamburg.

Die komplizierte Zubereitung, die am ehesten der Saffiangerberei verwandt ist, mußte das Rohmaterial vor Zersetzung bewahren, es wasserundurchlässig machen und für den Erhalt des Haarkleides Sorge tragen. Der Kürschner benötigte dazu nur wenige Werkzeuge, dafür jedoch eine um so größere Handfertigkeit, die Kenntnis chemischer Prozesse und vor allem ein hohes Kapital zum Erwerb der Felle.

Die Felle wurden den Tieren so abgezogen, daß der Balg insgesamt erhalten blieb. Er wurde zunächst umgewendet, so daß die Fleischseite nach außen kam; diese wurde mit Fett eingerieben bzw. «eingeschmalzt». Dann legte man die Felle in die Trampeltonne, in der sie etwa drei bis vier Stunden lang mit bloßen Füßen getreten wurden, um sie geschmeidig zu machen. Anstelle der Trampeltonne konnten die Felle auch durch eine mit der Hand gedrehte Walke bearbeitet werden; seit der Mitte des 19. Jh.s wurden die Trampeltonnen mehr und mehr mit Dampf betrieben. Anschließend rieb man die Felle auf der Fleischseite mit einer scharfen Salzlauge bzw. einer Beize aus Flußwasser und Weizenkleie ein und ließ die Felle eine Nacht gären. Dadurch wurden Schmutz- und Fleischteile so weit gelockert, daß sie auf der Gerberbank mit dem Abfleischeisen, das die Form eines halben Bogens hat, entfernt werden konnten. Die ausgefleischten Stücke wurden zum Trocknen aufgehängt und dann der Vorgang (ohne Einfetten) wiederholt. Anschließend wurden die Felle je nach Größe von Hand oder mit der «Wolfsscheide» gereckt, um Falten und Runzeln zu beseitigen. Nun kehrte man die Haarseite nach außen, kämmte diese durch und bearbeitete sie im Wärmestock, einer hohen Tonne, die auf einer Pfanne mit glühenden Holzkohlen aufgestellt war. Unter der Wärmeeinwirkung wurden die Felle durch einen Arbeiter etwa zwei Stunden getreten. Kleinere Mengen von Fellen wurden bis ins 19. Jh. in der sog. Läutertonne bearbeitet, die durch eine Handkurbel gedreht wurde. Die gar gemachten Felle befreite man durch Ausklopfen von der Kleie, zog die Fleischseite noch einmal auf der Gerberbank über das Fleischeisen, damit sie völlig sauber und glatt wurde, und kämmte das Haar mit einem eisernen Kamm in die richtige Lage. Nun konnten die Pelze gefärbt bzw. «geblendet» werden. Dies geschah, um einen gleichen Farbton zu erreichen, oder aber auch, um kostbare Pelze zu imitieren. So färbte man z. B. bereits im Spätmittelalter die preiswerten Marderfelle in der Art des teuren und seltenen Zobels ein. Lange war das Färben verpönt, erst im 18. Jh. traten z. B. in Leipzig einzelne Rauchwaren- und selbst Zobelfärber auf.

Bei der Verarbeitung bediente sich der Kürschner eines besonderen Zuschneidemessers sowie zum Nähen des widerstandsfähigen Pelzwerks neben der Nadel auch des Nähhakens sowie eines Fingerringes, mit dessen Hilfe die Nadel durch das Material gedrückt werden konnte. Seit den 1880er Jahren wurde auch die Pelznähmaschine verwendet, zunächst jedoch nur für gröbere Arbeit (Pelzfutter). Der Kürschner fertigte Pelzkleidung (deren Haarseite früher häufig nach innen gekehrt war), Pelzfutter für Bekleidung sowie Zubehör zur Kleidung, so z. B. Mützen, Handschuhe und Muffen. Vor allem ärmere Meister gaben sich mit der Mützenmacherei ab.

Von den in Mitteleuropa verbreiteten Haustieren verwertete der Kürschner vornehmlich die Felle von Schaf und Lamm sowie Kaninchenfelle zu kleinen Arbeiten, etwa Stiefelfutter, Handschuhen oder als Besatz. Dazu kamen die Felle heimischer wilder Tiere, insbesondere von Fuchs, Dachs, Hamster, Iltis und Otter sowie lange auch von Bär, Wolf und Luchs. Otter wurde besonders für Mützen benutzt. Darüber hinaus verwendete der Kürschner fremdländische Felle, die er in der Regel konserviert (durch Einsalzen) erwarb. Hauptlieferant war Rußland: Neben dem kostbaren Zobel, der lange dem fürstlichen Ornat vorbehalten blieb, wurden von dort vor allem die Felle von Biber, Feh (Eichhörnchen) und Wolf importiert. Wolfs- und Schafspelze waren preiswert und auch für den gemeinen Mann erschwinglich. Kleiderordnungen legten im übrigen fest, welche Pelzarten die einzelnen Stände tragen durften.

Im Spätmittelalter waren vergleichsweise große Handwerksbetriebe zugelassen: Die Leipziger Satzung von 1449 läßt noch vier Gesellen und zwei Lehrjungen zu, 1598 wurde dann auf drei Gesellen und einen Lehrjungen begrenzt. Wie die Meister bildeten auch die Gesellen dieses Handwerks frühzeitig Vereinigungen bzw. Bruderschaften. Die Gesellen der Straßburger Bruderschaft (1404 gegründet) waren meist weit gewandert, und das Einzugsgebiet weist im 15. Jh. eine erstaunliche Weite auf. Möglicherweise hat sich das Kürschnerhandwerk aufgrund seiner Stärke und seiner weiten Verbreitung nicht zu einem «geschenkten» Handwerk entwickelt, wenngleich von den Gesellen (seit der Mitte des 16. Jh.s) eine lange Wanderschaft gefordert wurde (Basel 1533: drei Jahre, Nürnberg 1614: fünf Jahre). Die Arbeit «mit der Nadel» wurde im Wochenlohn bezahlt, das Zurichten häufig im Stücklohn. Da die Kürschnerei ein ausgesprochenes Saisongewerbe war (Konjunktur in den Monaten Oktober bis Dezember, dann Nachsaison), wurde in der «toten Zeit» im Sommer meist nur zugerichtet. Schon zu Beginn der frühen Neuzeit entwickelte sich eine Arbeitsteilung, indem auch Stückwerker und Tafelmeister beschäftigt wurden. Stückwerker, meist ältere Gesellen, beschäftigten sich ausschließlich mit dem Zurichten, während die Tafelmeister (ebenfalls Gesellen) sich auf das Zuschneiden der Tafeln verlegten. Häufig gab der größere

Kürschner seine Ware dem kleineren Kürschner oder dem Stückwerker zum Zurichten, während der seltenere Tafelmeister bei den Meistern herumging. Im 19. Jh. fielen die beiden Hauptprozesse dann völlig auseinander: Die Zurichterei trennte sich von der eigentlichen Kürschnerei, und kleinere Meister, die das Zurichten betrieben, wurden zu regelrechten Heimarbeitern. Nach 1850 wurde Leipzig für den deutschen Markt Zentrum der Zurichterei auch für importierte Felle.

Mechthild Wiswe

KUPFERSCHMIED UND KUPFERHAMMERSCHMIED

Schon wesentlich früher als Eisen entdeckt und genutzt, ist Kupfer bis in unser Jahrhundert nach diesem ein sehr vielseitig und häufig genutztes Metall geblieben. Den Nachteil seiner geringeren Härte hat man durch Legieren – mit Zinn zu Bronze, mit Galmei (Zinkspat) zu Messing – wettzumachen versucht, sich gleichzeitig damit aber auch ein weites Spektrum von Verarbeitungstechniken und Produktformen eröffnet. Das spiegelt sich in der schon im Spätmittelalter weit ausdifferenzierten Vielfalt der Kupfer verarbeitenden Berufe: Messing- und Beckenschläger, Rot- und Gelbgießer, Rot-, Draht-, Blechschmiede, Gürtler, Zirkelschmiede, Waagen- und Gewichtemacher usw. Waren diese aber eher dem gehobenen Bedarf verpflichtet, fertigten die Kupferschmiede vor allem das tägliche Gebrauchsgeschirr. Von ihrem verbreitetsten Produkt rührt ihr anderer Name Kesselschmied, auch Keßler, her, von ihrer hauptsächlichen Arbeitstechnik der Name Kaltschmied. Weil die Arbeiten durchweg in der Werkstatt durchgeführt wurden, hießen diese Kupferschmiede auch Werkstätter und unterschieden sich darin von den Hammer(kupfer)schmieden, die den Werkstättern als Endverarbeitern halbfertige Vorprodukte lieferten.

Die in Mitteleuropa bis zum 17. Jh. verwendeten Kupfererze bzw. -schiefer stammten in der Hauptsache aus Harz, Erzgebirge, Tirol und Slowakei – neben weniger bedeutenden Vorkommen wie etwa im Maasgebiet, in Lothringen und den Vogesen. Die Notwendigkeit hohen Kapitaleinsatzes bei der meist im Bergbau betriebenen Kupfererzgewinnung, bei der Verhüttung und bei der Erzeugung des Roh- oder Garkupfers und schließlich beim Absatz führte dazu, daß Kupfergewinnung und -handel besonders im 16. Jh. durch die großen oberdeutschen Handelsgesellschaften beherrscht wurden. Dabei verweist das sog. Saigerverfahren – mit Hilfe von Blei werden Silber und Kupfer aus dem relativ stark silberhaltigen Schwarzkupfer geschieden – auf die enge Verflechtung mit der Silberproduktion und -vermarktung. Die Erzeugung von Garkupfer setzte Standortbedingungen voraus – möglichst nahe beisammen Erzvorkommen, Holzkohle, d. h. ausgedehnte Wälder, Wasserkraft und Verkehrsanbindungen –, die geradezu industrielle Hüttenkomplexe entstehen ließen. Das alte Nürnberg gilt als größtes Marktzentrum, dessen Hinterland sich von den Hütten und Hammerwerken an der Pegnitz bis nach Thüringen und Böhmen erstreckte, zugleich auch als Hauptsitz eines hochentwickelten Weiterverarbeitungsgewerbes. Weitere überregional bedeutende Kupferhandelsplätze waren Augsburg, Frankfurt, Leipzig, Köln und Aachen. Hamburg verdankte seinen Aufstieg dem seit dem Ende des 16. Jh.s vordringenden schwedischen Kupfer.

Die typische Hammerschmiede vereinigte unter einem Dach einen Schmelzherd, verschieden geformte Hämmer, die über Wellen durch Wasserkraft betätigt wurden, mit entsprechenden Ambossen und einer Esse mit ebenfalls wassergetriebenen Blasebälgen. Garkupfertafeln und Altkupfer wurden zum Schmelzen gebracht, Verunreinigungen abgeschäumt und das Flüssigmetall in eiserne halbkugelförmige Tiegel gegossen. Aus den noch rotglühenden sog. Hartstücken oder Teilen davon (Schrote) – die Esse diente dem Zwischenglühen – entstanden unter den Hämmern entweder Scheiben, Tafeln und Bleche unterschiedlichen Gewichts, Größe und Stärke oder Schalen bzw. Becken, weiterhin Stäbe und endlich Platten für Kupferstich und später auch Kattundruck. Größe und Form richteten sich dabei nach dem Bedarf der weiterverarbeitenden Werkstätter. Das Arbeitsgebiet der Hammerschmiede überschnitt sich mit dem der Werkstätter im Bereich der Fertigung größerer und schwergewichtigerer Kessel und Zuber für Bierbrauer, Färber, Seifensieder und Lichterzieher, zum Baden, Waschen und Kochen. Damit gab es bereits im 16. Jh. Ansätze einer industriellen Massenproduktion mit Hilfe des wassergetriebenen «Tiefhammers».

Die Fertigung des Endprodukts in Handarbeit war die Domäne des im handwerklichen Kleinbetrieb arbeitenden Werkstätters. Über die schon genannten Großgefäße hinaus fielen in sein Metier allerlei Haushaltsgeschirr wie Pfannen, Töpfe, Becher, Backformen, Flaschen, Kannen, Ofenblasen, Herdschiffe, Wasserbehälter, Gießkannen, Waschbecken, Trichter, Siebe, Fuß- und Bettwärmer, aber auch anspruchsvolle Geräte wie Teemaschinen (mit glühender Holzkohle zu beschickende Warmwasserbereiter; Samowar) sowie Gefäße, Röhren und Kühlschlangen zum Branntweinbrennen, Leuchter und Lampen. Dabei reichten die Arbeitstechniken vom kalten Schlagen, Dengeln und Treiben mit Holz- und Eisenhämmern auf Spezialambossen über das Zusammenfügen durch Löten mit Hartlot, durch Falzen und Nieten bis zum Verzinnen von Gefäßen, um den Ansatz von Grünspan zu verhindern. Zur Verschönerung des Produktes bediente man sich des Polierens mit dem Polierhammer oder der Verzierung mittels Punzen. Zu ihrem Arbeitsbereich gehörte aber auch die Verkleidung von Dächern und Turmspitzen mit Kupferblechen, die Anfertigung von Dachrinnen nebst Wasserspeiern. Wegen des wertvollen Rohstoffes spielten die Wiederverwertung von Altkupfer durch Einschmelzen oder durch die Rundumerneuerung alter Geschirre und überhaupt Reparaturarbeiten eine erhebliche Rolle. Davon zeugen oft wiederholte Ratsverordnungen z. B. in Nürnberg und Zürich, welche den eingesessenen Kupferschmieden das Altmaterial möglichst billig sichern sollten.

Der direkt für den Endverbraucher arbeitende Werkstätter sah sich strengeren Anforderungen an sein handwerkliches Können ausgesetzt und genoß ein höheres Ansehen als der marktfernere, zudem noch meist weit vor den Toren der Stadt angesiedelte Hammerschmied. Dem entsprach seit der Mitte des 16. Jh.s das Bestreben, den hohen Qualitätsstandard durch ein Meisterstück zu wahren. Vom Hammerschmied wurde meist die Werkstätterprüfung gefordert. Von Ort zu Ort verschieden, waren meist mehrere in Qualität und Ausführung gängige Gefäße zu fertigen, in Zürich z. B. ab 1579 ein Badhafen, ein Spülkessel und ein langer Ofenhafen, ähnlich im 18. Jh. in Berlin, allerdings anstatt des ersteren ein Waschkessel. In Nürnberg, der Hochburg der Kupferschmiederei, genügte noch im 18. Jh. der Nachweis, «drey oder vier Jahre rechtmässig gelernet, zwey biß drey Jahre gereiset, und drey Jahre lang in einer oder zweyen Werckstätten gearbeitet» zu haben.

Die genannten Standards (Lehrzeit, Wanderschaft und Mutzeit) entsprachen den seit dem 16. Jh. im deutschen Sprachraum üblichen – allerdings mit der deutlichen Tendenz zur Verlängerung aufgrund der stetig sich verschlechternden Arbeitsmarkt- und Konjunktursituation. So gab es noch Ende des 19. Jh.s Lehrkontrakte von drei bis sechs Jahren Dauer (je nach Lehrgeld), und zwei Drittel der Lehrlinge wurden in Kleinbetrieben (bis fünf Beschäftigte) ausgebildet. Dabei war der Lehrling – noch in 60% der Fälle im Haushalt des Meisters lebend – neben diesem häufig alleinige Arbeitskraft. Daher wurde ein Gesellenüberhang produziert, der in Großbetrieben ein Unterkommen suchen mußte; hier lagen um 1890 die (Akkord-)Löhne rund 25% höher als die Wochenlöhne im kleinen Handwerksbetrieb, die für einen verheirateten Gesellen zum Lebensunterhalt kaum ausreichten. Außerdem hatte sich in den Großbetrieben bereits eine feste tägliche Arbeitszeit von zehn bis zwölf Stunden bei ein bis zwei Stunden Mittagspause durchgesetzt, während in den kleinen Werkstätten häufig ein bis zwei Stunden länger gearbeitet wurde.

Die Kupferschmiederei gehörte seit alters zu den zahlenmäßig eher kleinen Handwerken. In den Klein- bis Mittelstädten genügten ein bis zwei Meisterbetriebe, die allein oder höchstens mit einem Gesellen oder Lehrling sowohl auf Bestellung des Kunden als auch für den freien Marktverkauf arbeiteten, um den lokalen und den Bedarf des nahen ländlichen Umlandes an den relativ langlebigen Gebrauchsgütern und an Reparaturen zu decken. In Nürnberg setzte man Anfang des 17. Jh.s durch den Personalbedarf für die Herstellung eines großen Braukessels eine Obergrenze der Beschäftigtenzahl pro Betrieb, nämlich mit dem Meister auf fünf Personen: drei Gesellen und ein Lehrling.

Eine stärkere Konzentration von Werkstättern fand sich nur in den größeren Reichs- und Handelsstädten, wo auch für den Export gearbeitet wurde. In Zürich etwa wurden 1605 und 1607 elf und 14 verbürgerte Meister, 1675 32 gezählt, in Nürnberg zwischen 1650 und 1750 im Schnitt 35, in Augsburg im 18. Jh. 15 Kupfer- und drei Hammerschmiede. Bei solchen Zahlen konnten sie eigene Unterorganisationen innerhalb der die metallverarbeitenden Berufe umfassenden Schmiedezunft bilden, während sonst die wenigen Kupferschmiede gewöhnlich in die Schmiede- und Schlosserzünfte inkorporiert waren. Wie noch für das Tessin im 20. Jh. an einem Fall bezeugt, übten Kupferschmiede Reparatur und Verkauf teilweise im Wandergewerbe aus. Sie vereinigten sich daher seit dem 14. Jh. besonders in Oberdeutschland in regionalen, vereinzelt bis zum Ende des 18. Jh.s bestehenden Verbänden – Keßlerkreisen, im eidgenössischen Voralpenland auch Königreiche genannt –, meist unter mächtigen Dynastengeschlechtern als Schutzherren. Das geschah über die übliche zünftische Interessenwahrung hinaus nicht zuletzt, um ihren ehrlichen Status gegenüber den als unehrlich verschrienen, vagierenden Kesselflickern abzusichern.

Die Hammerschmieden waren aufgrund ihrer Standortbedingungen in bestimmten Regionen konzentriert. Die Art des Produktionsprozesses erforderte das partiell arbeitsteilige Zusammenwirken mehrerer Hilfskräfte im Gesellenstatus unter dem Hammermeister, der meist zugleich Eigentümer oder Pächter und Betreiber des Hammers war. Wegen des hohen Kapitaleinsatzes für Erwerb und Unterhalt der Anlagen war er häufig in einer Art Verlagssystem durch Lieferungs- und Abnahmeverträge mit Hütten- und Kupferhandelsgesellschaften verbunden. Kupferhämmer wiesen als Großbetriebe über die typische kleingewerbliche Betriebsform des Handwerks hinaus und trugen manufakturielle Züge, bis sie in der zweiten Hälfte des 19. Jh.s durch Walzwerke verdrängt wurden. Nimmt man die 1850 in Bayern bestehenden 50 Kupferhämmer mit insgesamt ca. 300 Arbeitern zur Grundlage, kommt man auf ca. sechs Arbeiter je Betrieb.

Die Tendenz zu großbetrieblichen industriellen Produktionsformen hatte bis zum Ende des 19. Jh.s das gesamte Kupferschmiedegewerbe erfaßt, wobei die noch nebeneinander bestehenden Groß-, Mittel- und Kleinbetriebe (ab 20, sechs bis 20, bis fünf Beschäftigte) bestimmte Tätigkeitsfelder besetzt hielten. Die Großbetriebe konnten aufgrund besserer Kapitalausstattung und Rentabilität die inzwischen für die Metallverarbeitung entwickelten Maschinen nutzen, so vor allem die sog. Drückbank, mit der sich runde Waren wie Gefäße wesentlich einfacher und schöner herstellen ließen als durch Hammerarbeit. Sie fabrizierten in erster Linie Röhren, Platten, große Kessel und Draht und machten auch auf dem Markt der Haushaltsgefäße wie Kaffee- und Teemaschinen den kleinen Betrieben zunehmend Konkurrenz, wobei der Vertrieb über bald vom Publikum bevorzugte große Küchenwarengeschäfte erfolgte – ganz abgesehen davon, daß sich bereits seit Ende des 18. Jh.s die Konkurrenz der Porzellangefäße bemerkbar gemacht hatte. Aber noch um 1900 entstanden in den Kleinbetrieben in Handarbeit Haus- und Küchengeräte, und sie erledigten in Konkurrenz zu den Klempnern Dachdeckerarbeiten. Mittlere Betriebe hatten sich auf den Apparatebau für die aufstrebende chemische Industrie verlegt sowie für Brennerei, Brauerei und Färberei, außerdem auf Heizungs-, Lüftungs- und Sanitäranlagen. Trotz des Konzentrationsprozesses besonders in den Großstädten – in Berlin z. B. haben im Verlauf des 19. Jh.s die Betriebe im Vergleich zur Bevölkerung um 70% und die Erwerbstätigen um 13% abgenommen – dominierten Ende des 19. Jh.s mit 70% aller Erwerbstätigen noch eindeutig die Kleinbetriebe mit durchschnittlich zwei Personen, den Meister mitgerechnet, während in Großbetrieben 30% aller Erwerbstätigen arbeiteten.

Frank Göttmann

LEB- UND WACHSZELTER

Lieferanten für die Rohstoffe Honig und Wachs waren die Bienen. Zunächst beschränkte sich die Produktion auf das Ausbeuten wilder Bienenstöcke. Bald begann man jedoch Bienenvölker in Form der Waldbienenzucht (Zeidlerei) zu kultivieren. Vom Süden ausgehend wurden zahme Bienen in künstlichen Stöcken gehalten.

Im 13. Jh. tauchen erstmals die Namen «lebekuoche» und «lebezelte» auf. Im Raum Niedersachsen und Westfalen waren die Bezeichnungen Honigzelten und Honigkuchen gebräuchlich. Bei der Herstellung wurden neben Honig auch Gewürze verschiedener Art verwendet. Da das Wort Pfeffer synonym für Gewürz stand, war und ist zudem der Begriff Pfefferkuchen üblich. Pfefferkuchen hat man z. B. in Braunschweig, Halle, in der Lausitz, in Thorn und in Danzig gebacken. Die Bezeichnung Printe (Aachen) bezieht sich dagegen nicht auf die Zutaten, sondern auf die Form; Printe bedeutet Abdruck bzw. Abbild. Die vielfältigen Rezepte für das Honiggebäck wurden und werden gut gehütet. Im 18. Jh. galten in Deutschland die Nürnberger Lebkuchen, in Polen die aus Thorn und Danzig und in Holland die aus Deventer als die besten.

Die Beliebtheit der Lebzelten war nicht allein ihrem guten Geschmack, sondern auch ihrer mannigfaltigen Ausformung und Gestalt zu verdanken. Die von den Lebzeltern verwendeten Model wurden teilweise von ihnen selbst gemacht, oft aber auch bei den Modelstechern und Formschneidern in Auftrag gegeben. Die Model zeigen die verschiedensten Motive, hergestellt mit bewundernswertem handwerklichem Können und künstlerischem Empfinden.

Leb- und Wachszelter waren in München (seit 1473) zu einer Zunft zusammengeschlossen. Mehrfach finden wir die Lebzelter mit den Bäckern vereinigt. In Nürnberg spezialisierten sich in den 1470er Jahren mehrere Bäcker auf die Anfertigung von Lebkuchen; die Trennung der Lebküchner von den Bäckern gelang hier jedoch erst 1643. In München und Rothenburg o. d. Tauber sind Lebzelter in der zweiten Hälfte des 14. Jh.s nachweisbar, in Schweidnitz und Oppeln in Schlesien bestanden dagegen schon 1293 bzw. 1357 unabhängige Zünfte der Lebzelter.

Während der Honigbedarf in der Regel durch eigene Produktion gedeckt werden konnte, war dies beim ständig steigenden Verbrauch des wachsverarbeitenden Gewerbes nicht der Fall. Wachs mußte vor allem aus dem Osten (Polen, Rußland) importiert werden. Lübeck betrieb einen schwunghaften Wachshandel. Im Westen waren es Kölner Kaufleute und im Süden die von Regensburg, Nürnberg und Ulm, die Wachs einführten.

Im Privathaushalt waren allgemein Talg- und Unschlittkerzen gebräuchlich, die von den Seifensiedern oder auch von den Metzgern gegossen wurden. Die Anfertigung der nicht qualmenden Kerzen aus Bienenwachs war dagegen Sache der Wachszelter oder Wachszieher. Wachskerzen wurden zunächst vorwiegend im kirchlichen Bereich verwendet. Seit dem späten 15. Jh. nahm der Verbrauch auch im bürgerlichen Haushalt zu. Ein umfangreicher Bedarf an Wachskerzen entstand auch an den Höfen. Ein weiterer Zweig der Wachsverarbeitung war das Gießen von Bildern, die in zweiteiligen Hohlgußmodellen hergestellt wurden: Vorwiegend wurden dabei beliebte Votivgaben gegossen. Für die Herstellung gab es die schon erwähnten Modelstecher, die auch für die Lebzelter arbeiteten. Die Motive entstammten hauptsächlich der biblischen Geschichte. Höhere Ansprüche bei der Bearbeitung stellte das Wachsbossieren, d. h. das Freihandmodellieren des Wachses. Die hier geschaffenen vielfältigen Objekte, besonders die lebensnahen Porträts, waren oft von künstlerischem Wert.

Wachs wurde ferner auch benötigt zur Anfertigung von Siegeln. Dabei hat man Gips, Kreide, Ton, Fichtenharz und Terpentinöl beigemengt, um dem Wachs größere Festigkeit zu verleihen.

Die erste Erwähnung eines Kerzenmachers finden wir 1164 in Essen; in Köln werden Kerzenmacher im 13. Jh. genannt, dabei bleibt unklar, ob es sich um Wachs- oder Talgkerzenmacher handelte. Wachs- und Unschlittkerzenmacher waren in der Regel nicht in einer Zunft vereinigt. Wegen ihrer geringen Anzahl haben auch die Wachszelter keine selbständigen Zünfte gebildet. Wien zählte z. B. 1454 sechs Wachsgießermeister. In Lübeck gab es zwar ein eigenes Kerzenmacheramt, es handelte sich jedoch um Unschlittkerzenmacher. In München waren die Wachszelter mit den Lebzeltern in einer Zunft verbunden.

Vielfach wurden Wachskerzen (wie z. B. in Köln) im Lohnwerk hergestellt. Dabei waren auch viele Frauen tätig: Bei den Frankfurter Lichtermachern überwog bis 1429 die Zahl der tätigen Frauen die der Männer.

Sowohl bei den Leb- als auch den Wachszeltern dauerte die Lehrzeit (bei hohem Lehrgeld) in der Regel drei bis vier Jahre. An die Gesellenzeit schloß sich eine mindestens zwei- bis dreijährige Wanderzeit an. Erst danach konnte sich ein Geselle um die Meisterschaft bewerben.

Die beiden arbeitsintensiven Handwerke zeigten sich jedoch im Verlauf des 19. Jh.s der Konkurrenz der billigeren Fabrikwaren nicht mehr gewachsen; die Gewerbeordnungen taten ein übriges. Trotz Massenproduktion und Automatisierung wird in den Zentren der Lebkuchen- und Kerzenherstellung auf hohe Qualität der hergestellten Waren geachtet.

Albert Bartelmeß

MALER

Bereits im 13. Jh. traten neben den Bauhütten auch die ersten Malervereinigungen auf, doch als kleines Handwerk schlossen sich die Maler meist mit anderen Handwerken – vor allem mit den Glasern – zusammen. Eine erste zunftmäßige Organisation der Schilderer wurde bereits 1196 in Magdeburg gegründet, die drei Schilde im Wappen kennzeichnen ihren Arbeitsbereich. Die Settinge (Satzungen) des Hamburger Amtes stammen von 1375; zu diesem Zeitpunkt gab es dort zwei Werkstätten, und zwischen 1461 und 1496 wurden nur zehn neue Meister aufgenommen. In Lübeck waren dagegen im 14. und 15. Jh. bis zu 40 Meister tätig, die einen großen Teil ihrer Arbeiten auch für auswärtige Auftraggeber herstellten. In München schlossen sich um 1370 16 Meister zur Zunft des hl. Lukas zusammen, eine Ordnung bestand dann ab 1448. Ab 1368 waren die Augsburger Maler in der Großzunft der Schmiede inkorporiert, und ab 1410 stieg die Zahl der Meister kontinuierlich an, 1472/73 erwarben sie ein Zunfthaus. 1619 waren schließlich 29 Maler, zwei Kupferstecher und 38 Briefmaler ansässig. Erst 1595 erhielten die Nürnberger Maler, die bis dahin ihr Handwerk als freie Kunst ausübten, eine Ordnung.

Auf die Tätigkeit der Maler und möglicherweise auf gemeinsame Wohnviertel weisen in Köln, Magdeburg und Nürnberg die Schild- oder Schildergasse, in Erfurt «Unter den Schildern» und in Breslau die Malergasse am Neumarkt hin.

Der Arbeitsbereich des Malers war im Spätmittelalter weit verzweigt. Er reichte von Wand- und Deckenmalereien in öffentlichen Gebäuden und Kirchen über die farbige Gestaltung von Fahnen, Wappen und Schildern, Vergoldungen von Uhren und Mobiliar bis zur Fassung von Skulpturen und der Bemalung von Altartafeln.

Übliche Berufsbezeichnungen für besondere Sparten waren Staffier- und Faßmalerei, Flach- und Ätzmalerei sowie Glasmalerei. Die Wismutmaler erhielten 1613 in Nürnberg ihre eigene Ordnung. Ihre

Arbeit bestand darin, Gegenstände mit Kreide oder Ton zu grundieren, diese dann mit einem Polierstahl zu glätten und anschließend mit lasierenden Lackfarben zu bemalen. Behang- oder Stubenmaler (auch Hausschreiber genannt) waren sogenannte Leimfarbenmaler: Sie durften weder Porträts noch Tafelbilder malen und keine Ölfarbe benutzen.

Der einfache Außenanstrich der Häuser mit Kalk- oder Leimfarbe oblag dem Tüncher (auch Weißer, Weißmaler, Weißbinder und Anstreicher genannt). Die ornamentale und figürliche Darstellung, das Malen von Füllwerk und Scheinarchitektur sowie dekorative Fenster- und Türumrahmungen wurden vom Maler ausgeführt. Ein gravierendes Problem war die Abgrenzung zu anderen Gewerben. Immer wieder kam es zwischen Malern und Tünchern in bezug auf die Fassadenmalerei zu Streitigkeiten. Nachdem sich Kunst und Handwerk stärker voneinander separierten, verlegten sich die Maler auf die Ausführung von Arbeiten, die früher vom Tüncher erledigt wurden. Auftraggeber waren meist die Kirche oder die öffentliche Hand. Erst mit der Erweiterung der Städte und der Zunahme der Steinbauten nahm der Anteil der privaten Kunden zu.

Bis 1440 dauerte die Lehre in Köln vier Jahre, in Leipzig waren 1577 sechs bis sieben Jahre abzuleisten. Die Nürnberger Wießmat-(Wismut-)Malerordnung von 1613 untersagt ausdrücklich die Aufnahme von «Weibspersonen».

Das Gesellenstück bestand in Hamburg im 17. und 18. Jh. aus einer figürlichen Rötelzeichnung, gefertigt nach Gipsmodellen und Kupferstichvorlagen. Proportionsstudien und Übungen von Faltenwurf an Gewändern erinnern an Anforderungen, wie sie die Kunstakademie stellte. Als Meisterstück wurde im 15. und 16. Jh. ein Tafelbild gefordert, dessen Hintergrund mit Gold anzulegen war. Oft mußten die Maler eine zweite Arbeit abliefern, z. B. ein gefaßtes Kruzifix. In Lübeck waren bis ins 18. Jh. vor der eigentlichen Meisterprüfung zwei Probearbeiten Pflicht – jeweils in Öl- und in Leimfarbe.

In vielen Malerordnungen wurde darauf hingewiesen, daß die Farben von eigener Hand zuzubereiten waren. Der Einkauf des Materials geschah bei ortsansässigen Händlern sowie fahrenden Kaufleuten und unterlag der Aufsicht der Zunft. Die Werkstoffe mußten allen Zunftgenossen gleichzeitig angeboten werden: Wer bei den Frankfurter Malern 1377 Farbe, Firnis oder anderes Material im Werte von über einem Gulden kaufte, hatte dies seinen Mitmeistern mitzuteilen. Aufgrund der recht kostspieligen Farben und des benötigten Goldes mußten die Maler über ein erhebliches Betriebskapital verfügen. Die Materialkosten lagen (mit 60 bis 80%) deutlich höher als die Lohnkosten. Taglohnarbeiten waren meist verboten (Augsburg 1506, Zürich 1684) und eine Beteiligung des Auftraggebers an den Materialaufwendungen vorgeschrieben.

Bis ins 18. Jh. war der Malermeister im wesentlichen sein eigener Farbenproduzent. In Lübeck nahmen die Maler im 18. Jh. das Alleinverkaufsrecht von streichfertigen Ölfarben für sich in Anspruch, d. h., Kaufleute und Krämer durften ihren Handel nur nach auswärts betreiben. Die verwendeten Trockenpigmente waren die Erdfarben Ocker, Umbra, Englischrot, Terra di Siena und Kasseler Braun. Als Löse- und Bindemittel dienten pflanzliche Öle, vor allem Lein- und Nußöl, aber auch Kalk, Wachs und tierische Leime. Das Anmischen der Farbe geschah auf einer Steinplatte mit einem konischen Glasreiber (Läufer). Da das Anreiben der Farben mit allerhand Zeitaufwand verbunden war, wurde oft neben dem Gesellen noch ein Farbenreiber beschäftigt. Im 19. Jh. benutzte man für die Herstellung größerer Mengen von Farben- und Lackpasten die Trichtermühle, die mit der Handkurbel an einem Schwungrad betrieben wurde; eine Arbeit, die oft vom Lehrling im Winter – der auftragsschwachen Zeit – ausgeführt wurde.

Im 18. und 19. Jh. entstanden immer mehr Farben- und Lackfabriken, die zum Teil aus Malerbetrieben hervorgegangen waren. Pariserblau gab es ab 1710, Bleiweiß wurde 1759 erstmals fabrikmäßig hergestellt, Zinkweiß ab 1786, Kobaltblau und -grün wurden 1795 entdeckt, als Fabrikationsprodukt waren sie ab 1823 im Handel. Künstliches Ultramarinblau ersetzte 1828 das alte, teure, aus dem Lapislazuli gewonnene.

Zahlreiche Farben enthielten gesundheitsschädliche Bestandteile: So wurde das arsenhaltige Schweinfurter Grün 1887 für Innenanstriche verboten. Eine häufige Malerkrankheit war die Bleivergiftung. Bis in die heutige Zeit wurde den Malern pro Tag tariflich ein Liter Milch zugebilligt, um dieser Krankheit vorzubeugen. Zahlreiche Merkblätter der 1920er Jahre warnten vor dem falschen Umgang mit bleihaltiger Farbe.

Bis zum Ende des 18. Jh.s war die Malerei noch ein ausgesprochenes Stadthandwerk mit kleinbetrieblicher Struktur. 1849 lag die Zahl der

Gehilfen noch unter der der Selbständigen, 1895 war es schließlich umgekehrt: In Preußen kamen nun auf einen Meister 3,1 Gehilfen. Die Bevölkerungszunahme des 19. Jh.s zog einen gesteigerten Wohnraumbedarf nach sich und brachte einen Aufschwung des Bauhandwerks. Die Zahl der Meister wuchs jedoch stärker als die Bevölkerung. In dieser Zeit stellten die aufkommenden Abziehbilder für Wände und Decken sowie die Verbreitung der Tapeten eine Konkurrenz für den Dekorationsmaler dar. Arbeitsbereiche, die sich zunehmend verselbständigten, waren die Blech- und Wagenlackiererei.

Bis in das erste Drittel des 20. Jh.s waren für Friesbänder Schablonen gebräuchlich, die von einigen Malern selbst ausgeschnitten wurden. Andere Möglichkeiten der Flächenbelebung boten Walzen und Rollen, mit denen man verschiedene Muster und Formen auf die Wand übertrug. In den 1930er und 1940er Jahren, als massive Hölzer und Marmor zu kostspielig waren, erlebten die Imitationstechniken eine Blütezeit. Die Entwicklung im Werkstoffbereich ging rapide voran. Dispersionsfarben ersetzten Leimfarben, Kunstharzlacke verdrängten Naturharzprodukte.

Die Geschichte des Malerhandwerks ist in der Ausstellung der Volkskundlichen Gerätesammlung im Schleswig-Holsteinischen Landesmuseum Schloß Gottorf, im Schildersmuseum in Den Haag sowie im Deutschen Maler- und Lackierermuseum in Hamburg dokumentiert.

Hanna Plutat-Zeiner

MAURER, DACHDECKER UND ZIMMERLEUTE

Das Handwerk der Maurer entwickelte sich aus den mittelalterlichen Bauhütten, in denen die Steinbauweise beim Bau von Klöstern und Kirchen in großem Stil begonnen und perfektioniert wurde. Zunächst umfaßte die Bauhütte alle unter dem Dach der vorläufig gezimmerten Hütte arbeitenden Bauhandwerker, im 14. Jh. trennten sich dann die qualifizierteren Steinmetzen von den Maurern, zum Teil auch von den Steinhauern. Seit dem 14. Jh. setzte sich die Steinbauweise bei den Bürgerhäusern durch; zunächst wurde das Erdgeschoß und zusehends auch die erste Etage in Stein ausgeführt. Im Küstengebiet verbreitete sich aufgrund der Knappheit der Hausteine der Ziegelbau. Dennoch wurden bis ins 18. Jh. die meisten Häuser aus Fachwerk errichtet und boten für die Zimmerleute – ebenso wie der Bau von Mühlen, Brücken, Gerüsten sowie der Stollenausbau – ein weites Betätigungsfeld; auch die Schiffszimmerei ist im weiteren Sinne zuzuordnen. Die Gefache wurden anfangs – wenn nicht vom Bauherrn selbst – vom Kleiber ausgefüllt, d. h., ein Geflecht wurde mit Lehm und gehäckseltem Stroh bestrichen. Durch die Sandsteinbauweise und die Verwendung gebrannter Steine verloren die Kleiber an Bedeutung; in Nürnberg waren sie bereits zu Beginn des 18. Jh.s ausgestorben.

Im 14. Jh. entwickelte sich neben dem Maurerhandwerk auch das Dachdeckerhandwerk, als in den Städten aus Gründen des Brandschutzes Schindel- und Strohdächer verboten wurden. In einigen Städten (z. B. Leipzig u. Augsburg) verblieb das Dachdecken im Zuständigkeitsbereich der Maurer, ebenso wie das Verputzen und Kalken. Auch Tüncher übernahmen das Kalken sowie Gipsarbeiten; seit dem 17. Jh. wurden anspruchsvolle Gips- bzw. Stuckarbeiten besonders von Stukkateuren aus Italien und Tirol ausgeführt. Bis ins 15. Jh. fanden beim Dachdecken hauptsächlich Hohlziegel Verwendung, die als «Mönch und Nonne» gedeckt wurden und die dann in der zweiten Hälfte des 15. Jh.s von den leichteren und in der Verarbeitung billigeren Flachziegeln verdrängt wurden. Seit dem 13. Jh. wurde vor allem in West- und Mitteldeutschland mit Schiefer gedeckt. So blieben z. B. in Frankfurt/M. die Ziegler und Ziegeldecker gegenüber den Schieferdeckern (Stein- und Layendecker) unbedeutend. Während die in Nord- und Mitteldeutschland übliche «französische» Deckmethode – ähnlich der Ziegeldeckerei – nur geringe Anforderungen an die Handwerker stellte, war die «deutsche» Deckmethode (mit rheinischem Schiefer) komplizierter, da das Dach nicht mit einerlei gleich großen und gleichgeformten Platten gedeckt wurde. Bis ins 19. Jh. war das Dachdeckerhandwerk durchweg kleinbetrieblich strukturiert; die Kapitalvoraussetzungen für die Meister waren gering, da nur wenige Geräte und Werkzeuge wie Dachleiter, Kelle und Spitzhammer gebraucht wurden.

Bei den Maurern und Zimmerleuten dagegen entstanden bereits im Spätmittelalter großbetriebliche Formen der Arbeitsorganisation. Die

Vielzahl der Gesellen auf dem «Platz» bzw. der Baustelle und das Vorherrschen des Geldlohnes bei einer teilweise verheirateten und ortsgebundenen Gesellenschaft ließen den Meister schon früh als Typus des Proto-Unternehmers erscheinen. Im Arbeitsprozeß dominierte Gruppenarbeit, die bei den Zimmerleuten allein aufgrund der Größe der Balken besonders ausgeprägte Formen der Kooperation annahm. Bei den Maurern wie auch bei den Schieferdeckern (deutsche Deckmethode), die im Verbund arbeiteten, überwogen eher zeitlich parallel und in unmittelbarer räumlicher Nähe zum Kollegen durchgeführte Arbeitsprozesse, die aber auch dem Typus der Gruppenarbeit zuzuordnen sind. Solidaritätsorientierte Wahrnehmungsmuster entwickelten sich schließlich aufgrund der erheblichen Unfallgefahr, die durch herabfallende Baustoffe und Abstürze gegeben war und weil verantwortungsbewußtes, umsichtiges Verhalten auf der Baustelle Überlebensbedingung für alle war.

Neben den Gesellen und Lehrlingen wurden Hilfskräfte wie Mörtelrührer, Windeknechte, Rauchknechte, Steintreiber, Handlanger und Tagelöhner bzw. Tagwerker zum Kalklöschen, Sandschippen, Wasser-, Kalk- und Steintragen beschäftigt, wobei angelernte Arbeitskräfte (Mörtelrührer) höher entlohnt wurden als die ungelernten. Wenngleich Bauarbeit überwiegend Männerarbeit war, so wurden doch bis ins späte 19. Jh. in schlesischen, bayerischen und sächsischen Gebieten auch Frauen mit Kalk- und Ziegeltragen beschäftigt; in Würzburg arbeiteten im 18. Jh. auch Handlangerinnen und Mörtelträgerinnen.

Aufgrund des hohen Arbeitskräftebedarfes auf dem Bau (zum Aufrichten der hohen Ständerkonstruktionen) unterblieben im Gegensatz zu den andern Handwerken Beschränkungen der Betriebsgrößen weitgehend. Angesichts von Polarisierungstendenzen schränkte man im 15. Jh. z. B. in Breslau (1481) auf fünf (später zwölf) Gesellen und einen Lehrjungen ein; der Nürnberger Rat ließ nach 1535 höchstens noch zehn Gesellen und zwei Lehrjungen zu. Dennoch stiegen die Betriebsgrößen im städtischen Handwerk im Verlauf der frühen Neuzeit weiter an, und in Augsburg und Würzburg beschäftigten die Meister der Maurer und Zimmerer im 18. Jh. durchschnittlich 25 bis 30 Gesellen; in Bremen wird 1741 ein Maurerbetrieb mit 70 Gesellen, 30 Handlangern und drei Lehrlingen verzeichnet. Während die Gesellenzahlen stiegen, blieben die Meisterzahlen weitgehend konstant: 1731/45 standen in Bremen zwölf bis 14 Maurermeistern 280 Gesellen gegenüber, sechs bis sieben Zimmermeistern 100 bis 130 Gesellen, und in Hamburg beschäftigten 1811 27 Maurermeister 360 und 39 Zimmermeister 485 Gesellen.

Die großbetrieblichen Strukturen erzwangen eine Trennung von Arbeit und Wohnen; wie die Gesellen wohnten auch die Lehrjungen – abgesehen vom Dachdeckerhandwerk – nicht mehr beim Meister. Angesichts der großbetrieblichen Strukturen war der Gesellenstand im Baugewerbe kaum mehr Durchgangsstadium zum Meisterrecht; verheiratete Gesellen, in andern Handwerken die Ausnahme, waren hier die Regel. Zumindest bis ins erste Drittel des 18. Jh.s gab es in Augsburg, Nürnberg und Braunschweig auch verheiratete Lehrjungen.

Im Laufe des 16. Jh.s vollzog sich im großstädtischen Handwerk ein Rückzug des Meisters von der Arbeit auf der Baustelle, er nahm nur noch die Arbeitsvermittlung, Planung und Bauaufsicht wahr. Mit dieser Entwicklung lockerten sich auch die Beziehungen zwischen Meistern und Gesellen weiter, zumal die Entlohnung der Gesellen nicht dem Meister, sondern dem Bauherrn oblag. Der Meisterlohn wurde im 16. Jh. denn auch durch den Gesellengroschen oder -batzen ersetzt, den der Meister für jeden auf der Baustelle tätigen Gesellen erhielt: In diesem Zusammmenhang – sowie mit dem Bau hochgeschossiger Häuser – steht auch der Wachstumsschub der Betriebsgrößen im 16. Jh., da es nun im Interesse der Meister lag, eine möglichst große Zahl von Gesellen zu beschäftigen und den Arbeitsmarkt mit möglichst wenigen Konkurrenten zu teilen. Mit der Einführung der Meisterprüfung bzw. des Meisterstückes konnten auch die Betriebszahlen begrenzt werden: In Frankfurt/M. verlangten die Zimmerer ab 1438 und in Nürnberg ab 1507 ein Meisterstück. Aufgrund zunehmend höherer und auch schikanöserer Anforderungen an das Meisterstück sowie der damit verbundenen Mahlzeiten war der Weg zur Meisterschaft für die «Stückmeister» oft nur noch Meistersöhnen oder fremden Gesellen durch Einheirat möglich.

Die Lehrzeit war im Baugewerbe vergleichsweise kurz und lag bei zwei bis drei Jahren; ein Lehrgeld wurde meist nicht verlangt. Aufgrund der harten körperlichen Arbeit lag das Eintrittsalter der Lehrjungen deutlich höher als in anderen Handwerken, und ebenso wie die Gesellen erhielten sie Lohn. In einigen Städten wurde die Lehre durch ein Gesellenstück abgeschlossen. Die Wanderschaft, sofern sie sich überhaupt durchsetzte, konnte häufig durch ein Wandergeld abgelöst werden. In Nürnberg z. B. war sie lediglich für die Erlangung des Meisterrechts verbindlich, in Leipzig dagegen, wo sie seit 1606 als Voraussetzung zur Heirat galt, setzte sie sich dennoch nicht durch. Die Gesellenschaft bei den Maurern und Zimmerern bestand daher aus mehreren Gruppen: aus der Gruppe der einheimischen Gesellen (ledige und verheiratete), der Gruppe der Pendler, die aus den umliegenden Orten zur Arbeit kamen, und der Gruppe der fremden (meist hochqualifizierten) Gesellen, die entweder als Wandergesellen in die Stadt kamen oder als Saisonwanderer Arbeit suchten. Diese Gruppen konkurrierten auf dem Arbeitsmarkt miteinander und standen bei geringem Arbeitsangebot – besonders im späten 18. Jh. – in einem gespannten Verhältnis. Dominierend waren meist die ortsansässigen und vielfach ungewanderten Gesellen: In Leipzig standen 1606 den 63 einheimischen Maurergesellen nur 25 fremde gegenüber, 1695 beschäftigten die Zimmerer 60 einheimische und zwölf fremde Gesellen, wobei bei den ortsansässigen in der Regel die verheirateten Gesellen dominierten: So zählte man 1745 in Bremen 209 verheiratete und nur 46 ledige Gesellen. Ausgeprägt war im Baugewerbe besonders die Saisonwanderung in der Form der Gruppenwanderung: Seit dem 17. Jh. machten sich z. B. Tiroler Maurer in großen Gruppen zu Beginn der Saison auf den Weg und kehrten dann am Ende der Saison wieder in die Heimat zurück. Breslau zog viele Bauhandwerker aus Oberschlesien an, die im Winter in der Heimat Holz schlugen, nach Sachsen zog es viele böhmische Arbeiter.

Auf der Wanderschaft führten die Zimmergesellen das sog. Bundgeschirr, d. h. Bund- und Stichaxt, Winkel, Stemmeisen und Klöpfel sowie Handsäge mit; ihre «zünftige» Kleidung, die schwarzen ausgestellten Manchesterhosen, Manchesterjacke, schwarze Weste mit Perlmuttknöpfen, weißes Hemd, die «Staude», schwarzer breitrandiger Schlapphut, wurde jedoch erst um 1900 üblich.

Bereits seit dem 14. Jh. wurden die Löhne im Baugewerbe, die der Bauherr zu bezahlen hatte, durch obrigkeitliche Lohntaxen festgesetzt. Da die Gesellen nicht in den Haushalt des Meisters einbezogen waren, dominierte der Geldlohn in der Form des Barentgelts als Taglohn bei wöchentlicher Auszahlung. Bis ins 18. Jh. hinein sind Naturalanteile nachzuweisen, die als Teuerungsausgleich wirkten. In Nürnberg wurde der Naturalanteil schon am Ende der «Preisrevolution» des 16. Jh.s in Geld fixiert und dann als Vesper- und Trinkgeld in bar ausbezahlt, womit er seine kaufkraftkompensierende Wirkung einbüßte, in Augsburg vollzog sich der Übergang zum reinen Barlohn erst zu Beginn des 18. Jh.s. Ferner wurde während der Arbeit vom Bauherrn ein Trunk – bis ins 16. Jh. in Wein, später Bier und Branntwein – gegeben. Bis ins 16. Jh. erhielten auch die Meister für ihre Arbeit auf der Baustelle einen Taglohn (der bis ins 16. Jh. dem Gesellenlohn entsprach) und nach Abschluß des Bauvorhabens eine Entschädigung für «Abgang des Geschirrs», d. h. verschlissenes Werkzeug. Die Löhne der Maurer, Zimmerer und Dachdecker lagen meist auf gleicher Höhe, allenfalls den Dachdeckern kam als Gefahrenzulage ein höherer Lohn zu. Höhere Löhne der Maurer konnten (gegenüber den Zimmerleuten) mit längerer Arbeitslosigkeit im Winter begründet werden.

Aufgrund der hohen Bedeutung der Witterung für die Bauarbeit können abhängig von der Länge des Tages verschiedene Zeiträume mit unterschiedlicher Lohnhöhe festgestellt werden: der Zeitraum Dezember und Januar mit sehr niedrigen Löhnen, die Zeiträume Februar/März und Oktober/November mit mittleren Löhnen und der Zeitraum April bis Oktober mit dem vollen Sommerlohn. Die unterschiedlichen Lohnhöhen ergaben sich aus den jahreszeitlich bedingten Schwankungen der Arbeitszeit. Während im Sommer bei einem Arbeitsbeginn zwischen vier und fünf Uhr und einem Arbeitsende zwischen 18 und 19 Uhr sowie drei Pausen von elf bis 13 Arbeitsstunden auszugehen ist, reduzierte sich die Arbeitszeit im Winter, wenn überhaupt gearbeitet wurde, auf sieben Arbeitsstunden. Nur ein Stamm an Gesellen konnte über den Winter beschäftigt werden: Zimmerleute schlugen vielfach noch bis ins 20. Jh. im Winter (während der Saftruhe) ihr Bau- und Brennholz selbst, bei den Schieferdeckern wurden Gesellen mit Steinhauen beschäftigt, Maurer mußten sich einen Nebenerwerb (wie das Ausdreschen etc.) suchen.

Arbeitsanfang und Arbeitsende waren besonders im Baugewerbe Kernelemente der Bräuche: Zur Pause oder zum Feierabend wurde das Werkzeug mit Schwung abgelegt und aufgeklopft. Bei größeren Bauten konnte die Grundsteinlegung oder auch die Einsetzung des Schlußsteines verbunden mit «dem letzten Geld» (Auszahlung des letzten Lohnanteils) festlich begangen werden. Bei den Zimmerern war die Legung des Werksatzes, das erste Holz oder der erste Nagel ebenso wie das Richtfest (Bauhebe, Hebe), der Schluß-, First- oder Beschlußwein Anlaß zu einer Mahlzeit oder einem Trunk. Das Aufstecken des Kranzes wurde erst seit dem 17. Jh. üblich; einem geizigen Bauherrn wurde ein Reisigbesen oder gar ein Galgen an den First genagelt. Auch das Hahnaufstecken durch die Steindecker wurde durch eine Mahlzeit abgeschlossen, und nach einem größeren Auftrag standen dem Meister ein Paar Schuhe und Strümpfe zu. Seit der Wende zum 18. Jh. ist zwar ein Rückgang der handwerklichen Bräuche zu verzeichnen, dennoch ist das Richtfest in rudimentärer Form noch heute bekannt.

Seit dem Ende des 15. Jh.s stand den Gesellen – die sich noch kaum von den Meistern unterschieden – auch die sog. Possel-, Bei- oder Fleckarbeit zu, im 16. Jh. ist (so in Nürnberg) auch die Stundenarbeit während der Pausen auf eigene Rechnung belegt. Die obrigkeitlichen Maßnahmen gegen «Posselwerk» und «Stundenarbeit» führten seit dem 17. Jh. zur Verkürzung bzw. Abschaffung der Arbeitspausen, damit zum früheren Feierabend und zur vorzeitigen Beendigung der Arbeit an Samstagen und Montagen. Da die Gesellen selbst das «kleine Werkzeug» besaßen, konnten sie kleinere Aufträge ohne weiteres ausführen, und in der zweiten Hälfte des 18. Jh.s nahm die Arbeit auf eigene Rechnung stärkere Ausmaße an. In einigen Städten stand die Possel- oder Beiarbeit allerdings nur den einheimischen Gesellen zu. Flickarbeiter wurden auch Scharwerker genannt, und vor allem die Putzmaurer kamen später aus ihren Reihen.

Bereits seit dem späten 18. Jh. stiegen die Betriebsgrößen weiter an, und durch die Aufhebung der gewerberechtlichen Beschränkungen und das massive Eindringen des Spekulationskapitals ins Baugewerbe in den 1860er Jahren und während der Gründerjahre setzte sich diese Tendenz fort. In Berlin hatten z. B. die Maurerbetriebe 1875 – unter Ausschluß der Kleinbetriebe – durchschnittlich 56,9 Beschäftigte. Meister übernahmen Bauten nun häufiger im «Verding» bzw. Akkord, so daß sich auch die Stellung gegenüber den Gesellen veränderte. Der Lohn wurde nicht mehr obrigkeitlich festgesetzt, sondern zwischen Meistern bzw. Unternehmern und Gesellen frei vereinbart. In den 1860er Jahren vollzog sich der Übergang zum Stundenlohn, der Stück- bzw. Akkordlohn konnte sich im Baugewerbe nur begrenzt, z. B. beim Fassadenputzen und bei Schablonenschieferdächern, durchsetzen. Seit dem 18. Jh. vollzog sich auch eine stärkere Differenzierung der Löhne, die die Gesellen von den Handlangern und Lehrjungen deutlicher abhob.

Bis ins erste Viertel des 20. Jh.s blieb die Bauarbeit bis auf das Besäumen von Kanthölzern und das Trennen zu Brettern oder Bohlen Handarbeit. Das Holz wurde nun weitgehend aus den Säge- und Schneidemühlen bezogen, ansonsten veränderte der Einsatz von Maschinen den Arbeitsprozeß nur wenig. Hebezeuge, Laufkrähne, Kalk-, Stein- und Bauwinden wurden um 1900 nur bei Großbaustellen eingesetzt, Mörtelmischmaschinen hatten nur große und mittlere Betriebe, sonst wurde noch die Kalkbrücke verwendet.

Nach der Jahrhundertwende gewannen neue Baustoffe wie Glas, Beton und Stahl an Bedeutung, und mit der «neuen Sachlichkeit» wurde der Zimmermann nach 1920 aus dem Bau weitgehend verdrängt. Trotz zunehmender Maschinisierung und Einsatz der Zimmereihandmaschinen blieb der handwerkliche Charakter der Zimmerei – wie auch der übrigen Bauarbeit – lange erhalten, und die traditionellen Werkzeuge sind noch fast unverändert in Gebrauch. Obgleich das Bauhandwerk bereits seit dem Spätmittelalter von seiner sozialen Organisation her der Lohnarbeit nahe stand, so blieb es vom Arbeitsprozeß her bis in die Gegenwart Handwerk.

Andreas Grießinger

METZGER

Das Handwerk der Metzger, Knochenhauer, Fleischer oder Fleischhacker hat sich schon früh in allen Städten entwickelt. Es versorgte die Bürger in erster Linie mit frischem Fleisch, daneben auch mit Wurst. Zwar zählte bereits im 14. Jh. in Basel und Frankfurt/M. auch konserviertes – also durch Trocknen (Dörrfleisch), Pökeln und/oder Räuchern haltbar gemachtes – Fleisch zum Angebot der Metzger, doch ließ sich damit nur ein kleinerer Gewinn erzielen. Denn damit versorgten sich die Bürger in der Schlachtzeit im letzten Quartal des Jahres vielfach selbst. Ein Export von Fleisch und Wurst entwickelte sich erst seit dem 19. Jh.; Speck und Dörrfleisch wurden allerdings schon früh von Kaufleuten angeboten (Lübeck 1325, Frankfurt/M. 1559).

Abb. 21: Umzug des Nürnberger Metzgerhandwerks 1658 (mit der 658 Ellen langen und 514 Pfund schweren Bratwurst).

Die ersten schriftlichen Erwähnungen von Metzgern in den Städten des deutschen Sprachraumes stammen aus dem 12. Jh.; Nachrichten aus Augsburg (1104), Trier (1161) und Hagenau (1164) weisen dabei schon auf eine gewisse Handwerksorganisation hin. Aus dem 13. Jh. datieren schließlich die ersten Belege über Zünfte (Lübeck und Gardelegen 1225, Tuln in Niederösterreich 1237, Basel 1248), über Schlachthäuser (Lübeck 1263, Breslau 1266, Frankfurt 1280) und über besondere Verkaufsstände, die sog. Fleischscharn (Wien 1211, Basel 1230, Goslar 1293). Bereits 1276 wurden in Augsburg erste ausführliche Vorschriften über den Fleischverkauf erlassen.

Die Zahl der Metzger in den einzelnen Städten zeigt erhebliche Unterschiede: In der zweiten Hälfte des 14. Jh.s gab es in den nach der Einwohnerzahl vergleichbaren Städten Nürnberg und Lübeck 71 (1363) bzw. 50 (1385) Metzger, in der sehr viel größeren Stadt Köln nur 37 (1376) und in der kleineren Stadt Esslingen dagegen 53 (1384). Der Umfang des Handwerks veränderte sich meist nur langsam, besonders weil die Zahl der Plätze im Fleischscharn limitiert war. Ein wesentlicher Anstieg der Meisterzahlen vollzog sich erst seit der Mitte des 17. Jh.s, zum Teil auch erst im 19. Jh.

Voraussetzung der Arbeit des Metzgers war der Einkauf des Viehs. Dazu ging der Meister oder sein Geselle oft selbst zu den Bauern der Umgebung. Er war zwar auch auf dem städtischen Viehmarkt präsent, doch hier genossen die privaten Käufer Vorrechte (Augsburg 1276). In der Regel kaufte jeder Meister für sich allein ein; es gab jedoch auch die Möglichkeit, kleinere Mengen Vieh zu zweit oder zu dritt zu kaufen, das dann aber gemeinsam geschlachtet werden mußte. Bereits im Spätmittelalter reichte das Angebot der näheren Umgebung nicht mehr zur Deckung des städtischen Fleischbedarfs aus. Lübecker Metzger besuchten schon im 14. Jh. auch 200 bis 300 km entfernte Märkte in Dänemark; andere Viehexportgebiete waren Friesland und Osteuropa. Um die Tiere nach dem langen Weg wieder mästen zu können, aber auch zur begrenzten Vorratshaltung, besaßen einige Metzgerzünfte Weiderechte vor ihrer Stadt (Frankfurt 1377). Mit dem Viehkauf war ein hohes finanzielles Risiko verbunden; häufig sind Metzger als Schuldner erwähnt. Die lange Abwesenheit für den Viehkauf führte schon im 14. Jh. – wie z. B. in Nürnberg – zur Herausbildung spezieller Viehhändler.

Für das Schlachten selbst bestanden in vielen – jedoch nicht in allen – Städten seit dem Spätmittelalter Schlachthäuser; in Braunschweig z. B. entstand dies erst 1879, als in ganz Deutschland moderne Schlachthöfe errichtet wurden. Wo es solche Einrichtungen gab, bestand wiederum nicht für alle Tiere Schlachthauszwang. In Augsburg waren 1276 hiervon noch die Schweine ausgenommen. Im Verlauf der frühen Neuzeit lockerte sich der Schlachthauszwang, meist bedingt durch Überlastung und Alter der Gebäude. Das mittelalterliche Schlachthaus in Basel z. B. bestand – zwar mit einigen Um- und Anbauten – bis zum Jahre 1871 in seiner Funktion.

Mittelalterliche Schlachthäuser wurden am Rande der Stadt an – oder sogar über – einem Wasserlauf gebaut, denn zum Schlachten wurde fließendes Wasser benötigt; zugleich konnte man so die Schlachtabfälle beseitigen. Diese Häuser waren im Besitz des Stadtherrn, des Rates oder, wie z. B. in Frankfurt, im Besitz der Metzger. Wo solche Einrichtungen nicht bestanden, erfolgte das Schlachten im Hause der Metzger selbst. Vor dem Schlachten wurden die Tiere viel-

Abb. 22: Das 1529 erbaute Amtshaus der Hildesheimer Knochenhauer (1945 zerstört, in den 1980er Jahren wieder rekonstruiert).

fach durch einen Schlag mit der stumpfen Seite des Schlachterbeils auf das Haupt betäubt. Alte Darstellungen zeigen dies für Schweine und Rinder. Kleinvieh wurde durch das Abschlagen des Kopfes oder Durchschneiden des Halses getötet. Das Betäuben wurde erst Ende des 19. Jh.s auf Drängen von Tierschützern zur verbindlichen Vorschrift. Für einzelne Arbeiten entwickelten sich in verschiedenen Schlachthäusern auch Spezialisten, wie z. B. die Kütter, Kuttler, Wämstler oder Füßler sowie die Wurstmacher und Wurstmacherinnen.

Verkauft wurde das Fleisch im Fleischscharn in den Fleischbänken. Dies waren zum Teil nur einfache Buden auf dem Marktplatz, zum Teil auch stattliche Gebäude wie das Knochenhaueramtshaus in Hildesheim aus dem Jahre 1529. Die Gebäude boten nur begrenzten Platz, und so wurden die einzelnen Verkaufsplätze schon bald zu Wertobjekten. In der Kleinstadt Celle ließ das Interesse der Metzger am Scharn jedoch spätestens im 17. Jh. nach, und der Verkauf in den eigenen Häusern der Metzger gewann an Bedeutung. In größeren Städten behaupteten sich die Scharn jedoch bis ins 19. Jh.

Von seiten der Städte wurden Schlachthäuser und Scharn errichtet, um Einfluß auf die Fleischversorgung, die Preise und die Qualität des Fleisches zu nehmen; auch die Kontrolle der Steuerabgaben war dadurch gewährleistet. Besonders infolge des starken Preisanstieges im 16. Jh. kam es in diesem Zusammenhang häufig zu Auseinandersetzungen, wobei der Rat wie z. B. in Göttingen zur Sicherung der Fleischversorgung den Zunftzwang aufhob und auch unzünftige Metzger zuließ. Insbesondere den Landschlächtern der umliegenden Dörfer wurden dann größere Freiheiten eingeräumt. In gewissen Grenzen erhielten die Metzger auch durch die Schweinemast der Bäcker, Müller und anderer Berufe Konkurrenz; ebenso durch die Garköche, die seit dem Mittelalter gebratenes oder gekochtes Fleisch anboten, oder auch durch jüdische Schlachter. Im 18. Jh. klagten die Metzger auch über Soldaten und «Winkelschlächter». Auseinandersetzungen ergaben sich ebenso mit Handwerken, die Nebenprodukte des Schlachters verwerteten: Der Verkauf von Talg, der Häute, der Innereien und der Hörner erbrachte in München Mitte des 16. Jh.s immerhin 25% des Gesamterlöses beim Schlachten eines Ochsen. In Leipzig verarbeiteten die Metzger den Talg bis etwa 1700 selbst zu Lichtern. Dort bildeten sie auch – wohl wegen des Häutebezuges – im Spätmittelalter eine Zunft mit den Schuhmachern. In Freiburg/Br. gehörten im 15. Jh. die Fischer mit zur Zunft der Metzger, da die Metzger zum Teil in der Fastenzeit auch mit Fisch handelten.

Zumindest bis zum großen Preisanstieg im 16. Jh. zählten die Metzger zu den reichen und auch politisch gewichtigen Handwerkern;

allerdings gab es innerhalb des Handwerks große Einkommensunterschiede. Darauf zielte die Begrenzung der Zahl der Verkaufsstände, die ein Meister unterhalten durfte ab (Basel 1390), ebenso Versuche, die Zahl der Schlachtungen pro Meister zu begrenzen. Obwohl das Metzgerhandwerk (Betriebe mit höchstens zwei Gesellen) durchweg kleinbetrieblich strukturiert war, gab es innerhalb des Handwerks erhebliche Unterschiede, die aus dem hohen Kapitalbedarf zum Vieheinkauf folgten. So war denn auch nicht jeder Meister in der Lage, Rinder zu schlachten. Als Meisterstück mußte jedoch ein Rind und ein Schwein, Kalb oder Schaf geschlachtet werden (Leipzig 1510, Augsburg 1549). Dabei sollte der angehende Meister zeigen, daß er das Tier fachgerecht schlachten und zerlegen und die Innereien und Nebenprodukte unbeschädigt sichern konnte. Außerdem mußte das lebende Tier im Gewicht richtig geschätzt werden; auch die gesundheitliche Überprüfung des Fleisches mußte der Meisteranwärter vornehmen. Die Lehrzeit betrug um 1600 noch ein bis zwei Jahre und wurde im Verlauf der frühen Neuzeit auf drei bis vier Jahre ausgedehnt. Die anschließende Wanderschaft der Gesellen hat sich bei den Metzgern kaum durchgesetzt, da sich der Nachwuchs zum großen Teil – in Braunschweig im 17. Jh. nahezu ausschließlich – aus den Söhnen der Meister rekrutierte. Ergänzend wurden an den Schlachttagen neben den Gesellen auch Taglöhner (Kuttelknechte) beschäftigt. Vielfach war das Handwerk der Metzger daher ein «geschlossenes».

Bis zum Ausgang des 19. Jh.s spielte die Fabrikproduktion im Rahmen der Fleischversorgung kaum eine Rolle. Die Erzeugung von Dauerwaren, die eine Massenproduktion erst ermöglichte, hielt sich noch in Grenzen, so daß sich der Klein- und Mittelbetrieb durchaus behaupten konnte, zumal die Bevölkerung zunahm und der Fleischkonsum anstieg und auch die Maschinisierung des Metzgergewerbes (Wurstfüllmaschinen, Wieg-, Hack- und Mengmaschinen) zumindest von den handwerklichen Mittelbetrieben mitgetragen wurde.

Carsten Maehnert

MODELSTECHER, BRIEFMALER, ILLUMINISTEN UND KARTENMACHER

Die Briefmaler und Illuministen (auch Briefer, lat. «breviarius», «illuminator») bildeten sich als eigenes Handwerk heraus, als im 15. Jh. ein Bedarf an Bildern und Texten für breitere Schichten der Bevölkerung entstand. Bis dahin hatten die künstlerisch auf hoher Stufe stehenden Buchmaler vorwiegend religiöse Schriften für die Geistlichkeit illuminiert. Die Briefmaler waren im populären Bereich tätig und verfaßten und bemalten kurze Schriftstücke (lat. «breve» = Brief), Urkunden, Wappen und insbesondere Heiligenbildchen und Spielkarten. Die Berufsbezeichnung lautete deshalb häufig auch Heiligenmaler oder Kartenmaler (lat. «pictor chartarum lusoriarum»). An Büchern wurden Andachts- und Lehrbücher, Volksmedizinisches, Kalender-, Helden- und Liebesgeschichten abgeschrieben, mit Malereien meist in roter Farbe verziert und auf den Jahrmärkten verkauft. Die Briefmaler waren auch Briefkramer und Bilderhändler. Sie waren im 15. und 16. Jh. zunftmäßig organisiert.

Im 15. Jh. waren die Briefmaler vor allem in süddeutschen und schweizerischen Städten zahlreich vertreten, und ihr Gewerbe war durchaus gewinnbringend. Schon 1402 sind Briefmaler für Ulm bezeugt, 1418 für Augsburg, 1428 für Nürnberg und Nördlingen und 1440 für Straßburg. Weiter sind Basel, Konstanz, Freiburg, Speyer, Esslingen, Regensburg, Leipzig und Köln zu nennen.

Das Aufblühen des Gewerbes der Briefmaler und Illuministen hängt eng mit der Aufnahme der Papiererzeugung in Deutschland zusammen. Vor dem 15. Jh. wurden etwa Heiligenbildchen vorwiegend in den Nonnenklöstern auf Pergament gemalt. Weite Verbreitung fanden diese Pergamentbildchen nicht. Durch die Tätigkeit der Briefmaler, die ihre Bilder auf Papier zeichneten, malten und bald auch druckten, wurden die Heiligenbildchen für jedermann zugänglich und erwerbbar. Die erste Papiermühle Deutschlands wurde wahrscheinlich ca. 1375 in Schopfheim durch Ulman Stromer errichtet, in Basel gründete Heinrich Habisen 1433 eine Papiermühle. Auch die frühen Spielkarten wurden auf Papier gemalt und gedruckt. 1376 wird die aus dem Orient stammende Spielkarte erstmals in Italien urkundlich bezeugt. Schon 1377 tritt sie in Basel auf, 1380 in Nürnberg, 1388 in Konstanz, 1391 in Augsburg und 1392 in Frankfurt/M., um nur einige der bedeutendsten Ersterwähnungen zu nennen.

Die Briefmaler konnten den steigenden Bedarf an ihren Erzeugnissen bald nur durch Rationalisierung des Herstellungsprozesses decken. Dazu gehörte schon die Anwendung der Schablonenkolorierung. Folgenreicher war die Erfindung des Bilddrucks. Angeregt durch den mit Holzmodeln betriebenen Zeugdruck, gingen die Briefmaler vom Zeichnen, Malen und Schablonieren zum Druck über. Die Bilder und Schriftzeichen wurden erhaben in Holztafeln geschnitten, von denen im Hochdruck die Abzüge im Reibeverfahren angefertigt wurden. Erst später erfolgte der Druck in einer Druckerpresse. Nach der Mitte des 15. Jh.s setzte der massenweise Druck von Holzschnitten ein, und auch der Kupferstich, der sich aus der Metallgravierung ableitet, wird in dieser Zeit entwickelt, spielt aber im populären Bereich der Briefmaler keine besondere Rolle, um so mehr aber im künstlerischen.

Der Briefmaler war häufig sein eigener Modelstecher und Formschneider und auch sein eigener Drucker, so daß die Berufsbezeichnung auch Briefdrucker, Heiligendrucker oder -macher oder Kartenmacher lautet. Modelstecher und Formschneider waren allerdings nicht nur für die Briefmaler tätig, sondern auch in vielen anderen Bereichen. In Metall wurden Siegel und Petschaften gestochen oder Model für den Reliefguß der Zinngießer, Prägestempel für Münzen u. a. Holzformen und Holzmodel benötigten auch die Töpfer etwa für die Ofenkacheln, außerdem die Zeugdrucker, die Pfefferkuchenbäcker und später auch die Tapetenmanufakturen. Modelstecher und Formschneider gehörten keiner Zunft an, lediglich in Hamburg ist es zur Bildung einer eigenen Innung gekommen.

Jost Amman bildet 1568 in seinem Ständebuch den Briefmaler wie den Formschneider ab, und Hans Sachs verfaßte dazu jeweils ein Gedicht. Er stellt sogar noch den Reißer vor, der Bilder «von Menschen oder Thier» auf ein «Linden Bret» entwirft, das der Formschneider dann zu einer Druckform ausschneidet.

Als Briefdrucker sind die Briefmaler auch die Vorläufer der Buchdrucker. So beteiligten sie sich an der Herstellung der Blockbücher und am Handel mit diesen. Bei den Blockbüchern wurden jeweils ganze Seiten in das Holz geschnitten, da ja erst Gutenberg die beweglichen Lettern erfand.

Im 16. Jh. erfolgte eine Zunahme des Gewerbes. Nürnberg, Augsburg, Regensburg und Leipzig gehörten weiterhin zu den Zentren der populären Bilder- und Bücherproduktion der Briefmaler. Die Reformationszeit, der Bauernkrieg und die Gegenreformation gaben reichlichen Anlaß zur massenhaften Verbreitung von Flugblättern und Flugschriften. Die «Newen Zeitungen» informierten über kriegerische Ereignisse wie die Türkengefahr bis zum Frieden von Münster, über Unglücksfälle, Hinrichtungen, Mißgeburten, Astrologisches und über vieles andere. Der Bilderbogen brachte Unterhaltendes, Erbauliches und Belehrendes, etwa die Darstellung der Weibermühle, in der die alten Frauen wieder jung gemahlen wurden.

Im 18. Jh. werden die Erzeugnisse der Briefmaler meist von Angehörigen anderer Berufe hergestellt, wenn dieser Übergang nicht schon im 17. Jh. stattgefunden hatte. Die populäre Literatur der Kalender, der Ratgeber, der ABC-Bücher, der Unterhaltungsschriften und der Erbauungsbücher wird von Buchdruckern hergestellt und häufig im Hausierhandel vertrieben. Die Andachtsbildchen haben ihre eigenen Drucker und Verleger. Der Bilderbogen wird vor allem in Augsburg und Nürnberg im besseren Kupferstich ausgeführt. Daneben gab es aber weiter auch den schablonenkolorierten Holzschnitt als die volkstümliche Variante. Neujahrswünsche und Patenbriefe sind weitere Erzeugnisse der volkstümlichen Imagerie.

Die Herstellung der Spielkarten wird seit dem 18. Jh. kaum mehr handwerklich, sondern eher manufakturmäßig betrieben. Die einzelnen Arbeitsgänge werden dabei auf verschiedene Arbeiter aufgeteilt. Die Anfertigung der Holzschnitte oder der Kupferplatten wird weiterhin einem Formschneider oder Kupferstecher übertragen. Das Drucken, Kolorieren, Glätten, Beschneiden, Sortieren und Verpacken besorgen jeweils andere Arbeiter und auch Arbeiterinnen, zu deren Arbeit meist das Kolorieren, Sortieren und Verpacken gehörte.

Durch die Gründung von Spielkartenmanufakturen in vielen Städten verloren die alten Produktionsorte wie Ulm oder Augsburg an Bedeutung. Die merkantilistisch ausgerichteten deutschen Kleinstaaten waren bestrebt, Spielkarten im eigenen Land herstellen zu lassen: So wurde z. B. in Preußen die erste Spielkartenmanufaktur 1702 in Berlin konzessioniert. Auch die späteren Berliner Spielkartenfabriken entstanden aufgrund landesherrlicher Konzessionen, während die Kartenmacher z. B. in Nürnberg zunftmäßig organisiert waren. Im 19. Jh. treten neben den Holzschnitt und den Kupferstich die 1796 von Alois Senefelder erfundene Lithographie, der Stahlstich, die Chromolithographie und gegen Ende des 19. Jh.s der Schnellpressenbuchdruck unter Konzentration auf wenige große Spielkartenfabriken.

Die Lithographie ermöglichte auch eine massenhafte Herstellung von Bilderbogen, für die sich Neuruppin zum bedeutendsten Zentrum in Deutschland entwickelte.

Bis heute ist der Markt der Medien, der durch die Briefmaler des 15. Jh.s geschaffen und beliefert wurde, in ständiger lebendiger Bewegung geblieben.

Theodor Kohlmann

MÜLLER

Die technische Entwicklung der Müllerei ging vom Mörser und Reibstein zur Reibmühle, bei der auf einer Bodenplatte mit Mulde mittels eines Reibsteines das Korn gerieben wurde. Dann folgten Handdrehmühlen, bei denen der runde Läuferstein auf einem Bodenstein mittels eines Griffes oder einer Handhabe gedreht wurde (Quern). Sie waren weit verbreitet und existierten in verschiedenen Ausprägungen, z. B. als Trogmühle oder als Kastenmühle. Später verbreiteten sich Handdrehmühlen mit Getriebe, d. h., sie wurden mit einer Kurbel angetrieben und die Kraft über ein Kamm- oder Laternenrad auf den Läuferstein übertragen; Handmühlen wurden bis ins 19. Jh. benutzt.

Durch Treträder oder Trettrommeln konnten Mühlen ebenso mit menschlicher Kraft angetrieben werden. Die Tiermühlen, oft Göpel genannt, wurden von Pferden, Eseln oder Ochsen angetrieben. Die Wassermühle verbreitete sich seit der römischen Antike schubweise. Als Sonderform der Wassermühle existierte die Schiffsmühle, die im

Fluß verankert wurde und damit die Wasserkraft verbessert ausnutzen konnte.

Bereits im 9. Jh. für England belegt, verbreiteten sich seit dem 12./13. Jh. in Europa vermehrt auch die Windmühlen. Wichtigste europäische Form war die Bockwindmühle (in vielen Gebieten vom Zisterzienser-Orden eingeführt), bei der das ganze Mühlengehäuse mitsamt den Mühlenflügeln in den Wind gedreht wurde. Später kam die Holländermühle auf, bei der nur das Dach mit den Flügeln in den Wind gedreht wurde.

Während für die Getreidemüllerei im Westen und Norden Europas die Windmühle von großer Bedeutung war, war im Binnenland die Wassermühle verbreiteter. Abgesehen von der Antriebskraft blieb sich die Einrichtung des eigentlichen Mahlwerks in Wind- und Wassermühlen im wesentlichen gleich.

Seit dem hohen Mittelalter kam das Mühlenregal mehr und mehr in die Hände der Landesherren. Diese entschieden über Mühlenbauten an öffentlichen (großen schiffbaren) Flüssen, während an privaten (kleinen, nicht schiffbaren) Flüssen der Grundherr über die Errichtung einer Mühle verfügen konnte. Auch als sich die Städte immer mehr Mühlenrechte verschaffen konnten, waren die Müller häufig noch vom Rat oder von Handwerken (z. B. von den Tuchmachern, die Walkmühlen betrieben) abhängig. Der Zusammenschluß der Müller in eigenen Zünften setzte früh ein: Müllerzünfte wurden z. B. in Straßburg 1263, Worms 1281, Dresden 1434 und Stendal 1470 gegründet.

Die beiden wesentlichen Vorgänge der Mehlherstellung sind die Zerkleinerung des Kornes und die Trennung der als Schrotgemenge anfallenden etwa 80 Teile des inneren Mehlkerns von den etwa 20 Teilen der äußeren Schale. Dem Reinigen und Mahlen folgt das Sieben, Sichten oder Beuteln.

Das Reinigen des Getreides wurde zuerst vom Bauern vorgenommen, später wurden in den Mühlen selbst entsprechende Reinigungsgeräte aufgestellt. Das wichtigste war die Windfege, bei der man mit einer Handkurbel eine Welle mit kleinen hölzernen Windflügeln drehte. In den entstehenden Luftstrom wurde das Getreide eingegeben und so leichte Beimengungen und Staub fortgeweht und vom Getreide getrennt. Bisweilen wurde das Korn auch gewaschen und dann zum Trocknen in der Sonne ausgelegt.

Bei bespelzten Getreidearten (Dinkel und Gerste) mußte vor dem eigentlichen Mahlen noch ein Schäl- oder Spitzgang (auch Gerben, Rillen) vorgeschaltet werden, der das Korn von den Spelzen trennte. Entweder geschah dies im Mahlgang bei hochgestelltem Läuferstein oder einem eigenen Spitzgang; später wurde dieser Reinigungsvorgang von der Spitz- oder Schälmaschine übernommen.

Um eine optimale Trennung des Mehlkornes von der Schale zu erreichen, muß das Getreide eine bestimmte Feuchtigkeit haben. Deshalb wurde das Getreide vor dem Vermahlen bisweilen noch mit Wasser genetzt und mußte anschließend einige Stunden abstehen. Nach diesen vorbereitenden Arbeiten kam das Getreide dann in den Mahlgang. Der Mahlgang ist der Hauptbestandteil der Getreidemühle. Das eigentliche «gehende Zeug» ist auf einem Mahlgerüst (Biet, Gebiet) angebracht, das wegen der ständigen Erschütterung nicht in den Wänden verankert sein darf, sondern eigens gezimmert ist. Die beiden Mühlsteine sind mit einem Mühlkasten (Zarge, Bütte) verkleidet. Der Bodenstein liegt fest, während der obere Stein, der Läufer, angetrieben wird. Er kann gehoben und gesenkt und damit der Abstand zwischen beiden Steinen reguliert werden. Durch ein Loch in der Mitte des Läufers, das Steinauge, läuft das Getreide aus einem über dem Mühlkasten angebrachten Trichter (Rumpfzeug) ein. Sowohl Boden- wie Läuferstein sind mit Furchen oder Schärfen versehen, die nicht nur die Körner entsprechend vermahlen, sondern auch für den Transport des Mahlgutes während des Mahlvorganges sorgen. So befindet sich innen im Kreis zuerst die Vorbrechzone (Schluck), während die eigentliche Mahlbahn erst außen folgt und nur ca. 1/6 des Steindurchmessers beträgt. Die zerriebenen Körner werden dann von der Holzummantelung der Mühlsteine, also dem Mühlkasten, aufgefangen und durch die Rotation der Steine zur Ausgangsöffnung des Mühlkastens transportiert, wo sie über eine Rutsche in den darunter hängenden Sack fallen. Auf den herkömmlichen Mahl- und Schrotgängen konnte nur Schrotmehl, jedoch kein Feinmehl hergestellt werden. Dazu mußte man nach dem Mahlen noch sieben, beuteln oder sichten. Das im Mahlgang entstehende Gemisch wurde hierdurch in Mehl und Kleie getrennt. Bis zur Erfindung des Beutelwerkes geschah dies mittels des Handsiebes.

Der wichtigste technische Wandel in der vorindustriellen Müllerei war die Mechanisierung des Beutelns zu Beginn des 16. Jh.s. Das mechanische Beutelwerk bestand aus einem Beutelkasten, in dem ein länglicher Beutel aus Wolltuch, später Seide, schräg aufgehängt war und in den das Mahlgut direkt vom Mahlgang aus einlief. Durch ein Schlagwerk, das durch den sog. Dreischlag des Triebwerkes bewegt wurde, wurde der Beutel ständig gerüttelt. So fiel das Mehl durch das Beuteltuch in den Beutelkasten, während am Ende des Beutels die Kleie gesondert austrat. Vor der Verbreitung des Beutelwerkes arbeiteten in großen Mühlen oder bei den Bäckern auch die sog. Scheider, die mit Handsieben das Mehl von der Kleie bzw. die verschiedenen Mehlsorten trennten. Das Beutelwerk wurde erst in der zweiten Hälfte des 19. Jh.s von Siebzylindern und Zentrifugalmaschinen und Anfang des 20. Jh.s durch Plansichter ersetzt, und damit wurden die Sortierapparate vom Mahlgang getrennt. Mindestens seit dem 16. Jh. ist auch das Verfahren überliefert, durch mehrmaliges stufenweises Ausmahlen bessere Qualitäten herzustellen. Krünitz berichtet, daß Weizen fünf- bis sechsmal aufgeschüttet wurde. Beim ersten Gang wird der Weizen gespitzt und von der Kleie abgerieben, beim zweiten wird er geschrotet, beim dritten das Schrot durch den Beutel gelassen (ordinäres Mehl); beim vierten Gang erhält man ein Mittelmehl, beim fünften das feine Mehl; im sechsten Gang wird alles, was noch nicht zermahlen war, auch die Spitzkleie vom ersten Durchgang, zusammengetan und scharf durch den Mahlgang gelassen (schwarzes oder Aftermehl).

Grundsätzlich kann zwischen den beiden Mahlverfahren der Flach- und Hochmüllerei unterschieden werden. Bei der Flachmüllerei sind die Mühlsteine ziemlich eng zueinander gestellt, und man versucht in einem Durchgang möglichst viel Mehl zu gewinnen. Die Hochmüllerei (laut Plinius bereits den Römern bekannt) erlebte zu Beginn des 19. Jh.s als österreichisch-ungarische Grieß- oder Hochmüllerei einen neuen Aufschwung. Das Mahlgut wurde hier mehrfach durch den Mahlgang geschickt, wobei der Steinabstand zunehmend verringert wurde, was ein besonders feines Mehl ergab.

Folgende Tätigkeiten prägten die alltägliche Arbeit des Müllers: In der Mühle mußten die Kornsäcke entgegengenommen, gezählt und gewogen werden. Während des Mahlens mußten immer wieder Korn aufgeschüttet und die Arbeitsgänge kontrolliert werden. Das durchgelaufene Mahlgut mußte (falls kein Beutelwerk vorhanden war) gesiebt und je nach Vermahlungsgrad wieder aufgeschüttet werden. Dann folgte das Abfüllen und Abmessen, bevor dem Kunden das Mehl übergeben werden konnte. Ferner war die Mühle zu reinigen, Wellenlager waren zu schmieren, verschlissene Teile auszuwechseln und periodisch die Mahlsteine nachzuschärfen.

Da die Mühlen entweder von Wind- oder Wasserkraft abhängig waren, arbeiteten die Müller bei günstigen Verhältnissen auch bei Nacht sowie an Sonn- und Feiertagen. Da in der Regel mehrere Gesellen beschäftigt wurden, konnte abgewechselt werden: Die Augsburger Müller z. B. beschäftigten im frühen 17. Jh. meist zwei und mehr Gesellen, einzelne Müller arbeiteten sogar mit acht bis neun Gesellen. Neben dem Meister, der die Aufsicht führte, arbeitete der erste Geselle (Bescheider oder erster Knappe), der das «gehende Zeug» im Stande zu halten hatte und für die Annahme und Abgabe des Mahlgutes verantwortlich war. Unter ihm arbeiteten die Gesellen, häufig Mühlburschen, -knappen oder -knechte genannt. Der letzte Geselle oder der Lehrjunge hatte das Aufräumen zu besorgen; er hieß daher auch Staubfeger oder Staubbursche.

Daß der Müller zunächst nicht nur seinen eigenen Mahllohn in natura, sondern auch noch einen größeren Teil als Abgabe an die Obrigkeit einbehielt und somit als Büttel des Grund- oder Territorialherrn bzw. der Stadtherrschaft auftrat, mag ebenso zu seinem schlechten Ruf beigetragen haben wie die vielen Möglichkeiten falschen Abmessens oder Wiegens und der Zurückhaltung von Getreide beim Mahlvorgang. Vor allem seit dem Spätmittelalter regeln, für einzelne Territorien übergreifend, Mühlenordnungen die genauen Rechte und Pflichten der Müller.

Im Zusammenhang mit den Zunft- und Mühlenordnungen des 17. und 18. Jh.s kam die Forderung nach einer dreijährigen Lehrzeit sowie der Gesellen- und Meisterprüfung auf. Da die Müllerei gleichermaßen ein städtisches und ländliches Gewerbe war, dürfte die Wanderschaft in der Regel kaum über die Herkunftsregion hinausgeführt haben: 1615/19 kamen z. B. die in Augsburg tätigen Mühlknechte ganz überwiegend aus dem Umland der Stadt. Zur Gesellenprüfung gehörten Kenntnisse in der Anfertigung von Getrieben, von Kamm- und Wasserrädern, das Schärfen der Mühlsteine, Einsetzen des Mühleisens. Der Meister sollte auch technische Zeichnungen fertigen können. War er selbst des Mühlenbaues unkundig, so konnte er einen Mühlarzt oder Schirrwerker heranziehen, der sonst die größeren Reparaturen vornahm.

Die wichtigste industrielle Neuerung in der Müllerei war die Einführung der Walzenstühle anstelle des Mahlganges im letzten Viertel des 19. Jh.s. Statt der Mahlsteine zerkleinern hier Porzellan-, später Hartgußwalzen mit glatter oder geriffelter Oberfläche das Getreide. Ferner wird der Mahlgut- und Mehltransport in den Mühlen durch die Einführung von Förderschnecken und Elevatoren (Hebewerken) automatisiert.

In mehreren Phasen des «Mühlensterbens» wurden die Wind- und Wassermühlen von den Kunst- und großen Handelsmühlen verdrängt. Erst in jüngster Zeit entdeckte man die Mühlenromantik neu, und so drehen sich heute wieder in zahlreichen renovierten Mühlen die Wind- und Wasserräder.

Günter Bayerl

NADLER

Nadlerwerkstätten fanden sich seit dem späten Mittelalter in fast allen größeren deutschen Städten. In ihnen entstanden nicht nur einfache Steck- und Nähnadeln zum alltäglichen Gebrauch, sondern auch gewerbliche Nadeln für zahlreiche andere Handwerke und Gewerbe: Bader, Ballenbinder, Barbiere, Handschuhmacher, Hutmacher, Knopfmacher, Perückenmacher, Riemer, Sattler, Schneider, Schuhmacher, Strumpfmacher, Taschner, Tuchmacher, Weißnäherinnen, Zitzmacher u. a. bezogen wichtige Arbeitsinstrumente von den Nadlern. Außer Nadeln produzierten die Nadler auch die sog. Nadlerwaren, die wiederum nicht nur in Haushalten, sondern auch in vielen Produktionsstätten unentbehrlich waren: Haken, Ösen, Ketten, Schnallen, Gardinenringe, Stuhlfedern, Kämme der Wollweber, Papiermacherformen, Meßketten für Landvermesser, Angelhaken, Bienenkappen, Fliegenfenster und -schränke, Vogelbauer, Mausefallen, Kornfegen, Pfeifenräumer, Siebe, Drahtkörbe u. a. Nach der Zunftrolle der Lübecker Nadler von 1356 wurden diese Produkte nur von einem Nadlerhandwerk hergestellt, ebenso nach dem Amtsbrief der Kölner Nadelmacher von 1397. In Nürnberg hingegen existierten spätestens seit der zweiten Hälfte des 14. Jh.s zwei streng voneinander getrennte Handwerke: die Nadler oder Nähnadler, die neben einfachen und gewerblichen Nähnadeln nur noch Fischangeln machten, und die sogenannten Heftleinmacher, die Stecknadeln und die übrigen Nadlerwaren produzierten.

Das Ausgangsmaterial zur Weiterverarbeitung war Draht, bei den Nähnadlern ausschließlich Eisen- und Stahldraht, bei den Stecknadlern überwiegend Messingdraht. Der Herstellungsprozeß vom Draht bis zur fertigen Nadel erforderte in beiden Handwerken eine große Anzahl aufeinanderfolgender Arbeitsschritte, die schon in der handwerklichen Produktion zu Formen der Arbeitsteilung zwischen Meister, seinen Familienangehörigen, Gesellen, Lehrlingen und Dienstmägden führte. Bei der Herstellung der Stecknadeln richtete der Stecknadler den Draht zunächst gerade und zerschnitt ihn mit einer Eisenschere in Stücke doppelter Schaftlänge. Diese Doppelschäfte wurden an einem Schleifring oder Schleifstein beidseitig spitzgeschliffen und in Einzelschäfte auseinandergeschnitten. Der Nadelkopf wurde aus zwei Windungen eines spiralförmig aufgewickelten Kopfdrahtes hergestellt und ursprünglich vom Meister oder den Gesellen mit einem Hammer aus freier Hand festgeklopft. Vom 17. Jh. an setzte sich, anfangs gegen starke Widerstände im Handwerk, die sogenannte Wippe durch, bei der das Festklopfen einem Mechanismus übertragen war, der auch von Frauen und Kindern bedient werden konnte. Aus einer traditionell Meistern und Gesellen vorbehaltenen Tätigkeit wurde nun eine Arbeit für Lehrlinge, Kinder und Dienstmägde. War bisher beim freien Hämmern die Tagesproduktion je Arbeitskraft auf maximal 4000 Stecknadelköpfe begrenzt gewesen, konnte sie mit Hilfe der Wippe auf 10 000 Stück und mehr gesteigert werden. Nach der Befestigung des Nadelkopfes wurden die Nadeln reingescheuert und blank oder verzinnt auf Papier («Nadelheftchen») gesteckt. Die Stecknadelherstellung behielt bis zum Ende des 18. Jh.s ihren handwerklichen Charakter und die am örtlichen Markt orientierte Produktionsweise bei. Ihre große regionale Streuung zeigen Zahlen über die Kurmark Brandenburg (1795). Hier gab es 201 Nadlermeister, 49 Gesellen und 14 Lehrlinge, die sich auf 57 Städte des Landes verteilten. Sie produzierten für den heimischen Markt ausschließlich Stecknadeln und die genannten Nadlerwaren. Nähnadeln machten die Gesellen nur noch als Meisterstück, jedoch nicht mehr als Ware. Stecknadelbetriebe mit exportorientierter Großproduktion entstanden erst um 1800, 1795 in Iserlohn und 1804 in Aachen. Diese Großbetriebe arbeiteten ohne zunftmäßige Beschränkungen, spezialisierten sich jedoch auf die Herstellung von Stecknadeln, so daß sich zahlreiche kleine Nadlerwerkstätten trotz dieser Konkurrenz durch die Produktion von Nadlerwaren noch bis weit ins 19. Jh. halten konnten.

Auch die Nähnadler führten ursprünglich alle Arbeitsschritte zusammen mit den ihnen zugestandenen Arbeitskräften in ihren eigenen Werkstätten durch und stellten verkaufsfertige Produkte her. Entsprechend dem Eisen- und Stahldraht und den besonderen Merkmalen und Funktionen der Nähnadeln wichen ihre Arbeiten jedoch von denen der Stecknadler ab: Um das Öhr zu bilden, klopfte der Nadler das stumpfe Ende des Schaftes mit einem Hammer platt und durchschlug es mit dem Meißel. Durch ein spezielles Ausglühverfahren machte er die Nadeln hart und zugleich elastisch und durch Beizen und Scheuern schließlich glatt und blank. Im 16. Jh. wurden erstmals in Nürnberg Schleif- und Scheuermühlen eingeführt, die den handwerklichen Produktionsprozeß sprengten. Mit ihrer Hilfe konnten massenweise qualitativ bessere Nähnadeln in kürzerer Zeit fertiggestellt werden. Während ein Meisterbetrieb an einem Tag nur einige tausend Rohnadeln produzieren konnte, war eine normale Scheuermühle darauf ausgelegt, pro Scheuergang einige hunderttausend solcher Rohnadeln weiterzubearbeiten. Infolge der Wasserkraftnutzung nahm die regionale Streuung der handwerklichen Betriebe ab, und es bildeten sich einige wenige regionale Zentren mit exportorientierter Massenproduktion heraus, die alle bedeutenden in- und ausländischen Märkte mit Nähnadeln belieferten. Der Einfluß des Handwerks ging in diesen Zentren zugunsten der Verleger, die in der Regel im Besitz der kapitalintensiven Schleif- und Scheuermühlen waren, zurück. Der einfache Handwerksmeister entwickelte sich zum Teilarbeiter. Auch wenn er starken handwerklichen Reglementierungen unterworfen blieb, stellte er nur noch Rohnadeln her und lieferte sie an den auftraggebenden Verleger ab, in dessen Mühlen und Arbeitsräumen zahlreiche nichtzünftige Arbeitskräfte, unter ihnen viele Frauen und Kinder, die Rohnadeln zu einem fertigen Verkaufsprodukt vollendeten. Der Anteil der Kinder in diesen dezentralen Großbetrieben betrug zum Teil bis zu 60% der Gesamtarbeiterschaft. Der Verleger beschäftigte Kinder schon vom sechsten Lebensjahr an, weil sie besonders geschickt bei der Bearbeitung der winzigen Nadeln waren. Der abhängige Nadlermeister hielt in seiner Werkstatt seine eigenen Kinder oft in noch jüngeren Jahren zu Öhrarbeiten an. Bei den meisten Kindern führten das stundenlange gebeugte Sitzen und die Überanstrengung der Augen zu Wirbelsäulenschäden und zu krankhaften Veränderungen der Augen. Auch das trockene Spitzenschleifen an Sandsteinen war eine gefährliche Tätigkeit; ihre Zentralisierung in den Schleifmühlen hatte zur Folge, daß die Schleifer von ihrem Eintritt ins Gewerbe bis zu ihrem Tod nur mit einer kurzen Lebensarbeitszeit zu rechnen hatten.

Das älteste Produktionszentrum für Nähnadeln war Nürnberg. Bereits im 14. Jh. wurden hier Nähnadeln hergestellt. Die Produktion erreichte im 16. und 17. Jh. ihren Höhepunkt und ging im 18. Jh. stark zurück. 1785 arbeiteten nur noch zehn Meister, acht Gesellen und fünf Lehrjungen für zwei Verleger. In enger Beziehung zu Nürnberg entwickelte sich das Gewerbe seit dem 15. Jh. im Raum Monheim-Pappenheim-Weißenburg. Von hier aus verlagerte es sich seit 1633 nach Schwabach und entwickelte sich dort bis zum Anfang des 19. Jh.s mit 270 Meistern und Meisterwitwen und insgesamt 1600 Arbeitskräften, die zusammen jährlich bis zu 200 Mio. Nadeln produzierten, zum bedeutendsten Produktionszweig in der Stadt und zum größten kontinentaleuropäischen Nähnadelhersteller neben Aachen. Das Alter der Aachener Nähnadelproduktion ist nicht genau bestimmbar. Der älteste erhaltene Zunftbrief stammt aus dem Jahre 1615. Im 17. und 18. Jh. galten Aachen und Umgebung als wichtigste Nadelregion Europas. Hier produzierten um 1800 zwischen 5000 und 15 000 Arbeitskräfte 450 Mio. Stück jährlich. In den sauerländischen Städten Altena und Iserlohn wurde das Gewerbe nach Aachener Vorbild Ende des 18. Jh.s eingeführt. Im Gebiet von Schwabach, Aachen und Iserlohn vollzog sich im 19. Jh. dann auch der Übergang zur modernen fabrikmäßigen Produktion, die sich hier bis in die Gegenwart erhalten hat.

Herbert Aagard

NAGELSCHMIED

Der Nagelschmied (Nagler) lieferte Eisen- und Stahlnägel und -zwecken, einige Sorten seit dem 15. Jh. verzinnt («Weißnagelschmied») oder schwarz gefärbt, insgesamt bis zu 50 verschiedene Arten. Die gelegentlich benötigten Nägel aus Nichteisenmetallen wurden von anderen Handwerkszweigen hergestellt.

Das Nageleisen als typisches Werkzeug des Nagelschmiedes ist seit der Antike bekannt. Schriftliche Quellen nennen Nagelschmiede zuerst in Feistritz bei Judenburg (Steiermark) vor 1309, Stralsund 1340, Nürnberg 1349, Bremen 1351, Frankfurt/M. 1359, Wien 1378, Köln 1396, auch Laufenburg am Hochrhein und Reval im 14. Jh. Zentren waren Nürnberg (1363: 11 Meister, ca. 1450 bis ca. 1865 etwa 30 Werkstätten, zeitweise um 1550 und um 1720 über 40 Meister), Losenstein an der Enns bei Steyr (16. Jh. über 200 Meister der Sichel- und Nagelschmiede), Wunsiedel und Schmalkalden, seit dem 18. Jh. Berlin (um 1850 etwa 60 Meister). Insgesamt stagnierte das städtische Nagelschmiedehandwerk seit dem späten 16. Jh. Meist war es Teil der Schmiede- oder Kleinschmiedezunft, oft mit eigenen Ordnungen bzw. Artikeln zu Ausbildung und Meisterprüfung. Ein selbständiges Nagelschmiedehandwerk gab es nur in Wien (1378), Nürnberg (Ordnung 1497), Losenstein (gemeinsam mit den Sichelschmieden seit 1498), Breslau (vor 1509) sowie später in etwa zehn weiteren Städten.

Verstärkt seit dem 18. Jh. schmiedete man Nägel in der Nähe von Eisengewinnungsorten auch auf dem Dorf, meist ohne Zunftbindungen und nur mit wenigen amtlichen Regelungen, oft als bäuerliches Nebengewerbe. Diese Form der Produktion wurde um 1800 wichtiger als das städtische Handwerk, und sie expandierte bis 1850/70. Zentren waren regelrechte Nagelschmiededörfer mit Werkstätten fast in jedem Haus: einige Ardennendörfer bei Lüttich, Dürwiß (1836: 190 Nagelschmiede) und Zweifall am Nordrand der Eifel, Kronenberg bei Remscheid, Bigge und Bruchhausen im Sauerland (1857: 84), Reddighausen an der Eder bei Biedenkopf, Isenburg an der Sayn im

Westerwald (1850: ca. 170), Hermeskeil im Hochwald (Hunsrück, 1861: ca. 800), Schmitten und Arnoldshain im Hochtaunus (1897: 297), Benneckenstein im Harz, Steinbach-Hallenberg im Thüringer Wald (1846: 207), Dörfer bei Wunsiedel und Weißenstadt im Fichtelgebirge, Stühlingen im Hotzenwald (Schwarzwald), Ostrachtal bei Hindelang (Allgäu), Sulz und Gansingen im Fricktal (Nordschweiz), Vallorbe und Noiraigue im Schweizer Jura, Dörfer des steirisch-kärntnerischen Grenzraumes, Eisnern, Kropp und Steinbüchel in Krain (bei Kranj/Slowenien um 1800: über 1000). Aber auch in vielen anderen Landschaften produzierten Nagelschmiede.

Die Werkstatt besaß eine Esse mit einem Blasebalg, der über ein Gestänge mit der Hand oder mit dem Fuß betätigt wurde, in einigen west- und südwestdeutschen Landschaften auch durch einen in einem Tretrad laufenden abgerichteten Hund. Der Amboß hatte in der älteren Zeit eine überkragende flache Bahn mit Löchern, er diente so als Auflage für das in der Hand gehaltene Nageleisen. Etwa seit dem 17. Jh. bestand die typische Ausstattung des Amboßstockes in einem kleinen Amboß ohne Horn, einem Blockmeißel (Schrotmeißel, Schrotte) und einer senkrechten Stütze (Docke, Stutzer) mit einem Vierkantloch zum Festkeilen des Nageleisens, das mit dem anderen Ende auf dem Amboß auflag. Jedes Nageleisen hatte ein nach unten sich erweiterndes Loch, das oben, in einer stählernen Erhöhung (Krone), die genaue Querschnittform und -größe des Nagels hatte. Der Nagelschmiedehammer, kopflastig, ohne Finne und vierkantig, wog zwischen 0,6 und 1,5 kg.

Rohstoff war möglichst weiches (kohlenstoffarmes) Zain- oder Krauseisen oder Stahl in 5 bis 8 mm starken Vierkantstangen. Jeweils zwei Stäbe wurden abwechselnd an einem Ende auf Weißglut erhitzt und bearbeitet, wobei der Schmied das kalte Ende in der bloßen Hand hielt. Im 15. Jh. schmiedete er zunächst jeden Nagel grob mit einem Wulst vor, erhitzte ihn erneut und formte den Kopf im Nageleisen aus. Etwa seit dem 16. Jh. wurde der Nagel in einer Hitze hergestellt: Zuerst wurde die Spitze ausgeschmiedet, dann an der Kante des Ambosses in einem der Nagellänge entsprechenden Abstand ein Ansatz geschlagen und mit dem Meißel kurz dahinter ein Hieb gesetzt, aber nicht ganz durchgeschlagen. Man steckte nun die Spitze in das Nageleisen, schlug oder brach den Nagel von der Stange ab, schmiedete den Kopf aus und schlug zuletzt den fertigen Nagel von unten

Abb. 23: Nagelschmiede auf dem Hochwald (bei Trier). Das Tretrad des Blasebalges wird durch einen Hund betrieben.

heraus. Bei einigen Sorten formte man den Kopf durch einen Schlag auf einen aufgesetzten Stempel (Gesenk).

Ein Nagel erforderte 16 bis 60 Schläge und dazu zehn bis 80 Sekunden Arbeitszeit. Täglich stellte ein Schmied in zehn bis 14 Stunden (einschließlich Pausen) zwischen 500 und 4000 Nägel her. Der Beruf erforderte Geschick und Ausdauer, war aber im Kern ein mechanisches Zuschlagen bei einseitiger Körperhaltung und hohen Temperaturunterschieden in der Werkstatt. Etwa mit dem 40. Lebensjahr traten Leistungsrückgang, oft auch Haltungsschäden und Gicht ein.

In der Stadt folgte einer Lehrzeit von meist drei Jahren eine Gesellenzeit von mindestens zwei bis vier Jahren. Die seit 1535 überlieferten Nürnberger Gesellenlohnordnungen nennen «Tagwerke» als – relativ niedrig angesetzte – Sollzahlen der verschiedenen Nagelsorten; zusätzlich geleistete Tagwerke wurden pro Woche bezahlt. Später wurde der Stücklohn allgemein üblich (Ausnahme: Weißnagelschmied). Seit dem 15. Jh. sind die Gesellen gewandert, in Nürnberg wurde die Wanderschaft jedoch erst 1731 verbindlich; Nagelschmiede zählten zu den «geschenkten» Handwerken. Das Meisterstück bestand, örtlich verschieden, im Herstellen der Werkzeuge, vor allem der Nageleisen, sowie einer bestimmten Anzahl Nägel in vorgeschriebener Zeit. Der Meister hatte in der Regel eine eigene Werkstatt, ein Lehrjunge und zwei oder drei Gesellen waren ihm erlaubt. Auf dem Lande gab es, spätestens seit der Einführung der Gewerbefreiheit, nur eine Anlern- oder Lehrzeit. Hier arbeitete der Nagelschmied entweder in der eigenen Werkstatt oder an einem gemieteten Arbeitsplatz; manchmal besaßen mehrere Schmiede eine gemeinsame Werkstatt. Im 18. und frühen 19. Jh. waren durchschnittlich 2,3 bis 3,4 Personen pro Betrieb tätig. Das Werkzeug war Eigentum des Nagelschmieds, vor allem die Nageleisen, von denen er 60 bis 70 brauchte.

Den Verkauf führten die Meister zuerst selbst aus, manchenorts auch anerkannte Nagelhändler oder andere Bürger. Üblich wurde im 16. Jh. der Verlag, in Nürnberg, Losenstein und Steyr zunächst durch Meister des eigenen Handwerks, dann aber hier wie auch anderswo durch Kaufleute. Im 19. Jh. war die Heimarbeit des dörflichen Nagelschmieds für einen Nagelhändler die Regel, daneben gab es (Taunus, Hunsrück, Schwarzwald) den Hausierhandel der Schmiede. Erst spät richtete man Verkaufsmagazine (Hochtaunus 1857) oder Verkaufsgenossenschaften ein (Isenburg 1887, Hermeskeil 1891, Oberschönau/Thür. um 1900, Sulz/Gansingen 1933). Verdienst, Vermögen und Ansehen der Nagelschmiede sind stets relativ gering gewesen.

Seit dem späten 18. Jh. versuchte man in England, Nägel mechanisch durch Gießen, Walzen, Pressen, Stanzen oder Schneiden zu erzeugen. Aber erst die Drahtstiftmaschine (1820er Jahre in Frankreich, 1830er in Zell a. d. Mosel und Saarbrücken, 1840er in Berlin, Nürnberg, Schmalkalden, Mittweida und Elterlein/Sachsen) führte zum Ende des Handwerks. Von Hand wurden noch lange Zeit Huf- und Schuhnägel sowie die besonders großen First- und Schleusennägel (bis 45 cm) gefertigt. Die Krise setzte regional unterschiedlich zwischen 1840 und 1880 ein und ließ zunächst die Zahl der Lehrjungen und Hilfskräfte, später die der Meister zurückgehen. Um 1850 dürfte es im Zollverein über 6000 Nagelschmiede gegeben haben, 1895 waren es im Deutschen Reich noch 4837 in 4267 Betrieben. In weiten Teilen verschwand das Handwerk um 1900, zuletzt im thüringischen Schmalkalden (1895: 537 Betriebe mit 720 Beschäftigten), im Hochwald

Abb. 24: Berlins letzte Nagelschmiede (1923).

(1898: ca. 400 Nagelschmiede), Ostrachtal und Fricktal (1940 noch 140). Militäraufträge haben für eine letzte Beschäftigung gesorgt; um 1950 gab es keine Nagelschmiede mehr.

Erhaltene Nagelschmieden sind in Museen in Hagen, Remscheid und Stolberg bei Aachen zu sehen.

Rainer Stahlschmidt

PAPIERMACHER

Die Papiermacherei wurde aus dem asiatisch-arabischen Raum nach Europa übernommen. 105 n. Chr. soll der chinesische Hofbeamte Tsai Lun das Papier erfunden haben, die neuere Forschung entdeckte jedoch ältere Papiere bereits aus dem Zeitraum um 100 v. Chr. Im Verlauf des 8. Jh.s wurde die Kenntnis der Papiermacherei im arabisch-islamischen Kulturkreis verbreitet, und mit den islamischen Eroberungen kam sie dann nach Europa.

Erste schriftlich belegte Produktionsstätten in Europa sind Xativa bei Valencia (1074), Genua (Anfang 13. Jh.) und Fabriano in der italienischen Mark Ancona (erste Hälfte 13. Jh.). Die Papiere aus Fabriano weisen in der zweiten Hälfte des 13. Jh.s eine merkliche Verbesserung der Qualität auf, so daß heute allgemein angenommen wird, daß hier gegenüber der früheren Produktion nach arabischer Art ein Wandel des Produktionsprozesses stattgefunden hat, der dann für die europäische Papiermacherei typisch wurde: Man setzte nun wasserkraftgetriebene Stampfwerke zur Rohstoffbereitung ein; das Papier wurde nicht mehr mit flexiblen Sieben (Bambus, Schilf) geschöpft, sondern mit starren Drahtsieben, die eine schnellere Schöpffolge und Arbeitsteilung gestatteten. Die Papierbögen wurden nicht mehr vegetabilisch geleimt, sondern mit tierischem Leim bearbeitet. Diese Verbesserungen bewirkten, daß sich das Papier im Laufe der folgenden Jahrhunderte als Beschreibstoff endgültig gegenüber Papyrus und dem in Europa hauptsächlich verwendeten Pergament durchsetzte.

Die erste Papiermühle in Deutschland wurde wahrscheinlich um 1375 in Schopfheim gegründet, noch bevor Ulman Stromer 1390 die

Gleißmühle vor den Toren Nürnbergs als Papiermühle umrüstete. Nur kurze Zeit später wurden auch in Ravensburg (1392/93) und anderen Fernhandelsstädten Papiermühlen in Betrieb genommen; diese Gründungen sollten von der Einfuhr italienischen Papiers unabhängig machen. Papier war zu dieser Zeit noch Fernhandelsgut, die ersten Mühlen wurden deshalb von Fernhändlern mit verlegten oder angestellten Papiermachern betrieben. Mit der Erfindung des Buchdrucks setzte sich das Papier seit der Mitte des 15. Jh.s endültig als wichtigster Beschreib- und Bedruckstoff durch. Erst seit der Ausweitung des Papierbedarfs war die Produktion auch für den lokalen Markt rentabel, und damit kamen Standortvorteile (Wasserkraft, Wasserqualität etc.) zum Tragen. Abhängig von den Wasserverhältnissen bildeten sich ausgesprochene Papiermacherreviere (Sachsen, die niederländische Veluwe, Nürnberger Gegend) heraus, oft waren einzelne Flüsse, wie z. B. die Strunde im Bergischen Land oder die Rur im Dürener Papiermacherrevier, dicht besetzt von Papiermühlen. Die Produktion verlagerte sich immer mehr auf das flache Land, und Papiermacher (Papierer) wurden selbst zu Eigentümern von Mühlen, so daß die Papiermacherei nun (neben verlegten Betrieben und Manufakturen) zunehmend in der Betriebsform des Handwerks ausgeübt wurde.

Die Errichtung einer Papiermühle bedurfte obrigkeitlicher Genehmigung; damit wurde gleichzeitig ein bestimmter Lumpensammelbezirk zugewiesen. Die Lumpensammler lieferten die Lumpen oder Hadern an die Papiermühle, wo sie im Lumpenboden, zumeist im Obergeschoß der Mühle gelegen, für die Produktion aufbereitet wurden. Zuerst wurden sie auseinandersortiert, da man aus den unterschiedlichen Textilien auch jeweils unterschiedliche Papiersorten fertigte, so z. B. aus weißem Leinen gutes Schreibpapier oder aus den groben, dunklen Stoffen nur Packpapier. Dann zerschnitten die Frauen die Lumpen und entfernten Knöpfe, Fäden etc. Manchmal wurden die Lumpen bereits jetzt gewaschen, häufiger jedoch nur der gröbste Schmutz durch trockenes Schaben mit einem Messer beseitigt.

Anschließend faulte man die Lumpen einige Tage lang an und gab sie in das Lumpenstampfwerk, das sie unter Zu- und Abfluß von Wasser sowie der Beigabe von Kalk innerhalb von 24 Stunden zu «Halbzeug» zerstampfte. Dies geschah durch Stempel, die von einer Nockenwelle gehoben wurden und durch Eigengewicht in die Stampflöcher des Löcherbaumes zurückfielen. Nach dieser ersten Bearbeitungsphase lagerte man den Halbzeug in Zeugkästen und gab ihn nach einigen Tagen erneut in das Stampfgeschirr, wo er zu «Ganzzeug» gestampft wurde. Ende des 17. Jh.s wurde in Holland ein Walzwerk erfunden, das als «Holländisches Geschirr» oder «Holländer» dann im 18. Jh. in Deutschland Verbreitung fand und den Ganzzeug effektiver zerkleinerte. Auch wassergetriebene Lumpenschneider und Lumpenwaschmaschinen fanden im ersten Drittel des 18. Jh.s Eingang in die Papiermacherei.

Den Ganzzeug gab man in die Bütte und löste ihn im Wasser auf; das Rühren wurde bereits im 17. Jh. durch den Rechenkasten (Rühr- oder Rechenwerk) erleichtert. Nun begann die Arbeit der Büttgesellen: Im Umkreis der Bütte arbeiteten drei Leute: Schöpfer, Gautscher und Leger. Unmittelbar mit dem Schöpfen beschäftigt waren der Schöpfer und der Gautscher. Ersterer tauchte die Schöpfform mit dem Drahtsieb in den Papierbrei, schöpfte den Bogen und schüttelte dabei das Sieb, um ein gleichmäßiges Verteilen des Papierstoffes zu bewirken, zugleich lief dabei das überschüssige Wasser von der Schöpfform ab. Ferner achtete er auf etwaige Knoten, Unreinigkeiten oder unterschiedliche Dicken des geschöpften Bogens. Dann gab er das Sieb an den Gautscher weiter, der durch Umstülpen des Siebes den Papierbogen auf einen Filz plazierte und anschließend das Sieb dem Schöpfer zurückgab. Dieser hatte zwischenzeitlich mit einer weiteren Form bereits den nächsten Bogen geschöpft, so daß die beiden Gesellen mit Hilfe zweier Schöpfformen nahtlos Hand in Hand arbeiteten. Waren 181 Bogen geschöpft und zwischen den Filzen abgelegt, so hatte man einen «Pauscht» erarbeitet. Der Pauscht wurde unter die Naßpresse gebracht und mit hohem Kraftaufwand das Wasser aus dem Stapel ausgepreßt; im 18. Jh. entwickelte man auch wasserkraftgetriebene Pressen. Nun trennte der Leger die Papierbogen von den Filzen und gab sie den Frauen auf dem Trockenboden, die die Blätter zum Trocknen aufhängten.

Im Gegensatz zum Druckpapier mußte das Schreibpapier noch geleimt werden. Der Papiermüller kochte hierzu den Leim in der Leimküche aus Schafbeinen, Lederabfällen, Tierknochen etc. selbst auf; die Papierbogen wurden dann zu mehreren Stück gleichzeitig in die Leimbrühe getaucht, erneut ausgepreßt und getrocknet. Es folgten die «Saalarbeiten»: das Aussortieren des schlechten, mißratenen Papiers (das erneut in die Zeugmasse kam), das Glätten des Papiers, schließlich

Abb. 25: Arbeit der Papiermacher an der Bütte nach Elias Porzelius, 1689.

das Abfeilen der Papierränder, das Abzählen und Verpacken der Bogen, Verpackungseinheit war das Ries.

Die Papiermacherei war in zahlreiche Arbeitsschritte aufgeteilt. 1664 spricht ein Zeitgenosse von 60 einzelnen Arbeitsschritten sowie insgesamt zehn Tätigkeitsbereichen innerhalb der Mühle: Meister, Formenmacher, Büttknecht, Gautscher, Leger, Glätter, Mühlbereiter (der das Lumpenstampfwerk und die Mühlenmaschinerie überwacht und repariert), Lehrjunge, Lumpenreißer, Lumpensammler. Hierbei sind noch keine Hilfskräfte wie Tagelöhner, Frauen und Kinder genannt. Kinder arbeiteten häufig auf dem Lumpenboden; Frauentätigkeiten waren ebenfalls das Lumpensortieren und -reißen, ferner oft das Glätten, Sortieren, Abzählen und Abpacken sowie die Arbeit auf dem Trockenboden. Freilich verfügten nur große Papiermühlen über dieses Spektrum der Arbeitsteilung, bei mittleren Mühlen muß man von sieben bis zehn Mitarbeitern, darunter drei bis vier gelernten Papiermachern, ausgehen.

Neben Unfällen, die insbesondere durch das Räderwerk der Mühlenmaschinerie und das Lumpenstampfwerk verursacht wurden, traten auch verschiedene Berufskrankheiten in der Papiermacherei auf, so als Infektionskrankheit der Milzbrand, der von der Arbeit mit den Lumpen herrührte und besonders die damit beschäftigten Kinder und Frauen bedrohte, sowie rheumatische Erkrankungen, die durch Nässe und Luftzug in den Papiermühlen verursacht waren und vor allem die Schöpfgesellen betrafen. Darüber hinaus brachten die Verwertung der schmutzigen Lumpen, der Abgang verunreinigten Wassers und ferner der Gestank aus der Leimküche eine erhebliche Umweltbelastung.

Die Löhne in der Mühle differierten stark, wobei die Papiermacher bedeutend besser verdienten als die Hilfskräfte. Die Arbeit an der Bütte wurde des öfteren auch im Stücklohn (Zahl der gefertigten Bogen) bezahlt; es handelte sich hier um einen sehr intensiven, manchmal nahezu akkordähnlichen Arbeitsprozeß. Auch andere Tätigkeiten, so z. B. das Lumpenreißen und Glätten, wurden bisweilen im Stücklohn bezahlt. Unterkunft und Verköstigung der Mitarbeiter in der Mühle waren gebräuchlich, wobei verheiratete Gesellen aber auch außerhalb wohnen konnten.

Arbeitszeiten zwischen zwölf und 15 Stunden waren üblich, im Regelfall kann man hier zwischen der Sommerperiode mit längeren und der Winterperiode mit kürzeren Arbeitszeiten unterscheiden. Es hat den Anschein, daß bestimmte Arbeiten in der Papiermühle auch bei künstlichem Licht betrieben wurden. Seit der Mitte des 19. Jh.s wurde auch in Tag- und Nachtschichten produziert.

Die Papiermacher waren nicht zünftisch organisiert, in manchen Städten jedoch in die Zünfte anderer Handwerke inkorporiert. Auf mehreren großen Papiermacherkonventen (so dem der Papiermacher aus Franken, Schwaben und Bayern 1700 in Augsburg) versuchten sie vergebens zu einer allgemeinen, vom Kaiser anerkannten Ordnung zu kommen. Dafür beriefen sie sich häufig auf die Papiererordnung, die Kaiser Ferdinand III. 1656 für die österreichischen Erblande erlassen hatte. Daneben gab es auch städtische Papiermühlen- oder Papiererordnungen. Die mündlich überlieferten Gebräuche prägten auch bei den Papierern einen quasizünftigen Verhaltenskodex, der noch bis weit ins 18. Jh. von vielen Papierern befolgt wurde.

Trotz lokaler und regionaler Differenzierungen läßt sich ein einheitlich geregeltes Ausbildungswesen erkennen: Allerdings schieden sich (zeit- und regionenweise) die beiden Gruppen der Glätter (die das Papier mit der Hand glätteten) und der Stampfer (die statt des Handglättens den bereits im 16. Jh. erfundenen, wassergetriebenen Glätthammer, die Schlagstampfe, eingeführt hatten) voneinander. Die Lehrzeit dauerte vier Jahre und 14 Tage, Meistersöhne lernten im Regelfall nur drei Jahre. Den Abschluß feierte der Lehrjunge mit dem «Lehrbraten», danach arbeitete er noch 14 Tage auf der Mühle und erhielt dann einen Bechertrunk, das «ehrliche Geschenk» und das Lehrzeugnis. Auf der Wanderschaft gab sich der Geselle durch die Handwerksformel («Mit Gunst und wegen's Handwerk») und Grüße von Mühle zu Mühle zu erkennen, hatte Herbergsrecht in der jeweiligen Papiermühle und bekam ein Zehrgeld.

Ein Gesellen- oder Meisterstück war aus naheliegenden Gründen nicht üblich. Meister wurde man durch Erwerb oder Pacht einer Mühle. Der hohe Wert der Produktionsmittel führte häufig zur Vererbung des Handwerks und der Mühle. Es gibt daher eine Vielzahl ausgesprochener Papiermacherdynastien, Familien, in denen der Beruf über Jahrhunderte hinweg vererbt wurde.

Wenngleich vom 16. bis zum 19. Jh. die Rohstoffaufbereitung und die Bearbeitung des geschöpften Papiers schon stark mechanisiert wurden, so blieb dennoch der Kernprozeß der Produktion – das Schöpfen des Papiers – Handarbeit und hing von der Geschicklichkeit und Erfahrung des Papiermachers ab.

Die 1799 von Louis Robert patentierte Papiermaschine, die das handwerkliche Schöpfen mechanisierte und erstmals eine fortlaufende

Papierbahn produzierte, wurde in England weiterentwickelt, sie wurde jedoch nur zögernd in den Mühlen eingeführt. Der Durchbruch zur Industrie vollzog sich erst mit neuen Rohstoffaufschlußverfahren (Holzschliff, Zellstoffchemie). Dennoch ist es schwierig, einen konkreten Übergang von der Papiermühle zur Papierfabrik zu konstatieren. Obgleich die Mühlen zahlreicher kapitalschwacher Papiermacher eingingen, andere die Nischen des entstehenden Industriesystems ausnutzten (Pappemühlen, Holzschleifereien), ist für die Papiermacherei eine starke Kontinuität zwischen Handwerk und Industrie charakteristisch.

Günter Bayerl

SATTLER UND RIEMER

Die Geschichte des Sattlerhandwerks ist geprägt von vielen Berufsspaltungen und wechselvollen Anpassungen an die jeweiligen Bedürfnisse. In der Phase der zünftischen Konstituierung des Handwerks bestand eine enge Verwandtschaft zu den Schildermachern, mit denen sie im 14. Jh. oftmals in einer Zunft zusammengefaßt waren. Doch die Schildermacher hatten durch die Erfindung der Feuerwaffen keine große Zukunft vor sich, so daß bereits im 14. Jh. mancher Schildermacher den aufstrebenden Beruf des Sattlers annahm. In Frankfurt/M. arbeiteten im 14. Jh. durchschnittlich fünf bis acht Sattler, im 15. Jh. etwa doppelt so viele.

Neben dem Handwerk der Sattler entwickelte sich im 14. Jh. das der Riemer zu einem ebenbürtigen Gewerbe. Im allgemeinen grenzten sich die Arbeitsgebiete zwischen Sattler und Riemer so ab, daß der Sattler eben Sättel anfertigte, der Riemer das Zaumzeug, d. h. Gurte und Riemen. Darin bestanden Ende des 16. Jh.s in Braunschweig die Anforderungen an das jeweilige Meisterstück. Für die Riemer ist bezeugt, daß sie schon früh Handel trieben (etwa in Köln); in Lüneburg und auch in anderen Städten gehörten sie deshalb der Krämerzunft an.

Der Werkstoff der Sattler und Riemer war das Leder in verschiedenen Zubereitungsarten. Im allgemeinen benutzten sie zu Kutsch- und

Arbeitsgeschirren und dem Riemenzeug das schwarze (mitunter auch das ungeschwärzte braune) lohgare Geschirrleder aus Ochsen- bzw. Rindshäuten. Auch weißgares Rindsleder (Alaunleder) wurde zu Arbeitsgeschirren verwendet, mehr aber zu Halftern. Ebenso konnte auch lohgares Roßleder das Ausgangsmaterial für Arbeitskummete sein, und bei luxuriösen Ansprüchen erhielt der Sattel einen Überzug aus Schweinsleder.

Die Zubereitung bzw. Gerbung des Rohmaterials Leder besorgten die Sattler und Riemer meist selbst. Sie deckten ihren Bedarf an Häuten direkt beim Schlachter oder Metzger auf dem lokalen Markt. Die Verwendung örtlicher Rohmaterialien war überdies häufig mit Rücksicht auf die einheimischen Gerber vorgeschrieben, doch konnte das Einfuhrverbot für Leder auch durch erlaubten Bezug aus einer benachbarten Stadt, in die das Leder zuvor geliefert worden war, umgangen werden.

Die wichtigsten Werkzeuge der Sattler und Riemer waren Nähzeug (Ahlen und Nadeln) und Schneidewerkzeuge, wobei insbesondere die Sattlermonde (annähernd vergleichbar mit einem Wiegemesser, allerdings nur mit einem Griff), Locheisen, Reifelhölzer zum Einprägen von Zierlinien und Kummetstöcke (sich nach oben verjüngende Säulen mit ovalem Querschnitt) als Modell für Pferdehälse zu nennen sind. Besonderheiten waren Nähkloben (Sattlerroß und Sattlerzange) als Hilfsgeräte zum Nähen. Mit ihnen wurden die Werkstücke festgeklemmt, so daß beide Hände zum Nähen frei blieben. Die Ausbildung solcher berufstypischer Näh-Hilfsmittel zeigt, daß diese Tätigkeit sehr zeitintensiv war, und läßt erahnen, wie einschneidend die Verbreitung der Nähmaschine in der zweiten Hälfte des 19. Jh.s den Arbeitsprozeß im Sattlerhandwerk veränderte.

Die Verarbeitung von Leder verteilte sich auf viele Handwerker, machte aber auch die Abgrenzung der Arbeitsbereiche zwischen den verwandten Berufen notwendig; so z. B. zwischen den Beutlern und Nestlern, wobei letztere die Beutel nur aus Lederstreifen herstellen durften und als Lederfärber tätig waren. Beide hatten ihre hohe Zeit im 14. und 15. Jh., als man zu den enganliegenden Kleidern Beutel trug. Die Täschner durften ihre Produkte im Gegensatz zu den eben Genannten mit metallenen Ringen und Schlössern versehen. Die Gürtler, deren erste Zünfte am Ende des 13. Jh.s entstanden, wandelten sich sehr schnell zu einem metallverarbeitenden Gewerbe. Die

Kummetmacher stellten 1397 in Köln eine eigene Zunft und waren dort bis zum Ende des 15. Jh.s mit durchschnittlich drei bis sechs Meistern vertreten.

In vielen Städten bildeten die genannten Berufe gemeinsame Zünfte, lediglich in Köln bestanden um 1400 jeweils eigene. Aus diesen vielen verwandten Berufen entwickelten sich rasch die Sattler und Riemer zu den wichtigsten, wobei alle erbittert um die ihnen zustehenden Arbeitsgebiete kämpften.

In der Praxis hatten die Sattler gegenüber den Riemern den Vorteil, daß sie neben der schwierigen Arbeit des Sattelmachens auch das Riemerhandwerk beherrschten, umgekehrt scheiterten die Riemer am Sattel. Bereits 1689 gab der Rat der Stadt Frankfurt/M. die Auskunft, daß es in der Stadt keine Riemer gebe, da die Riemerarbeit von den Sattlern erledigt werde. In Schleswig-Holstein wurden 1759 die Unterschiede zwischen Sattlern und Riemern aufgehoben, und in Augsburg vereinigte man 1825 nach jahrelangem Streit ebenfalls beide Berufe, in anderen Städten wie Wien und Danzig blieben sie dagegen streng getrennt.

Die Ansprüche der Sattler auf das Privileg zur Ausführung bestimmter Arbeiten wurden durch das Aufkommen neuer Tätigkeitsbereiche nicht geringer. Im 17. und 18. Jh. begann das Beschlagen (Polstern) von Stühlen und Sesseln, und es etablierten sich als neue Konkurrenten die Tapezierer, die darüber hinaus Ansprüche auf den Ausbau der enorm sich verbreitenden Kutschwagen erhoben.

Die Quellen bestätigen den Sattlern und Riemern im Vergleich mit anderen Handwerken überwiegend durchschnittliche Einkommen. Entscheidenden politischen Einfluß konnten sie kaum gewinnen; daß – wie in Wien – Vertreter beider Handwerke im Rat der Stadt saßen, ist die Ausnahme geblieben.

Bei den Sattlern waren meist drei, bei den Riemern vier Lehrjahre üblich. Es scheint, als ob sich im Sattlerhandwerk gegen alle Konkurrenz der verwandten Berufe geradezu eine innere Einheit herausgebildet habe. So war etwa in Frankfurt/M. im 17. Jh. die Höchstzahl der in einer Werkstatt beschäftigten Gesellen auf zwei festgelegt, im 18. Jh. dann auf drei. Ein vierter konnte nur dann eingestellt werden, wenn keiner von einem anderen Meister zu entleihen war. Größere Militäraufträge mußten im Handwerk aufgeteilt werden.

Üblich war im Sattlerhandwerk schon seit dem 15. Jh. die Stillstandszeit bei der Lehrlingsannahme: Hatte ein Lehrjunge ausgelernt, durfte der Meister in den nächsten drei Jahren keinen neuen Lehrling einstellen. Dies war ein Mittel, die Beschäftigtenzahl und damit auch die Zahl der Meister niedrig zu halten.

Sowohl die Sattler als auch die Riemer erhielten mitunter Großaufträge: Die Wiener Riemer des 14. Jh.s waren geradezu ein Exportgewerbe und lieferten nach Polen, Siebenbürgen und Ungarn. Die Augsburger Sattler partizipierten an der Kriegskonjunktur in den 1740er Jahren während des Schlesischen Krieges und des Österreichischen Erbfolgekrieges. Die Bremer Sattler rüsteten 1813 französische Ulanen aus, und nach deren Rückzug belieferten sie die durch Norddeutschland ziehenden «vaterländischen» Truppen.

Das Sattler- und Riemerhandwerk erfuhr stets starke Konkurrenz durch Landhandwerker und sog. Pfuscher; die Sattler waren ein Störgewerbe, d. h., sie zogen mit ihren Werkzeugen von Kunde zu Kunde über das Land und erledigten vor Ort die Arbeiten. So arbeiteten 1771 in Bayern 112 Sattler auf dem Lande, 87 in Märkten und 91 in Städten. Die Riemer dagegen waren kaum auf dem Land vertreten: 40 arbeiteten in den Städten, 13 in Märkten und nur einer auf dem Land. Das zeigt deutlich, daß die Riemerarbeiten auf dem Land von den Sattlern erledigt wurden.

Insbesondere das Sattlerhandwerk war enormen Wandlungen unterworfen. Mit dem Rückgang einer spezialisierten Tätigkeit ergaben sich immer wieder neuartige Betätigungsfelder, wobei besonders das Beschlagen von Sesseln und Stühlen, der vermehrte Kutschwagenbau und schließlich die Herstellung von Koffern und Reisetaschen zu nennen sind. Für die Riemer verlief die Entwicklung weniger glücklich, zumal sie in vielen Städten schon früh im Sattlerhandwerk aufgingen. Allerdings sucht man heute im Branchen-Fernsprechbuch meist das Stichwort «Sattler» vergeblich, allein «Reitsportbedarf» ist zu finden.

Otto Kettemann

SEIFENSIEDER

Seifensieder, Kerzenmacher und Lichterzieher übten eine Tätigkeit aus, die lange Zeit, in manchen Gebieten bis ins 19. Jh., in den Bereich der Haushaltsproduktion gehörte. Die Ausbildung zum handwerklichen Vollberuf erfolgte nur schrittweise und wohl erst seit dem Hochmittelalter in den Städten. Hier waren diese Handwerker wegen der mit ihrer Arbeit verbundenen Feuergefahr sowie der Geruchsbelästigung in der Regel nur am Stadtrand geduldet. Ihre Zahl war zudem so klein, daß selbständige Organisationen bzw. Zünfte erst spät und nur vereinzelt zustande kamen. Dabei verschmolzen Seifensieder und Lichterzieher aufgrund der Verwendung des gleichen Rohmaterials zu einem Berufsstand; mit den Wachsziehern, die ihr Handwerk an besonders geeigneten Orten (Wallfahrtsstätten) ausübten, standen sie kaum in Verbindung. Zunächst wurde im Lohnwerk produziert. Die Herstellung der Wachskerzen für liturgische Zwecke wurde in Klöstern und Kirchengemeinden – besonders von den Küstern – besorgt. Da ihr Rohstoff (Bienenwachs) nur in begrenzten Mengen und hauptsächlich in Gebieten der Zeidlerei anfiel, kam es schon relativ früh zum Fernhandel mit Kerzen. Daraus entstanden in der Neuzeit Großbetriebe, wie sie z. B. heute noch in Kevelaer, Fulda, Walldürn und andern Orten bestehen. Daß die Kerzengießer in Hamburg schon 1385 und in Lübeck 1508 ein eigenes Amt bildeten, wird wohl durch den Fernhandel der Seestädte ermöglicht worden sein. Daneben sind einzelne Kerzenmacher z. B. in Frankfurt/M. 1387 erwähnt, als selbständiges Gewerbe findet es sich selten. In Danzig wurde der Beruf von Frauen ausgeübt.

Seifensieder und Lichterzieher, zumeist in einer Person, kommen seit dem Spätmittelalter in den Städten vor, aber selbst in größeren Städten wie Köln, Frankfurt/M., Wien oder Krakau arbeiteten jeweils nur zwei bis fünf Seifensieder. Seife wurde auch aus den Mittelmeerländern als Luxusartikel auf den Frankfurter Messen gehandelt. Dagegen produzierten die einheimischen Seifensieder Gebrauchsware, die einfache Schmierseife und die feste Kernseife. In der Hauptsache verarbeiteten sie Rindertalg, der mit Pottasche verseift und mit Natronsalz gehärtet wurde. Diese Technik ist nördlich der Alpen schon vor der Antike entwickelt worden. Von dort wurde die Seife schon seit der römischen Kaiserzeit ins Mittelmeergebiet geliefert, wo sie zunächst jedoch nur als Pomade Verwendung fand. Zur Körperreinigung wie auch zum Gebrauch als Waschmittel fand die Seife im Abendland nur allmählich im Verlauf der Neuzeit allgemeine Verbreitung. Zu gewerblichen Zwecken wurde Seife vor allem zum Bleichen und Walken benutzt; immerhin führt die Ulmer Zollordnung des 15. Jh.s Seife als Zentnergut.

Die Hersteller der Seife, die Pottasche selbst in entlegensten Gebieten aufkauften, hatten jedoch Probleme, den reichlich angebotenen Talg zu verwerten, und zogen darum aus ihren Schmelzkesseln die leichter absetzbaren Talglichter, wobei sie sich an vielen Orten der Konkurrenz der Fleischer und verwandter Gewerbe zu erwehren hatten. Zünfte bildeten sich erst seit dem Ausgang des 17. Jh.s, wobei besonders im mitteldeutschen Raum die Kameralisten zu den Zusammenschlüssen auf Territorialebene den Anstoß gaben. Als sich die zünftige Bindung allenthalben durchgesetzt hatte, begann bereits im Zuge der Frühindustrialisierung und in Verbindung mit der Entwicklung der Chemie die fabrikindustrielle Produktion. Obgleich im 19. Jh. die Zahl der handwerklichen Kleinbetriebe noch beträchtlich zunahm, verdrängten die Großbetriebe binnen weniger Jahrzehnte das Kleinhandwerk. Dabei hat auch die rasche Änderung der Beleuchtung – Rüböl, Gas, Petroleum, Elektrizität – die Lichterzieher früher als die Seifensieder aussterben lassen.

Franz Lerner

SEILER UND REEPSCHLÄGER

Während der Reepschläger (auch Reeper, Kabeldreher) vorwiegend schweres Seilwerk für die Schiffahrt herstellte und in den Küstenstädten an Nord- und Ostsee zu finden war, stellten die Seiler kurzes und dünnes Seilwerk für Fischerei und Landwirtschaft her, führten auch Flechtarbeiten aus und betrieben Kleinhandel. In den Küstenstädten waren daher mitunter beide Handwerke anzutreffen, die Domäne der Seiler war jedoch das Binnenland, wo ihr Gewerbe bis ins Spätmittelalter ein ausgesprochen bäuerliches Gewerbe war, zum Teil auf der Stör (als Wanderhandwerk) ausgeübt wurde und erst spät zu zünftiger Organisation gelangte.

Bereits Mitte des 13. Jh.s sind in den Küstenstädten Reepschläger belegt: In Bremen ist 1261 ein Nicolaus Selslaghere, 1327 die Selslagere Strate, in Hamburg 1265 ein Ricardus Repslegere, in Stralsund 1282 ein Hence Reper und 1324 der Reperberg urkundlich belegt. Erste Amtsrollen datieren von 1375 (Hamburg), 1387 (Wismar) und 1390 (Lübeck).

Schon 1150 ist ein Erwin Selmechere in Köln und 1244/45 ein Cunradus der Seilere in Basel erwähnt. Erste Seilerzünfte bildeten sich 1378 in Freiburg, 1414 in Köln, 1426 in München und 1514 in Leipzig. Meist blieben die Seiler ein kleines Handwerk (Nürnberg 1363: zehn Seiler, Frankfurt/M. 1387: fünf) und schlossen sich mit anderen Handwerken zusammen. Eine den Reepschlägern vergleichbare Entwicklung vollzog sich bei den Seilern nur in den Bergbaugebieten, wie z. B. in Freiberg in Sachsen, wo bereits um 1400 eine Innung bestand.

Ausgangsmaterial für Seilerarbeiten ist Flachs oder Hanf, der zunächst auf dem Schwingbock behandelt und danach durch grobe und feinere Hecheln gezogen wird. Dabei erhielt man den langfaserigen Kernhanf, mittellangen Hanf und das minderwertige Werg, das für Stricke und grobe Waren benutzt wurde. Hanf wurde auch in großen Quantitäten importiert, schon im Mittelalter waren Riga und Reval bedeutende Umschlagplätze für den russischen Hanf, rheinischer und

Abb. 26: Seiler bei der Arbeit am Handrad (Vorderrad), das von einem Jungen gedreht wird.

italienischer Hanf waren teurer und wurden nur zu feineren Arbeiten verwendet. Seit dem 19. Jh. wurde verstärkt mit Manila- und Sisalhanf gearbeitet.

Nach dem Hecheln wurde der Hanf versponnen: Die kleinste Produktionseinheit des Seilers ist der Faden. Wichtigstes Handwerksgerät ist das Seilerrad, das aus einem Vor- und Hinterrad besteht. Zur Herstellung grober und kurzer Fäden bediente sich der Seiler nicht des Seilerrades, sondern des Läufers, den er ohne Gehilfen betätigen konnte. Für die einzelnen Fäden benutzte er sonst nur das Vorderrad, und bei Waren, die einen festen Drill erforderten, auch das Hinterrad. Das Vorderrad stand unter dem Dach der Seilerwerkstatt oder -bahn. Es ist ein feststellbarer Holzblock mit einem wegen des Spannens des Antriebsriemens in der Höhe verstellbaren Kopf, der je nach Fadenstärke unterschiedlich große Eisenhaken aufweist, die sich über einen Zahnradmechanismus synchron drehen. Das Drehen des Rades war Aufgabe des Lehrlings, jedoch waren auch Taglöhner als Raddreher zugelassen. Der Seiler fertigte zunächst eine Öse, hängte diese in den Eisenhaken ein und ließ seinen Werkstoff aus dem um die Hüfte geschlungenen Wickel oder aus der Schürze. Dabei zog der Seiler den Faden mit der linken (der Reepschläger dagegen in der rechten) Hand aus. Das Spinnen vollzog sich beim Rückwärtsgehen des Seilers, und die Arbeitsleistung lag bei etwa 15 m Faden pro Minute. Die Bahn, die er dabei benutzte, war die Seiler- oder Reeperbahn, wobei die Reeperbahnen bis 300 m lang waren, die Seilerbahnen dagegen nur bis zu 50 m. In allen mittelalterlichen Städten war der Gang hinter der Stadtmauer oder der Wehrgang dazu am besten geeignet. Seilerstraßen folgten daher meist dem Lauf der Stadtbefestigung. Reeperbahnen befanden sich aufgrund ihrer Länge häufig außerhalb der Stadt. Die Reepschläger überließen das Spinnen schon früh den Hanf- oder Garnspinnern, die sie in Verlag nahmen und die z. B. in Lübeck, Riga und Reval eigene Zünfte bildeten.

Vom Faden zur Schnur oder Litze kam der Seiler, indem er zwei Fäden miteinander verdrehte; dabei ließ er das Rad wiederum links drehen. Beim Zusammenschnüren der einzelnen Fäden oder Dradel lief der Seiler dann vom Nachhalter zum Vorderrad und ließ dabei die Schnüre durch zwei Finger gleiten. Danach spannte er die Schnur in ein Steckbrett. Hatte er genügend Schnüre produziert, so verdrehte er diese unter Zuhilfenahme des Hinterrades. Diese wurden gespannt

Abb. 27: Seilerbahn in Lützen, Sachsen. 80 m lange Spinnbahn am Floßgraben, von Obstbäumen beschattet, mit Seilerbude.

und geglättet. Bei besonders schweren Arbeiten wurde das Seiler- oder Stranggeschirr verwendet, eine schwere Ausführung des Rades.

Schnüre, Seile und Taue sind technische Bezeichnungen: Eine Schnur besteht aus mindestens zwei Fäden, ein Seil aus mindestens zwei Schnüren. Beim Tau wurden vier Schnüre mit jeweils 16 bis 50 Fäden verdreht. Stricke sind kurze Seile von ca. 2 m Länge.

Während die Seiler überwiegend für den landwirtschaftlichen Bedarf arbeiteten und damit einen lokalen Markt versorgten, zählten die Waren der Reepschläger zu den Exportgütern der Hansestädte. Bremer Reepe wurden in ganz Norddeutschland abgesetzt und gingen bis nach Holland, Jütland und Schweden. Größere Aufträge der Bergenfahrer oder der Grönländischen Kompanie wurden unter die Meister verteilt. Reepschläger arbeiteten oft im Lohnwerk der Reeder, die Seiler setzten (im Preiswerk) ihre Waren im Laden oder auf dem Wochen- oder Jahrmarkt ab.

Die Betriebsform der Reepschläger war durch größere Betriebe und eine hohe Anzahl an Hilfskräften gekennzeichnet. Sie unterlagen hierin kaum Beschränkungen (Hamburg schränkte erst 1624 auf sechs Lehrjungen und zwei Gesellen ein), die Seiler dagegen arbeiteten durchweg kleinbetrieblich; besonders ausgeprägt war dies (gegenüber den Stadtseilern, Stock- oder Stückseilern) bei den Spitz- oder Landseilern, die nur Stricke für die Landwirtschaft herstellten. Auch die soziale Verfassung der Reepschläger und Seiler unterschied sich: Bei den Reepschlägern wurde z. T. im Taglohn gearbeitet, witterungsbedingt lag er im Sommer höher als im Winter. Bei den Seilern war aufgrund der Vielfalt der Arbeit der Zeitlohn üblich. Sie bildeten ein kleines «geschenktes Handwerk» mit Wanderpflicht und Unterstützung, die Gesellen der Reepschläger waren dagegen auf die Küstenstädte begrenzt; Bremen hatte bereits 1738 die Wanderpflicht abgeschafft. In den Hansestädten waren darüber hinaus schon früh verheiratete Gesellen zugelassen.

Seit 1860 wurde das alte Seilerrad, das von Hand von einer zweiten Person gedreht werden mußte, allmählich durch die (Bergsche) Spinnmaschine ersetzt, die durch eine am Bein des Seilers befestigte Leine ohne Ende in Bewegung gesetzt wurde. Maschinen wurden erst spät eingesetzt, und das Handwerk des Binnenlandes war zunächst kaum davon berührt. Erst als der Spinnprozeß als Kernprozeß der Seilerarbeit verlorenging und sich die Großindustrie der Produktion der Bindfäden zuwandte, wurde seit Beginn der 1880er Jahre die Konkurrenz fühlbar. Bereits in den 1890er Jahren war die Produktion des Bindfadens dem Handwerk vielfach entrissen. Felten & Guillaume in Köln, das größte Unternehmen der Branche, verzeichnete dagegen eine Jahresproduktion von 4 Mio. kg Hanfseile und Bindfaden. Nur noch die Verfertigung der kurzen Waren, der Stränge und Stricke blieb Domäne des Handwerks, da aufgrund ihrer geringen Länge die Maschinenarbeit unrentabel war. Langfristig tat auch die Konkurrenz von Drahtseil und Kette dem Handwerk Abbruch, später auch die Verwendung von Kunstfasern.

Wenngleich die durchschnittliche Größe der Betriebe von 1875 (1,73 Beschäftigte pro Betrieb) bis 1895 (2,75) stieg, so vollzog sich diese Entwicklung auf dem Hintergrund eines Rückgangs der Betriebszahlen überhaupt. Durch den Wegfall des Spinnprozesses bei den Seilern und die industrielle Herstellung von schwerem Seilwerk näherten sich allerdings die Tätigkeitsbereiche und das Berufsbild der Reepschläger und der Seiler schließlich einander an.

Heinz-Peter Mielke

SCHLEIFER UND SCHWERTFEGER

Wieland der Schmied und Jung Siegfried hatten die Klingen ihrer Schwerter selbst geschliffen. Über die Arbeitsweise der Schwertschmiede Ingelrid und Ulfberth, die im 10. Jh. wirkten, gibt es keine Zeugnisse. Aber schon um 1300 sind in Nürnberg die Schleifer als eigenes Handwerk bezeugt, auch in Köln gibt es um diese Zeit Streitigkeiten um die Schleifarbeit, und in den Zentren des Südens wie des Nordens bilden die Schleifer seit dem 14. Jh. eine organisierte Berufsgruppe.

Die Schleifer arbeiteten vor einem rundumlaufenden Sandstein, in Form eines Zylinderabschnittes, der bis zu 2 m Durchmesser haben konnte. Unterschiedlich war die Art des Antriebes. Kleinere Steine konnten mit einem Fußbrett bewegt werden, größere Steine wurden durch Menschenkraft angetrieben. Als man es – etwa seit dem 14. Jh. – verstand, die Wasserkraft zum Umdrehen der Schleifsteine zu nutzen, da wurde dies mancherorts nicht als Fortschritt bejubelt, sondern als unlautere Konkurrenz bekämpft. Nichtsdestoweniger setzte sich diese Antriebsart vielerorts durch. Für Solingen mit seinen vielen Bachläufen war dies einer der wesentlichen Gründe, weshalb sich das Schwert- und Messerhandwerk zu großer Blüte entwickeln konnte. Aus dem Gebrauch der Wasserkraft erwuchsen jedoch auch Probleme: Wenn bei Frost die Bäche gefroren, wenn sie bei Dürre versiegten, wenn ein oberhalb Arbeitender dem unterhalb Tätigen das Wasser blockierte.

Die Werkstätten, in denen der Schleifer wirkte, waren an Wasserläufen gelegene Katen oder Kotten. In den Glanzzeiten des Solinger Klingenhandwerkes – im 18. Jh. – wurden große Häuser errichtet, in denen durch die Kraft der Wupper und über mechanische Verteilersysteme bis zu zwei Dutzend Schleifsteine angetrieben wurden. In dicht nebeneinanderliegenden Schleifstellen, die angemietet werden mußten, saßen dann die Schleifer und bearbeiteten die mitgebrachten Klingen. In Nürnberg und Umgebung waren die Schleifer oft in Mahlmühlen und Hammerwerken untergebracht.

Die Waffenklingen wurden im Nassen geschliffen. Über dem Schleifstein war ein Behältnis, aus dem dauernd Wasser tropfte, das unten ablief. Der Klingenschleifer lehnte halb sitzend vor dem Stein und drückte die zu bearbeitende Klinge, gehalten durch ein schützendes Stück Holz, den sog. Ortspon, mit den Knien gegen den rotierenden Stein. Die Arbeit, die ein großes Feingefühl erforderte, war schmutzig und wegen der Feuchtigkeit sehr ungesund. Messerklingen wurden trocken geschliffen, im Sitzen und aus freier Hand; die Schleifer wurden auch Rauchschleifer genannt. Der Schleifstaub legte sich den Arbeitern auf die Lungen und führte bei vielen zum frühen Tode. Die durchschnittliche Lebenserwartung der Schleifer lag im 18. und frühen 19. Jh. unter 40 Jahren. Das Schleifen im Bäuchlings-Liegen ist in Italien und besonders in Frankreich üblich gewesen, wo es noch heute in Thiers praktiziert wird. In Deutschland ist es nur aus Berlin – gewiß nach dem Vorbild der Réfugiés – im 18. Jh. bezeugt.

Die Anzahl der Klingen, soweit sie in Zentren hergestellt und bearbeitet wurden, war beträchtlich. Für das Jahr 1557 hat man in Nürn-

Abb. 28: Schwertfeger beim Glätten und Polieren eines auf der Arbeitsbank befestigten Schwertes mit dem Polierholz. Donatorenausschmückung einer Gesangbuchseite, Böhmisch-Brod aus den Jahren 1552–1670.

berg eine Jahresproduktion von 4,6 Mio. Messern errechnet, in Steyr waren es 1564 über 10 Mio. Andere Produktionsstätten mögen nicht weniger fruchtbar gewesen sein. Schon im Hinblick auf diese Kapazitäten wird verständlich, daß sich innerhalb der Handwerkszweige Spannungen ergaben. Lohnsatzungen sollten den Schleifern, die von den Kaufleuten oft unter Preisdruck gesetzt wurden, einen für alle gültigen, gerechten Schleiflohn garantieren. Ein Solinger Verzeichnis von 1789 zählt die Preise für nicht weniger als 203 unterschiedliche Klingenarten, -formen und -größen und deren Schleiftarife auf.

Im 19. Jh. nahm die Vielfalt der Formen zu, und dementsprechend spezialisierten sich einzelne Schleifer auf chirurgische Messer, Scheren, Rasiermesser und andere Spezialklingen. Obwohl es heutzutage mechanische Schleifmaschinen gibt, werden gute Schneidwaren noch immer von Hand geschliffen.

Eine gute Klinge muß nicht nur eine gute Form und eine scharfe Schneide haben, sondern auch eine glatte Oberfläche. Diese herzustellen war das Werk der Schwertfeger. Ihr Handwerk wird in Kölner Urkunden schon im 12. Jh. erwähnt, 1285 hören wir in Nürnberg davon, 1412 erhält es in Solingen eine Ordnung, nachdem es sicher schon lange bestanden hat.

Aufgabe des Schwertfegers war es, die geschmiedeten, gehärteten und geschliffenen Klingen zu fegen, d. h. ihre Oberfläche blank zu machen und die Hohlbahnen, auch Blutbahnen oder Grachten genannt, auszuarbeiten. Zunächst wurde die rauhe Klinge geglättet, indem sie der Schwertfeger mit Steinen und einem Brei aus Schmirgel und Öl bearbeitete. Danach folgte das Polieren mit Hilfe kleiner rotierender Holzscheiben, die wiederum mit Poliermitteln bestrichen waren. Damit war die Schwert- bzw. Degen-, Säbel- oder Dolchklinge fertig, es fehlte nur noch der Griff, das sog. Gefäß. Die Teile zur Montage erhielt der Schwertfeger von den Kreuz- und Knopfschmieden. Da der Schwertfeger das Endprodukt in der Hand hielt, war er es auch, der den Handel damit treiben durfte. Dieses Privileg wurde ihm vielerorts von den Krämern und Kaufleuten streitig gemacht, von den Handwerksgenossen, die durch Schmieden und Schleifen die Grundvoraussetzungen schufen, heftig geneidet.

Bis ins 18. Jh. begnügte man sich mit dem Fegen der Klinge, das nur ein Glätten und Blankmachen war. Auf Hochglanz polierte Klingen, vor allem die Rasiermesser, gab es zuerst in England. In Deutschland wurde darin seit Anfang des 19. Jh.s Solingen führend. Handwerker, die diese Arbeit besorgten, nannte man Pliester.

Hanns-Ulrich Haedeke

SCHLOSSER

Ursprünglich waren es allein die Schmiede, die Eisen bearbeitet haben. Mit zunehmender Spezialisierung bildeten sich Teilgewerbe, die zunächst mit den Schmieden verbunden blieben. In Braunschweig und Magdeburg waren z. B. im 13. Jh. noch alle Zweige des Schmiedehandwerks in einer Gilde vereinigt; für Frankfurt/M. galt dies noch im 14. Jh. Die Differenzierung bei den metallverarbeitenden Gewerben war in den Orten besonders ausgeprägt, in deren Nähe Erzvorkommen lagen bzw. deren Kaufleute Rohmaterial in ausreichender Menge herbeischafften. So lassen sich in der zweiten Hälfte des 16. Jh.s in Nürnberg nicht weniger als 74 Berufe nachweisen, die nur oder überwiegend Metall verarbeitet bzw. bearbeitet haben.

Unter den sich spezialisierenden Handwerken waren es vor allem die Schlosser (Kleinschmiede), die versuchten, sich aus dem Verband der Schmiede zu lösen und eigene Zünfte zu bilden. Sie vereinigten sich daher mit anderen – meist nur wenige Meister umfassenden eisenverarbeitenden – Handwerken wie den Armbrustmachern, den Büchsenmachern, den Schwertfegern, den Sporenmachern (Sporer), den Uhrmachern, den Windenmachern und gelegentlich auch den Messerern, Naglern und Zirkelschmieden. Derartige Verbindungen finden sich sowohl im Norden (Hamburg, Lübeck, Lüneburg, Wismar, Niederlande) als auch in Mittel- und Süddeutschland (Dresden, Leipzig, Nürnberg, Augsburg, Frankfurt/M.). In einigen Städten, wie in Bremen und Berlin, blieben die Schlosser weiterhin mit den Schmieden vereinigt.

Wie es schon in der Berufsbezeichnung zum Ausdruck kommt, zählte die Anfertigung von Schlössern zu den Hauptaufgaben der Schlosser. Zwei Arten von Schlössern, Vorhängeschlösser sowie Tür- und Truhenschlösser, stellten sie her. Das Vorhängeschloß hat sich im Laufe der Jahrhunderte nur wenig verändert. Eine Sonderform bildete das Kombinations- oder Buchstabenschloß. Größere Veränderungen gab es bei Tür- oder Behälterschlössern. Vom Mittelalter bis zum Beginn des 18. Jh.s wurde die «Schloßfalle» verwendet. Sie schnappte beim Zufallen der Tür selbsttätig ein und konnte durch einen Drehschlüssel wieder geöffnet werden. Schlösser von Geldtruhen hatten mehrere, nach verschiedenen Seiten ausgreifende schließende Fallen. Zur besseren Sicherung konstruierte man für ihre Schlösser komplizierte Eingerichte, die ein Aufschließen durch einen anders gebarteten Schlüssel erschwerten. In das erste Viertel des 18. Jh.s fällt die deutsche Erfindung des Riegel- oder Zuhaltungsschlosses (Tourenschloß, fälschlich auch französisches Schloß genannt). Die auf dem Riegel ruhende Zuhaltung ist ein Bügel, der die Verschiebung des Riegels verhindert, das Schloß also zuhält, es sei denn, es wird durch die Drehung des Schlüsselbarts angehoben.

Die Anfertigung von Schlössern und Schlüsseln unterlag gewissen Beschränkungen: Der Auftrag zur Herstellung eines Schlosses und vor allem zum Nachmachen eines Schlüssels durfte nur vom Hausherrn ausgehen. Für die Wartung der Schlösser an den Stadttoren und an öffentlichen Gebäuden hat man verschiedentlich – wie z. B. in Braunschweig und Nürnberg – eigene, besonders vertrauenswürdige Meister verpflichtet.

Seit dem Ausgang des Spätmittelalters stand den Schlossern das für ihre Arbeiten erforderliche Material in Form von Stabeisen, Blechen und Drähten zur Verfügung. Neben den Schlössern wurde eine Vielzahl für Haus und Haushalt notwendiger Gegenstände und Geräte angefertigt wie etwa Angeln und Bänder für Türen, Öfen, Wasserpumpen, Treppengeländer, Kaminabdeckungen, Bratpfannen, Kaffeemühlen. Daneben wurden teilweise recht kunstvolle Arbeiten ausgeführt. So versah man die Türen mit reich verzierten Klopfern und Griffen. Erschien eine Holztür nicht sicher genug, dann verkleidete sie der Schlosser mit Eisenblech. Besonders reich verziert waren die Kirchentüren. Aber auch Truhen und Kassetten haben die Schlosser mit kunstvollen Beschlägen ausgestattet.

Für seine Arbeit mußte der Schlosser eine Reihe von Techniken beherrschen. Das rotglühende Eisen wird mit Hammerschlägen gestreckt, d. h. gedehnt und verbreitert. In umgekehrter Weise kann mit dem Stauchen eine Verdickung des senkrecht gegen den Amboß gehämmerten Werkstücks erreicht werden. Der Eisenstab wird über eine Kante gebogen und durch Drehung um seine eigene Achse zu spiralischer Form verändert. Durch Treiben werden Bleche mit dem Treibhammer modelliert. Runde Gegenstände fertigte man durch Schmieden im Gesenk, einer modelartigen Vertiefung, in die das Eisen gehämmert wird. Durch Vernieten lassen sich die Metallteile fest oder drehbar verbinden. Beim Löten werden Metallteile durch flüssig gemachtes Metall (Lot) verbunden.

Die Feinbehandlung der Metalloberfläche erfolgt auf verschiedene Weise: Durch Punzieren werden mit einem stempelförmigen Meißel Muster eingeschlagen. Im 16. Jh. hat man häufig die Technik des Ätzens angewandt. Auf chemischem Wege kann dabei ein geschmiedetes und blank geschliffenes Eisen verziert werden. Zentren der Ätztechnik waren Augsburg und Nürnberg. Beim Ziselieren werden die Oberflächen mit Punzen und Meißeln behandelt. Beim Tauschieren schlägt man weiche Metalldrähte oder kleinste Teile von Edelmetallen in entsprechend geschaffene Vertiefungen. Beim Stahlschnitt (Eisenschnitt) erfolgt die plastische Ausarbeitung geschmiedeter, gegossener oder getriebener Metallteile mit Stichel, Meißel und Feile. Die Gravur ist eine Art flacher Stahlschnitt.

Als hauptsächliche Werkzeuge benutzte der Schlosser Amboß, Gesenke, Hammer, Schraubstock, Meißel, Zange, Feile und Bohrer. Als Hilfsmittel für schwierig zu formende Gegenstände wurden Stempel, Punzen und Grabstichel gebraucht. Auch Meßinstrumente wie Winkel, Zirkel, Schablone und Zollstock wurden benötigt. Die Werkstatt lag im Erdgeschoß des Hauses, meist zur Straße oder Gasse hin. Hier war die Esse die wichtigste Einrichtung.

Die Arbeit der deutschen Schlosser war weithin bekannt. Thomas Garzoni hebt 1659 in «Piazza Universale, das ist Allgemeiner Schauplatz aller Professionen» neben den Schlossern von Venedig, Brescia und Mailand die von Augsburg, Braunschweig und Nürnberg besonders hervor. Neben täglicher Routinearbeit waren handwerkliches Geschick, teilweise auch Kunstfertigkeit erforderlich. Die Schönheit der Formen, selbst bei einfachen Gebrauchsgegenständen, ist beeindruckend. Für den hohen technischen Stand des Handwerks spricht z. B. die Anfertigung eiserner Kunsthände für Amputierte bereits im 16. Jh. Wer sich dem Schlosserhandwerk verschrieb, durfte mithin kein grober Geselle sein.

Da im 14. und auch noch im 15. Jh. der Bedarf an Arbeitskräften größer war als das Angebot, findet man zunächst im Schlosserhandwerk keine verpflichtenden Festschreibungen über die Dauer von Lehr- und Gesellenzeiten sowie über einen Befähigungsnachweis für die Meisterschaft. Mit der raschen Zunahme der Zahl der Schlosser vor allem im 16. Jh. waren Obrigkeit und natürlich das Handwerk selbst bestrebt, eine Überbesetzung zu vermeiden, um so ein gesichertes Auskommen zu gewährleisten.

Nun war der Eintritt ins Handwerk – von Ort zu Ort unterschiedlich – mit einer Reihe von Bedingungen verknüpft. Stets wurde jedoch gefordert, daß der Lehrling männlichen Geschlechts, ledig und unbescholten war; wer von «unredlichen Leuten» abstammte, konnte nicht aufgenommen werden. Das Aufnahmealter lag durchschnittlich bei 14 Jahren, und die Lehrzeit schwankte zwischen zwei und sechs Jahren. Die anschließende Wanderzeit sollte zwischen zwei und sechs Jahren betragen. Für die Gesellen nahezu aller Orte gab es bevorzugte Regionen, die sie bei der Wanderschaft aufsuchten. Sie standen meist in wirtschaftlicher Beziehung zur Heimatstadt: So zogen die Schlossergesellen aus Bremen vor allem nach Hamburg, in die ostelbischen Gebiete und den Ostseeraum, kaum jedoch nach Süddeutschland. Nürnberger Gesellen finden wir besonders häufig in Thüringen und Sachsen, selten dagegen im Norden. Sicher haben bei der Walz auch verwandtschaftliche Bindungen und überregionale Beziehungen zwischen den Meistern eine Rolle gespielt. Die Religionszugehörigkeit darf dabei nicht überbewertet werden, denn gelegentlich war der Zustrom von Gesellen aus Gegenden mit anderer Konfession überraschend hoch.

Im 16. Jh. konnte sich ein Schlossergeselle in der Regel bereits nach zweijähriger Wanderzeit um die Meisterschaft bewerben. Infolge der Zunahme der Zahl der Schlosser und der sich mancherorts, z. B. in den Reichsstädten, verschlechternden wirtschaftlichen Lage verlängerte sich die Wartezeit dann erheblich; lediglich die Heirat mit der Tochter oder der Witwe eines Meisters verkürzte die Wartezeiten bis zur Erlangung des Meisterrechts.

Seit der Mitte des 15. Jh.s hatte ein angehender Meister seine Befähigung in Form einer Meisterprüfung nachzuweisen. In der Regel mußte der Kandidat ein oder mehrere Schlösser anfertigen.

Die für den Verkauf bestimmten Erzeugnisse der Schlosser wurden einer Qualitätsprüfung unterzogen, die besonders für den Export die Lieferung einwandfreier Ware garantieren sollte. Die Arbeitszeit der Schlossergesellen betrug im 16. und 17. Jh. bis zu 18 Stunden täglich. Im 18. Jh. und zu Beginn des 19. Jh.s waren bis zu 14 Stunden üblich. Wenn trotz der langen Arbeitszeit immer wieder Klagen über unerlaubte Nebenbeschäftigungen laut wurden, so kann die Arbeitsintensität nicht sehr hoch und der Arbeitsablauf nicht sehr hektisch gewesen sein. Lehrjungen und Gesellen lebten in der Regel im Haus des Meisters. Erst seit dem späten 18. Jh. und zunächst nur in größeren Städten lösten sich die Gesellen aus dem Meisterhaus: In Berlin (403 zünftige Gesellen, davon 60 verheiratet) wohnten und aßen 1827 nur noch wenige Gesellen beim Meister, die im Wochen-, Tag- oder Stücklohn beschäftigt wurden. Bei den Lehrjungen vollzog sich dieser Prozeß im letzten Drittel des 19. Jh.s: Bei den Nürnberger Schlossern z. B., wo die Lehrjungen bis in die späten 1870er Jahre noch beim Meister wohnten, hatten 1895 von 90 Meistern nur noch sechs die Lehrjungen im eigenen Haus, bei den Breslauer Schlossern bestanden ähnliche Verhältnisse.

Mit der zunehmenden maschinellen Produktion von bisher handwerklich hergestellten Schlosserwaren brachte das 19. Jh. einen grundlegenden Wandel: Gegossene und getemperte Schloßteile verdrängten die handwerklich ausgeschmiedeten Schloßteile, und Schloßkästen konnten mit Werkzeugmaschinen rationeller gefertigt werden. Handarbeit war hier nur noch das Nacharbeiten einzelner Teile. Bereits Ende des 19. Jh.s hatte das Schlosserhandwerk seine Produktionsfunktion weitgehend verloren. Konkurrenz für das Handwerk bestand seitens der ländlichen Hausindustrie (Schmalkalden, Thüringen, Westfalen, Schlesien, Niederrhein), die Konkurrenz der Maschinenfabriken wirkte sich in doppelter Hinsicht aus: durch die Verdrängung von der Neuproduktion und durch die Abwerbung und bessere Bezahlung der Gesellen, denn gut ausgebildete Schlossergesellen waren in den Fabriken gern gesehene Arbeitskräfte. Dies führte langfristig zu einem Rückgang der handwerklichen Schlosserbetriebe und zu einer nahezu vollständigen Umstellung auf die Sparten der Bau- und Kunstschlosserei.

Albert Bartelmeß

SCHNEIDER UND SCHNEIDERINNEN

Der Beruf des Schneiders entstand, als differenziertere Formen der Kleidung einen Zuschnitt, ein Schneiden des Stoffes und damit ein Schneidern, notwendig machten. Ursprünglich als hauswirtschaftliche Tätigkeit vor allem Frauenarbeit, wuchs die Kleiderproduktion mit der Herausbildung eines zünftig kontrollierten Gewerbes seit dem 12. und 13. Jh. aus der Hauswirtschaft heraus. Außerhalb der Klöster, wo sie schon seit dem 11. Jh. vorkamen, sind männliche Schneider auch in den Städten bereits recht früh nachgewiesen, so z. B. in Köln in den Bürgerlisten der Jahre 1135/1180. Seit dem 14. Jh. waren sie zunehmend in Zünften organisiert. 1325 errichteten die Braunschweiger «Schrader», 1352 ihre Frankfurter Kollegen eine Innung. In Münster läßt sich eine Schneiderzunft bis in das Jahr 1366 zurückverfolgen, und in Lübeck stammt die erste Handwerksrolle aus dem Jahr 1370.

Da die zünftigen Schneider kein Recht hatten, mit Rohstoffen zu handeln, mußten sie alle Stoffe, soweit diese nicht ohnehin von den Kunden gestellt wurden, bei den Tuchhändlern (Tucherer, Gewandschneider) beziehen. Auch durfte meist nicht auf Vorrat produziert werden, so daß ein Handel mit Fertigprodukten weitgehend ausgeschlossen war. Daneben wurde, wie in andern Handwerken auch, die Zahl der Gesellen und Lehrlinge beschränkt. In Frankfurt/M. z. B. waren vier Gesellen erlaubt. Der Beruf wurde zunächst überwiegend von Männern ausgeübt. Allein in der Damenschneiderei fanden gelegentlich auch Frauen Beschäftigung. Nur in Ausnahmefällen gab es wie in Köln Frauenzünfte, in denen die Damenschneiderinnen zusammengeschlossen waren. Häufiger arbeiteten schneidernde Frauen aber außerhalb der Zünfte als Kleidernäherinnen oder Flickschneiderinnen. Soweit sie dabei als sog. Wäscheschneiderinnen oder Weißnäherinnen ausschließlich Bett- oder Tischwäsche nähten, zählten sie nicht zur eigentlichen Schneiderei. Während die zünftige Organisation von Damenschneiderinnen einen Ausnahmefall darstellte, war die Mitarbeit von Meisterfrauen und -töchtern in allen Bereichen der Schneiderei verbreitet. Die Ehefrauen betreuten oft den weiblichen Teil der Kundschaft und führten insbesondere die Anproben durch.

Gegenüber dem Nähen stellte der Zuschnitt bzw. die Formgebung stets die qualifiziertere Tätigkeit dar. Dies drückt sich nicht zuletzt in der Berufsbezeichnung «Schneider» aus. Solange man nur geringe Kenntnisse von der Proportionslehre hatte, blieben die Schnittmuster vor allem dem Erfahrungswissen des Schneiders verhaftet und infolgedessen oft recht grob. Die Maße, die mittels Schnüren und Papierstreifen festgestellt wurden, bezogen sich in erster Linie auf die Menge des erforderlichen Stoffes. Ein Fehler beim Zuschnitt war teuer, weshalb Gesellen und Lehrlinge im Schneiderhandwerk in aller Regel nicht zuschneiden durften. Erst zwischen 1835 und 1850 hielten drucktechnisch vervielfältigte Schnittmusterbögen – und damit erstmals standardisierte Größen – Einzug in gewerbliche Betriebe und häusliche Nähstuben. Das Zuschneiden des Stoffes geschah mit einer Zuschneideschere. Nicht umsonst ist die Schere das Symbol des Schneiderhandwerks. Erste Scharnierscheren gab es seit dem späten 14. Jh.

Nach dem Zuschnitt beginnt die Arbeit des Nähens; sie besteht in der Herstellung einer Stichfolge, durch die Stoffe zusammengefügt,

Abb. 29: Der Nürnberger Schneider Wentzel Schneider († 1514) bei der Arbeit. Auf dem Tisch liegen ein Pfriem zum Vorstechen, eine Gelenkschere und ein Knäuel. Hausbuch der Mendelschen Zwölfbrüderstiftung.

Schnittkanten befestigt und Verschlüsse angebracht werden. Die Entwicklung der rostfreien Nadel markierte hier einen wichtigen Fortschritt, vor allem hinsichtlich der Feinheit der Nadeln und damit auch der Stiche und Nähte. Dabei fanden als Nähfaden überwiegend Leinen und Wolle, erst später gezwirnte Fäden aus Baumwolle und Seide, Verwendung. Die Produktivität des Handnähens blieb jedoch begrenzt. Selbst eine geübte Näherin kann nur zwischen 30 und maximal 60 Stiche pro Minute ausführen, je nach Dicke des Stoffes. Die Arbeitshaltung der Männer, und nur der Männer, ist der Schneidersitz. Da diese in aller Regel schwerere Stoffe verarbeiteten, nutzten sie den Tisch als Auflagefläche für das Nähgut, so daß die linke Hand (beim Rechtshänder) nicht mit dem Gesamtgewicht des zu nähenden Kleidungsstückes belastet war und das Knie die linke Hand beim Fixieren der Nähstelle unterstützen konnte. Zu den Nähwerkzeugen gehörten außer der Nadel, die, wenn sie gleichmäßig nähen soll, immer mit der gleichen Fingerspitze durch den Stoff geschoben wird, als Schutz für den Mittelfinger der rechten Hand der Fingerhut. Neben der geschlossenen Form gibt es hier auch den offenen Nähring, der die Fingerspitzen frei läßt und vor allem in der Herrenschneiderei verbreitet ist. Zum Ausbügeln der Nähte wurden seit dem späten Mittelalter Bügeleisen benutzt. Man unterscheidet Hohl- und Volleisen aus Guß- oder Schmiedeeisen, später auch Stahl. Hohleisen wurden mit glühenden Bolzen oder mit Holzkohle gefüllt, Volleisen im Bügelofen erhitzt. Wegen ihres hohen Gewichts von 20–30 Pfund war die Handhabung dieser Bügeleisen recht schwierig. Erst die zu Beginn des 20. Jh.s Verbreitung findenden Gas- oder Elektrobügeleisen erleichterten diesen abschließenden Teil des Arbeitsprozesses.

Die Werkzeugkiste eines Schneiders oder einer Schneiderin war also zunächst sehr klein, und daran sollte sich bis in die zweite Hälfte des 19. Jh.s hinein wenig ändern. Deshalb waren die Schneider auch anfälliger gegen außerzünftige Konkurrenz als die Handwerker in kapitalintensiveren Gewerben. Meist gehörten sie nicht zu den wohlhabenderen Handwerkern, sondern fanden sich vielmehr auffallend häufig auf städtischen Almosenlisten. Die Spanne zwischen den wohlhabenden Meistern, die meist die reichere Kundschaft bedienten, und den verarmten Kleinmeistern war zwar beträchtlich, doch bestimmte insgesamt das sprichwörtliche arme Schneiderlein das Bild des Berufes. Seltener als andere Handwerker besaßen die Schneider Häuser, in denen sie wohnten und arbeiteten. Im 17. und 18. Jh. wurden ihre Söhne, wie die der Schuhmacher, besonders häufig Manufakturarbeiter oder mußten sich gar als Soldaten verdingen. Die schwierige wirtschaftliche Lage war jedoch kein Novum des 17. oder 18. Jh.s, sie ist vielmehr bereits für das späte 14. Jh. belegt. Verschärft wurde sie durch die ausgeprägten saisonalen Schwankungen in der Nachfrage. Hektischer Betriebsamkeit z. B. zwischen Ostern und Pfingsten stand eine mehrere Monate währende «flaue Zeit» gegenüber. Dies betraf die Gesellen zunächst vermittelt durch recht kurzfristige Arbeitsverhältnisse, seit dem späten 18. Jh. dann immer häufiger durch die Einführung des Tag- und Stücklohns.

Nur wenige Gesellen vermochten sich während ihrer Gesellenzeit besondere Fertigkeiten anzueignen und kamen während ihrer Wanderschaft z. B. nach Paris. Überhaupt spielte die Wanderung eine geringere Rolle als in vielen kleinen Handwerken, die zudem ein weit entwickelteres Unterstützungswesen kannten. Selbst in einer bedeutenden Messestadt wie Frankfurt/M. kam (1762) ein großer Teil der Gesellen aus der direkten Umgebung. Ohnehin blieb aber die Ausprägung besonderer Modezentren begrenzt, solange die Kundenproduktion überwog. So war das Schneiderhandwerk bis weit in das 19. Jh. hinein von einer Vielzahl lokaler Märkte bestimmt. Das zünftig privilegierte Stadthandwerk versorgte zwar einen Teil des ländlichen Umlandes mit, mußte aber hier mit der Konkurrenz des Landhandwerks ebenso rechnen wie mit den auch in den Städten aktiven Störern, Pfuschern oder Bönhasen. Diese besaßen keine eigene Werkstatt, ja oft nicht einmal das Handwerkszeug, und arbeiteten im Hause des Auftraggebers, wo sie gegen Kost und Logis sowie für einen geringen Taglohn schneiderten. Vom Städtezwang nahmen z. B. die preußischen Principia regulativa von 1718 die Schneider ausdrücklich aus, und ihre Zahl dürfte im ausgehenden 18. Jh. auf dem Lande höher als in den Städten gewesen sein.

Aber auch in den Städten spielte das außerzünftige Handwerk in der Schneiderei, die stets zu den zahlenmäßig bedeutsamsten Handwerken zählte, eine beträchtliche Rolle. Daneben verschlechterte vor allem das Vordringen des Verlagssystems die Lage der Schneider. Schon früh hatten Kriegsaufträge in der Uniformschneiderei Ansätze zur standardisierten Massenproduktion gegeben. Gegen Ende des 18. Jh.s hatte das Verlagssystem auch darüber hinaus einige Verbreitung zumindest in den größten Städten gefunden, doch erlebte es seinen eigentlichen Durchbruch erst um die Mitte des 19. Jh.s. Kapitalkräftige Meister oder – sehr viel häufiger – Tuch- bzw. Altkleiderhändler ließen nun zunehmend Schneider und Schneiderinnen für sich arbeiten. Sie stellten ihnen die in aller Regel bereits zugeschnittenen Stoffe und übernahmen den Absatz der fertiggestellten Kleidung. Derart vom Kunden abgeschnitten gerieten diese formal selbständigen Handwerker rasch in Abhängigkeit von ihrem Verleger und wurden wie viele Gesellen zu reinen Heimarbeitern. Erst das Verlagssystem führte auch zur Auflösung des traditionellen Meisterhaushaltes im Schneiderhandwerk. Hier lebten die Gesellen zwar noch im frühen 19. Jh. recht häufig im Haus ihres Arbeitgebers. Die verlegten Arbeitskräfte dagegen waren in aller Regel verheiratet und arbeiteten in der eigenen Wohnung.

Im Verlag konnte sowohl auf Maß gearbeitet werden als auch – und das in steigendem Maße – Konfektion produziert werden. Die Ausweitung der Konfektion trieb dabei die Arbeitsteilung und Spezialisierung voran. Das Zuschneiden wurde zuerst von anderen Tätigkeiten getrennt, aber auch das Bügeln wurde immer häufiger in der zentralen Werkstatt durchgeführt, während die dazwischenliegenden Arbeitsabläufe an Heimarbeiter vergeben wurden. Diese zu Heimarbeitern werdenden Handwerker verloren mit fortschreitender Spezialisierung einen großen Teil ihrer Qualifikation: Nicht länger Schneider, waren sie nun bloße Rock-, Westen- oder Hosenarbeiter.

Mit der Spezialisierung ging also auch Dequalifizierung einher; in manchen Bereichen wurden ungelernte Kräfte beschäftigt, und auch die Näherinnen waren in aller Regel nur angelernt. Mit der Entwertung und Aushöhlung der traditionellen Berufsausbildung verlor die Schneiderei zentrale Elemente ihres handwerklichen Charakters. All das trug dazu bei, daß die Löhne im Schneiderhandwerk zu den niedrigsten überhaupt zählten. Bessergestellt waren allein die Zuschneider, von deren Geschick die optimale Ausnutzung des Stoffes abhing. Sie verdienten mehr als viele kleine Selbständige und stellten sich weit besser als die Masse der formal selbständigen Heimarbeiter.

Diese Entwicklung vollzog sich über einen recht langen Zeitraum, doch war sie um die Mitte des 19. Jh.s bereits so weit fortgeschritten, daß der seit den 1860er Jahren rasch Verbreitung findenden Nähmaschine hierfür kein großes Gewicht mehr zukam. Maschinell wurde nun zwar weit schneller genäht als zuvor mit der Hand, und die typische Ratenzahlung für die Nähmaschine selbst mochte die Abhängigkeit mancher Heimarbeiter und Heimarbeiterinnen noch verstärken, an der Grundstruktur des Verlagswesens in der Schneiderei änderte das nichts. Die Nähmaschine erleichterte indes die rasche Ausbreitung zur Konfektionsindustrie hin, die seit dem späten 19. Jh. zu beobachten war. In der zweiten Jahrhunderthälfte kamen mit Zuschneide- und Knopflochmaschinen weitere Maschinen hinzu, doch behielt die Heimarbeit in der Bekleidungsindustrie bis weit in das 20. Jh. hinein ihre dominierende Stellung. Mit dem Vordringen der Konfektionsindustrie verringerte sich der Anteil der Kundenproduktion im Bekleidungsgewerbe und damit die Bedeutung des traditionellen Schneiderhandwerks. Auch die weiterhin auf Bestellung arbeitenden Kleinbetriebe benutzten nun zunehmend die angesprochenen Maschinen. Daneben wurde ein größeres Stofflager unumgänglich, um konkurrenzfähig zu bleiben. Damit stieg der Kapitalbedarf auch für den handwerklichen Kleinbetrieb, dessen Rolle immer prekärer wurde, weil die handwerkliche Maßanfertigung an Bedeutung verlor. Dies konnte die Reparatur- und Änderungsschneiderei nicht auffangen, und selbst auf diesem Gebiet erwuchs dem handwerklichen Kleinbetrieb durch Wäschereien und Schnellbügelanstalten Konkurrenz. Der Schwerpunkt dieser Entwicklung – und damit der endgültige Niedergang der handwerklichen Schneiderei – fiel aber erst in die zweite Hälfte des 20. Jh.s. Während es bei der Gründung der Bundesrepublik in der Schneiderei noch fast 150 000 Handwerksbetriebe gab, waren es in den späten 1970er Jahren gerade noch 12 000. Der Boden des Schneiderhandwerks, der stets nur für wenige golden war, ist also zusehends magerer geworden.

Friedrich Lenger und Paula Lutum-Lenger

SCHORNSTEINFEGER

Als eigenständiger Beruf ist der des Schornsteinfegers (auch Schlot- und Winkelfeger, Rauchfang- und Kaminkehrer) vergleichsweise jung. Das Reinigen der Schornsteine war noch im Spätmittelalter unreglementiert, wenngleich schon der «Sachsenspiegel» vorschrieb: «Ein jeder soll behüten und beschützen seinen Ofen und seine Feuermauer, daß die Funken nicht fahren in den Nachbarshof und ihm schaden.» Zwar wird hier nicht direkt vom Reinigen der Schlote gesprochen, sondern von feuerhindernden Maßnahmen, worunter neben der Verwendung von Feuerglocken und -schirmen auch das ständige Kehren gehörte, um so einem Kaminbrand vorzubeugen, der sich bei den Lehm- und Bretterschornsteinen schnell auf die ganze Dachkonstruktion ausbreiten konnte.

Im Spätmittelalter wurde das Reinigen mehr schlecht als recht von den Hausbewohnern selbst vorgenommen, oder es oblag anderen Berufen. In Klosterneuburg, Bamberg und Altenburg setzten die Badeknechte die Öfen und reinigten sie auch zusammen mit den Schornsteinen. In herrschaftlichen Gebäuden fegten die Heizer und Holzträger. Öffentliche Bestallungen und somit Vorläufer des heutigen Instituts des Bezirksschornsteinfegers kennen wir vom 16. Jh. an; hier waren die Residenz- und Reichsstädte Vorreiter. Gerade die Enge der städtischen Bebauung erforderte eine wirksame «Feuerpolizei». Zur Bildung von Zünften bzw. Innungen kam es jedoch erst im 17. Jh.: Die erste Ordnung der Wiener Rauchfangkehrer datiert von 1664. In Basel ließen sich 1661 erste Kaminkehrer aus Locarno nieder, und erst danach gaben sich dann auch Hintersassen der Basler Landschaft und andere Bürger mit dem anrüchigen Handwerk ab. Erst 1705 wurde das «schwarze Handwerk» zünftig und den Bauleuten angegliedert. In Berlin erhielt das Gewerk der Schornsteinfeger 1697 ein erstes Privilegium, und 1703 kam es zur Gründung einer Innung, während sie z. B. in Nürnberg zu den freien Berufen zählten. In Leipzig wurde zwar schon im 16. Jh. ein Feuermauerkehrer ansässig, doch erst 1709 konnten die Meister ein Innungsprivileg erwirken, Dresden folgte ein Jahr darauf. Ab 1730 wurden im wittgensteinischen Territorium meist gelernte Steindecker oder Maurer als Schornsteinfeger im Auftrag der Städte und Grafenhäuser tätig.

Die Schornsteinfeger reinigten nicht nur die Schlote, sondern wachten auch über die Einhaltung von Bauvorschriften, die zumindest Balken durch den Rauchabzug verboten. Die meisten Feuerschutzbestimmungen für das Land faßten jedoch erst im 18. Jh. Fuß.

Die Bedeutung des Berufes folgte jedoch auch aus einem Wandel der Schornstein- und Ofenkonstruktion: Die Abzüge der offenen Kamine waren meist zu groß bemessen, daher setzte sich dort wenig Flugruß ab. Die Gefahr, die von ihnen ausging, war vor allem die des Funkenfluges und weniger die des Schornsteinbrandes. Mit der Blüte des Kachelofens im 16. Jh. wurde der Abzug auch kleiner, was zwar eine bessere Nutzung der Heizenergie bedeutete, aber auch eine größere Gefahr der Glanz- und Flugrußbildung und somit auch des Brandes bedeutete. Da die geschlossenen Kamine von Norditalien aus nach Deutschland kamen, waren es vor allem Italiener, die sich der Reinigung derselben annahmen. Sie kamen aus dem Tessin, aus Savoyen, Piemont und Graubünden, und selbst noch im 19. Jh. holten sich viele Kaminkehrer ihren Nachwuchs von dort. Die jüngsten Lehrbuben waren elf Jahre alt, in der Regel lag das Durchschnittsalter bei 13 bis 14 Jahren. Junge Lehrbuben wurden gerne beschäftigt: Die Reinigung vom Dach aus war noch die Ausnahme. Vielmehr mußten die Kinder mit Knie- und Rückenarbeit in die oft noch heißen Schornsteine steigen, eine Arbeit, die Santa Clara 1699 wie folgt beschrieb: «... und ist fürwahr nicht eine leichte Sach, indeme andere zum Steigen die Füß brauchen, diese aber die Knie, womit sie so wunderbarlich in alle Höhe hinauf klettern, und mit ihrer Arbeit, Fleiß und Obsorg denen gefährlichen Feuers-Brunsten wissen vorzubiegen». Diese Art des Besteigens und des Reinigens von innen gehörte in Berlin noch bis 1972 zur Gesellenprüfung. Die Lehrjungen waren äußerlich an der zur rußigen Arbeit zweckmäßigen «Steigerkappe» erkennbar, der Zylinderhut zählt frühestens seit den 1830er Jahren zu den unentbehrlichen Requisiten des Schornsteinfegers. Im 18./19. Jh. wurde meist eine vier- bis sechsjährige Lehrzeit verlangt. Lehrlinge wie auch Gesellen wohnten noch bis ins frühe 20. Jh. im Meisterhaus. Da die Schorn-

Abb. 30: Ein Berliner Schornsteinfeger (1934) beim Begehen eines Daches ohne Laufbohle.

steinfeger ein kleines, auf die Städte konzentriertes Handwerk mit wenigen Gesellen waren, setzte sich bei den Gesellen die Wanderschaft durch, und das Handwerk galt als «geschenktes» – mit Wanderunterstützung. Auf der Walz mußten außen am Felleisen das Kratzeisen und die Schlappschuhe sichtbar befestigt sein.

Der Ruf des Schornsteinfegers als Glücksbringer geht auf folgende Tradition zurück: In Norddeutschland wurde das Kehrgeld meist am Neujahrstag erhoben. Der Schornsteinfeger ging von Haus zu Haus und wünschte ein gutes Jahr, er gilt daher heute noch (auf Neujahrskarten abgebildet) als Glücksbringer.

Heinz-Peter Mielke

SCHREINER, TISCHLER, EBENISTEN

Unter den «alten» Handwerken zählen die Schreiner und Tischler zu den jüngeren, und die bis heute noch nicht vereinheitlichte Bezeichnung ist letztlich Folge dieser späten Geburt, oder vielmehr Wiedergeburt, denn bereits die Antike besaß eine hochentwickelte Möbelbaukunst. In den neu entstehenden germanischen Reichen begnügten sich auch die Herrschenden mit einer bescheidenen Inneneinrichtung. Während des Frühmittelalters oblag deswegen den Zimmerleuten nicht nur der Hausbau, sondern auch die Herstellung der relativ bescheidenen Möblierung, die folglich verkleinerte Zimmererarbeiten darstellen.

Dies änderte sich spätestens seit dem 12. Jh. mit der Übernahme und Entwicklung der aus Holz sorgfältig gezimmerten Stube im nordwesteuropäischen Wohnstil. Zunehmende Ansprüche an eine repräsentative Gestaltung der Möblierung konnten von den «Zimmerleuten mit der kleinen Axt», wie die frühen Möbelproduzenten in Frankreich genannt wurden, nicht mehr befriedigt werden. Bis dahin hatte für die Schaffung glatter Flächen die Arbeit mit Breitbeil, Queraxt und Ziehklinge gereicht. Aber trotz handwerklichen Geschicks war damit nicht der Grad der Vollkommenheit zu erzielen, der mit dem Hobel erreichbar war, der nun wiederum (wie bei den Römern) für die Holzbearbeitung eine Schlüsselstellung erlangte. Doch neben die entscheidende Erweiterung des Werkzeugbestandes trat die Wiederaufnahme eines Konstruktionsgedankens, die Rahmen-Füllungs-Bauweise. Die Erfindung der Wassermühlen mit Sägegatter zur Produktion dünner Bretter im 14. Jh. hingegen erlangte gegenüber dem Sägen der Bretter von Hand bis ins 18. Jh. hinein kaum Bedeutung.

Durch neue Geräte und Konstruktionsprinzipien vermochte sich die Schreinerei von den vorhandenen holzverarbeitenden Berufen zu emanzipieren, getragen von der Nachfrage nach eleganterem Interieur und neuen Verwahrmöbeln des Patriziats und des gehobenen Bürgertums der aufstrebenden Städte. Charakteristisch für die neuen Möbel in Rahmen-Füllungs-Bauweise war, daß die ungegliederten großen Brettflächen, die ehemals als tragende Bestandteile der Konstruktion entsprechend dick sein mußten, nun nur noch «raumabschließend» zwischen die stärkeren Rahmenhölzer eingenutet wurden. Dadurch entstand eine neue konstruktiv bestimmte Gliederung von Flächen, deren Auszier nicht nur durch Schnitzerei oder Farbe möglich war, sondern auch bereits bald mit Hilfe der Profilhobel, mit denen reliefartige Strukturen bei hoher Präzision in relativ kurzer Zeit sowohl am Rahmen wie auf Füllungen auszuführen waren. Dadurch wurde das gotische Faltwerk zum bestimmenden Zierelement des hochmittelalterlichen Möbels.

Außer bei den Verwahrmöbeln aber kam die neue Technik vor allem bei der Vertäfelung repräsentativer Wohnräume zum Tragen. So konnten sich die Produzenten dieser neuen Interieurbestandteile zunächst auch nur in den größeren Städten etablieren, wo es schon früh zu Zusammenschlüssen kam, so 1356 in Brügge und 1386 in Breslau.

Obwohl im 15. Jh. bereits mehrere größere Städte eigene Zusammenschlüsse des «neuen» Handwerks besaßen, erhielt sich, da diese ihren Namen zunächst vom wesentlichen Produkt ableiteten, eine beträchtliche Namensvielfalt. Bei den Holzhandwerkern in Lübeck wurde z. B. zwischen «kuntormakern» (Zahltischmacher), «panelenmaker» (Vertäfelungsmacher), «kistenmakern» (Truhenmacher) und «tymmerluden» (Zimmerleuten) unterschieden. Diese frühen niederdeutschen Berufsbezeichnungen setzten sich jedoch ebensowenig wie Kistler, Kleinschnittker und Schnittker durch. Auf Dauer etablierte sich im Osten des deutschen Sprachraumes der «Tischler», während der Name «Schreiner», abgeleitet vom Lehnwort Schrein, sich im Westen und Süden durchsetzte. Die sprachliche Differenzierung aber spielte für das eigentliche neue Berufsfeld schon im 16. Jh. keine Rolle mehr, eher schon die Verbindung mit verwandten Berufen (Tischler und Schnitker, Tischler und Bildhauer, Glaser), die teilweise auch von ein und demselben Meister ausgeübt wurden. Das galt auch für die späteren Zusammenschlüsse in Norddeutschland (1549 Braunschweig, 1555 Bremen, 1559 Osnabrück und 1665 Oldenburg).

Dem neu entstehenden Handwerk der Schreiner kam dabei von Beginn an zugute, daß die Zimmerleute wie die meisten Bauhandwerker häufig nicht organisiert waren. Darum hatten sie im Streit um die Privilegierung der neuen Geräte, Methoden und Produkte oft die schlechtere Ausgangsposition. Für die Erstarkung des Schreinerhandwerks war jedoch auch die Ausweitung der Produktionspalette und Steigerung der Qualität durch weitere Verbesserungen im Bereich von Werkzeug und Konstruktion entscheidend.

Insbesondere seit der Wiederentdeckung der antiken «Säulenordnung» im 16. Jh. und der Anwendung dieser Proportionslehre auf die Gestalt der Möbel erfolgte die weitere Abgrenzung vom einfacheren und universellen Holzhandwerker. Hinzu kam die Aufnahme neuer Werkstoffe. So gewann als zusätzliche Holzverbindung zu dieser Zeit die Verwendung von Leim für den Möbel- und Innenausbau eine entscheidende Bedeutung. Damit war es möglich, bei der Konstruktion auf sichtbare Nagelung oder Keile zu verzichten und Stoßfugen zu verdecken; Flächen aus unterschiedlichen Holzarten konnten nun dauerhaft miteinander verbunden werden. Dies wurde vor allem für die Verarbeitung von Edelhölzern wichtig, die als dünne Oberfläche – als Furniere – auf preiswerte Unterhölzer geleimt wurden. Die Furniersäge stammte wie die Furniertechnik aus Oberitalien. In Deutschland wurde Nürnberg Zentrum dieser neuen Entwicklung innerhalb der Schreinerei.

Durch Vorbildwerke, wie sie z. B. der Nürnberger Holzschneider, Bildhauer und Zeichner Peter Flötner († 1546) schuf, wurden sowohl die Grundideen der Säulenordnung, die Proportionslehre, aber auch «moderne» Zierformen über alle Grenzen hinweg verbreitet. Die Auftraggeber aus Adel und Großbürgertum konnten nun in Fragen der Entwürfe anhand der Vorbild- und Vorlagen-Literatur entscheidend mitbestimmen.

Diese in der Renaissance entwickelten Techniken der Holzbearbeitung bestimmten die Entwicklung des Schreinerhandwerks bis hin zur Auflösung der zünftigen Organisation. So lange behielt auch die damals wieder aufgenommene Proportionslehre der Klassik, die «Säulenordnung», ihren Charakter als verbindlicher Kanon und blieb Teil der Ausbildung. Deutlich wurde das nicht nur in den Produkten, sondern auch durch die Bräuche (Umzüge) und die Symbole, so in dem Initiationsritus, mit dem der Lehrling in den Gesellenstand aufgenommen wurde.

In der Steigerung des Luxuscharakters bestimmter Möbel, wie sie ein entsprechendes Publikum verlangte, lag der Keim zur Spaltung des Handwerks. So entstand seit dem 17. Jh. neben dem zünftigen städtischen Handwerk das Hofhandwerk, das dem gesteigerten Repräsentationsbedürfnis des am französischen Vorbild ausgerichteten Adels den entsprechenden Rahmen zu liefern hatte. Durch den Hof erhielten diese Handwerker den notwendigen Spielraum für die Entwicklung und Anwendung neuer Produkte und Produktionsweisen, die seitens der egalitär ausgerichteten Zünfte behindert wurden. Auch die wenigen Möbelmanufakturen, die in Deutschland für den international ausgerichteten Luxusmarkt produzierten und für die der Name Roentgen als Synonym für Geschmack und Qualität gelten darf, bedurften fürstlicher Protektion und der Befreiung von korporativen Zwängen, um entsprechende Spitzenleistungen hervorbringen zu können. Sie verwandten kostbare überseeische Hölzer als Furniere, von denen Ebenholz als eines der teuersten und geschätztesten Hölzer im Barock namensprägend wurde. Als Ebenisten brachten sie die bewundernswürdigen Möblierungen der Schlösser und Residenzen hervor.

Bei der Einschätzung dieser doch recht «einsamen» Spitze darf nicht vergessen werden, daß sie meist zünftige Handwerksgesellen beschäftigten, die durch eine Ausbildung entsprechend qualifiziert waren. Denn auch der «einfache» Zunftmeister orientierte sich an Möbelstücken, die er kaum einmal in seinem Leben in Auftrag bekam. Diese hohe Anforderung, die das zünftige Schreinerhandwerk an sich selbst stellte, spiegelt sich in den Meisterstücken wider: Ein eigenständiger, maßstabsgerechter zeichnerischer Entwurf, der Riß, war nach Prüfung innerhalb einer festgelegten Frist zu realisieren.

Die Bedeutung, die Zeichenkunst und Genauigkeit für die Schreiner besaßen, liefert folgerichtig das allgemein verbreitete Emblem der Schreiner, bestehend aus Hobel und Winkeleisen oder Zirkel. Doch neben der geforderten Verpflichtung zu hoher Qualität trat auch die Realität des Marktes. Möbelstücke, die dem Charakter der Meisterarbeiten gleichkamen, waren nur für eine Minderheit erschwinglich, waren keineswegs «bürgerliche» Möbel, sondern konnten auch im städtischen Bereich nur von einer äußerst kleinen Oberschicht erworben werden. Die Masse der Schreiner mußte sich daher stets auch um die Herstellung einfachster Gebrauchsmöbel bemühen, von denen so gut wie nichts der Nachwelt überliefert wurde. Das gilt auch noch für die erste Hälfte des 19. Jh.s, dessen Biedermeiermöbel als Ensemble trotz der «bürgerlichen» Einfachheit in der Regel nur die Salons des Adels zierten. Auf dem Gebiet der einfacheren Gebrauchsmöbel aber entstand den zünftigen Handwerkern der Städte nicht nur die Konkurrenz heimlich produzierender Gesellen und der übrigen Holzhandwerker, sondern seit dem Ende des 17. Jh.s in wachsendem Maße auch die der sogenannten Landmeister.

Der langsam steigende Wohnkomfort der bäuerlichen Bevölkerung sowie die Nachfrage des ländlichen Honoratiorentums hatten spätestens seit Ende des 17. Jh.s in weiten Teilen Deutschlands auch Handwerkern auf dem Lande eine Existenzmöglichkeit geschaffen. Sie schufen vor allem im Verlauf des 18. Jh.s eigene, stark regional geprägte Möbelstile, jedoch in deutlicher Abhängigkeit von der Kapitalkraft der jeweiligen bäuerlichen Auftraggeber und den Tendenzen der städtischen Vorbildzentren. Die Landschreiner waren zwar nicht an die Normen der Zünfte gebunden, doch orientierten sie sich trotzdem an der Trinität von Meister, Geselle und Lehrling, und bei den Möbeln des gehobenen Bedarfs, vor allem den Schränken, ist die Verbindlichkeit des Proportionskanons deutlich erkennbar.

In Stadt und Land aber trat neben die Möbelproduktion in wachsendem Maß die Arbeit am Bau. Mit den Vertäfelungen waren schon früh wandfeste Möbel Teil der Angebotspalette der Schreiner geworden, denen die Türen gefolgt waren. Bald dehnte sich das Arbeitsgebiet auch noch auf die Fenster aus, und den Zimmerleuten in Flensburg war 1795 nicht nur die Fertigung von Türen, da beidseitig mit dem Hobel bearbeitet, untersagt, sondern auch die einseitig behobelten Fensterrahmen, die dort nur noch von Schreinern angefertigt werden durften. Als dann auf dem Lande und seit dem Beginn des 19. Jh.s auch in vielen Städten die Gewerbefreiheit eingeführt wurde, konkurrierten beide Handwerke auf diesen Gebieten, doch obsiegten die Bauschreiner.

Die Hartnäckigkeit der Auseinandersetzung aber war mitbestimmt durch die Gleichartigkeit der Arbeitsgeräte. Da die Masse der Schreiner in den Kleinstädten und auf dem Land das Holz, das sie brauchten, sich oftmals selbst beschaffte, gehörte die Zurichtung der Stämme zu Brettern und Bohlen mit zu ihrem Aufgabengebiet, für das die entsprechenden Beile, Äxte und Sägen vorhanden sein mußten. Andererseits war für den Schreiner eine Werkstatt unabdingbar. Hier stand als passives Gerät die Hobelbank, deren Entwicklung zur auch heute noch gültigen Form bereits im 18. Jh. abgeschlossen war. Hingegen gehörten die einfachen Hobel, der grobarbeitende Schrupphobel, die für ein Planum sorgende lange Rauhbank und der Schlichthobel, überall zum Gerätebestand fast aller Holzhandwerke. Nut- und Federhobel, Dielenhobel und Falzhobel zählten wiederum einschließlich der Handsägen, wie Fuchsschwanz und Spannsäge, sowie die Knebelbohrer und Bohrwinden zur Ausrüstung von Tischler und Zimmermann. Ausgesprochenes Schreinerwerkzeug waren jedoch alle Geräte, die im Zusammenhang mit der Leimarbeit, vor allem mit Furnierwerk, zu tun hatten. Da der Leim eine bestimmte Verarbeitungstemperatur brauchte, die nicht unterschritten werden durfte, verlangte dieser Bereich nicht nur eine überdachte, sondern eine beheizte Werkstätte. Leimarbeit bestimmte auch die eigene Form des Schreinerhammers, der eine breite feste Finne (das schmale Vorderteil des Hammerkopfes) hatte, um damit das Furnier auf das tragende Blindholz aufdrücken zu können. Die gehobene Möbelproduktion verlangte außerdem noch eine Vielzahl von Profilhobeln, ebenso eine Anzahl von profilierten Stech- und Stemmeisen.

Die relativ leichte Bearbeitung des Werkstoffs Holz hatte aber auch Auswirkungen auf die seit der Industrialisierung gegebene Konkurrenz zwischen der Maschinenproduktion einerseits und Handarbeit andererseits. Sie erleichterte den Kleinstbetrieben, die allgemein für die Schreinerei typisch waren (ein bis zwei Personen pro Werkstatt), bis weit in das 20. Jh. hinein eine gewisse Überlebenschance.

Andererseits bot diese Eigenschaft des Rohstoffs die Möglichkeit einer begrenzten Mechanisierung schon vor der Motorisierung der Betriebe. Kreissägen, Bandsägen, Fräsen zum Profilieren und Zapfenschneiden sowie Hobel und Bohrmaschinen wurden bereits im letzten Viertel des 19. Jh.s von Maschinenfabriken angeboten und auch dort eingesetzt, wo keine Dampfkraft zur Verfügung stand, da ein Betrieb mit Fußpedal oder Handkurbel möglich war. Die Elektrifizierung, vor allem seit den 1920er Jahren, brachte dann den ersten entscheidenden Wandel in der Ausstattung der Werkstätten, zugleich aber auch einen enormen Anstieg des Kapitalbedarfs für eine Betriebsgründung. Da die Möbelproduktion in immer stärkerem Ausmaß der Industrie zufiel, bedeutete die Mechanisierung vor allem eine Ausdehnung auf den Bausektor für die meisten Schreinereien. Symptomatisch für diese Entwicklung mag die Übernahme des Treppenbaus im 20. Jh. durch die Schreinerwerkstätten sein, ein Arbeitsbereich, der bis dorthin den Zimmerleuten zugeordnet worden war. Heute ist der Außen- und Innenausbau zur Grundlage des Schreiner- und Tischlerhandwerks geworden, das darüber hinaus durch maschinell erzeugten Holzersatz (Spanplatten) und vor allem durch Kunststoffe vollkommen neue Materialien in seinen Arbeitsbereich integriert hat. Mit der Vielzahl kleiner elektrischer «Handmaschinen» (Handsäge, Handbohrer, Handhobel, Handfräse, Handfeile usw.) hat sich das Erscheinungsbild des Schreiners seit den 1960er Jahren entscheidend gewandelt.

Hermann Kaiser

SCHUHMACHER

Die Schuhmacher als lederverarbeitendes Handwerk waren noch im Spätmittelalter auch für die Lederherstellung (lohgares Leder) zuständig. Bis ins 14. Jh. waren sie vielfach mit den übrigen lederherstellenden und -verarbeitenden Gewerben in einer gemeinsamen Zunft zusammengeschlossen. Im 15. Jh. setzte ein Differenzierungsprozeß ein, der die Schuhmacher auf die Herstellung des Leders zum Eigenbedarf einschränkte. In einigen Städten gehörte die Lohgerberei bis ins 18. Jh. zum Arbeitsbereich des Schuhmachers: In Berlin besaßen die Schuhmacher z. B. den Lohhof am Mühlendamm und betrieben auch Lederhandel. Im Spätmittelalter trennten sich die Schuhmacher dann auch organisatorisch von den Gerbern, und es bildete sich die Zunft der Schuhmacher einerseits und die Zunft der Gerber andererseits. In größeren Städten wie Breslau, Leipzig und Nürnberg lösten sich auch die Schuhflicker (Altbuzer, Altmacher, Reseler, Altreußen, Altreißer, Schuhplätzer), Holzschuh- und Pantoffelmacher von den Schuhmachern; die Leistschneider, die den Schuhmachern zuarbeiteten, waren jedoch unzünftig.

Abb. 31: Der Nürnberger Schuster Herman († 1521) mit einem zwischen die Knie geklemmten Schuh. An Werkzeugen sind das Zuschneidemesser (Handmesser oder Halbmond), zwei Pfriemen (Orte) und eine Ahle zu sehen. Hausbuch der Mendelschen Zwölfbrüderstiftung.

Der Arbeitsprozeß der Schuhherstellung war vergleichsweise einfach zu erlernen und mit wenigen, preiswerten Werkzeugen durchzuführen. Er beginnt mit dem Zuschneiden des Oberleders mittels eines scharfen Messers auf einem Schneidebrett aus weichem, glattem Lindenholz. Nach dem Zusammennähen von Vorderteil, Hinterteil und Futter wurde die Brandsohle auf den Leisten geheftet und der Schaft mit Hilfe einer Falzzange über den Leisten gespannt. Dem «Zwicken» folgte das «Einstechen» des Schuhs, wobei Brandsohle und Oberleder zusammengenäht wurden. Danach wurde die Laufsohle durch die Brandsohle genäht, das «Durchnähen», und abschließend wurde der Absatz an der Brand- und der Laufsohle befestigt.

An diesem Arbeitsprozeß änderte sich in technologischer Hinsicht bis ins 18. Jh. wenig. Einschneidende Veränderungen kamen erst in den 1830er Jahren aus Amerika: Während zuvor die Sohle an das Oberleder angenäht worden war, wurde nun die Laufsohle mit Holzstiften an die Brandsohle und das Oberleder angenagelt. Dies war eine zeit- und kostensparende Innovation, die einen entscheidenden Impuls zur billigen Massenproduktion gab. 1868 mechanisierte die Schuhpflockmaschine das Besohlen mit Holzstiften. Von den 1850er Jahren an setzte sich – wiederum aus Amerika kommend – die Nähmaschine durch. 1875 hatte in Leipzig jeder sechste Schuhmacher eine Nähmaschine, 1895 fand sie sich – wie auch in Jena – fast in jeder Werkstatt. Mit der Nähmaschine konnten vor allem die Schäfte gesteppt werden, und auf diesem Hintergrund entwickelten sich Schaftfabriken, die dem Schuhmacher das Halbfabrikat lieferten, so daß sich sein Arbeitsbereich reduzierte. Walkhölzer und Steppklemmen, die früher zur Schaftherstellung unentbehrliche Werkzeuge waren, verschwanden zusehends aus der Schusterstube. Sohlendurchnähmaschinen und Stanzmaschinen zum Ausschneiden des Bodenleders kamen im Handwerk kaum zum Einsatz, ebenso wie die Rahmeneinstechmaschine, die zum enormen Aufschwung der Schuhindustrie beitrug. Schleifmaschinen und Ausputzmaschinen fanden um 1900 Verbreitung, und die Klebepresse fand schließlich nach dem 1. Weltkrieg Eingang in die Schusterwerkstatt.

Vor dem Eindringen der genannten technischen Neuerungen waren im Schuhmacherhandwerk nur geringe Qualifikations- und Kapitalvoraussetzungen notwendig, um das Handwerk ausüben zu können. Finanzielle Vorleistungen waren nur zu tätigen für den Kauf von Leder, von Leisten und für den Erwerb der Werkzeuge, wobei die Gesellen das gewöhnliche Werkzeug meist selbst besaßen. Immobilienbesitz war den zünftigen Meistern in einigen Städten vorgeschrieben, so mußte in Breslau jeder Meister Eigentum an einer der Schuhmacherbänke haben. Dabei handelte es sich um ein schmales Hausgrundstück, das im Parterre eine Werkstatt, im Keller wenige, kleine Lagerräume hatte.

Aufgrund der geringen Qualifikations- und Kapitalvoraussetzungen und der nur begrenzt elastischen Nachfragestruktur mit jahreszeitlichen Schwankungen entwickelte sich das Schuhmacherhandwerk frühzeitig zu einem der zahlenmäßig größten Handwerke, das gegenüber der Konkurrenz von Landmeistern und ihrem Hausierhandel sowie gegenüber Pfuschkonkurrenz sehr anfällig war. Die damit verbundenen Abschließungstendenzen der Zunft erreichten im 18. Jh. ihren Höhepunkt. Der Zugang zum Handwerk wurde erschwert, doch die Maßnahmen griffen kaum, denn die Meisterzahlen stiegen im 18. Jh. in Relation zur Bevölkerung überproportional an, das Schuhmacherhandwerk fiel der «Übersetzung» anheim.

Parallel dazu veränderte sich die Betriebsgrößenstruktur: Während bis in die zweite Hälfte des 18. Jh.s die Produktion auf Vorrat nur in geringem Maße gestattet war und die Produktionskapazität durch die Begrenzung der Betriebsgröße (auf zwei bis drei «Stühle») eingeschränkt war, lösten z. B. Heeresgroßaufträge im 18. Jh. einschneidende Wandlungen im Bereich der Arbeitsorganisation des städtischen Handwerks aus. Bis ins 18. Jh. mußten größere Aufträge unter den Zunftgenossen verteilt werden, zusehends nahmen die von den Heeresverwaltungen betrauten Kaufleute jedoch einzelne Meister unter Vertrag, die in der Lage waren, Investitionen für Material und Löhne zu finanzieren und fristgerecht zu liefern. Die Nachfrage nach Leder forcierte den Lederhandel, gleichzeitig setzten sich Vorratshaltung und Magazine durch, und die Begrenzung der Betriebsgrößen wurde gelockert.

Da die Produktion bis in die zweite Hälfte des 18. Jh.s ausschließlich kleinbetrieblich organisiert war, konnten kaum mehr als zwei bis drei «Stühle» pro Werkstatt besetzt werden. Bei den Lehrjungen setzte sich eine dreijährige Lehrzeit durch, ohne Lehrgeld wurden vier Jahre verlangt. Lehrjungen verrichteten meist die Flickarbeit und trugen Schuhe aus. Junge Gesellen, die noch nicht die Leistung eines Gesellen erbrachten, wurden als «Lohnjungen» beschäftigt. Bereits Ende des 17. Jh.s wurde in verschiedenen Städten der Wochenlohn weitgehend durch Stücklohn ersetzt (Nürnberg, Augsburg, Wien, Frankfurt/M., Bremen), der sich dann weiter verbreitete und bis Ende des 19. Jh.s dominante Lohnform blieb. In den mittleren und größeren Betrieben erhielten nur sog. Wochen- oder Mittelgesellen, die die Reparaturen vornahmen, Zeitlohn, ebenso die hoch entlohnten Zuschneider. Bis ins 18. Jh. wurden als Lohnzulage auch die Viertel- oder Halbjahresschuhe (bzw. das dafür nötige Leder) gewährt. Das Arbeitsverhältnis war in einigen Städten auf drei, in andern auf sechs bzw. zwölf Monate festgelegt, als «Wanderziel» galten dementsprechend ein, zwei oder vier Kündigungstermine im Lauf des Jahres. Mit der Durchsetzung des Stücklohns setzte sich dann bis zur Mitte des 19. Jh.s die 14tägige Kündigungsfrist durch. Bereits das Gewerksprivileg der Berliner Schuhmacher von 1678 enthielt höhere Lohnsätze für Gesellen, die sich selbst verköstigten, und in der zweiten Hälfte des 18. Jh.s begannen sich die Gesellen aus dem Meisterhaus zusehends zu lösen. In den 1890er Jahren wohnte z. B. in Leipzig nur noch ein Fünftel der Gesellen im Meisterhaushalt, in den Klein- und Landstädten waren Kost und Logis noch ausgeprägter. Vor allem im Norden (Hamburg, Bremen, Breslau) sind im späten 18. Jh. auch verheiratete Gesellen (Berlin 1827: 1000 zünftige Gesellen, davon 200 verheiratet) belegt, für viele Gesellen lag jedoch der Übergang zum Meister oder Verlagsarbeiter nahe.

Wandernde Schuhmachergesellen konnten sich aufgrund der weiten Verbreitung des Handwerks in einem dichten Netz bewegen: Ein «Geschenk» hat sich daher nicht herausgebildet, doch konnten die Gesellen auf eine ausgeprägte Herbergskultur zurückgreifen. Der geforderten dreijährigen Wanderschaft folgte bis ins frühe 19. Jh. noch die sog. Mut- oder Ersitzzeit, die der Geselle bei einem oder höchstens zwei Meistern ableisten mußte, bevor er zum Meisterstück zugelassen werden konnte, dessen Abschaffung Ende des 18. Jh.s vielfach gefordert wurde.

Mit der sozial folgenreichen Polarisierung des Handwerks in Klein- und Alleinmeister einerseits und Großmeister andererseits entwickelte sich in der ersten Hälfte des 19. Jh.s aus der Gruppe der wohlhandenden Meister der Typus des Magazinmeisters, der ein größeres Lederlager halten konnte: Er stellte einerseits Maßanfertigungen her, andererseits produzierte er auf Vorrat gearbeitete Ball- und Luxusschuhe, die er in einem von der Werkstatt getrennten Ladengeschäft anbot. Seine Gesellen erhielten oft höhere Löhne und wohnten nicht mehr im Meisterhaushalt; die Produktion wurde zunehmend verlagsmäßig organisiert.

Der Konfektionsbetrieb spielte die wichtigste Rolle für die Ausdehnung der Schuhproduktion im 19. Jh.: Einzelne Arbeitsschritte wie das Zuschneiden wurden in der zentralen Werkstatt vorgenommen, während die verlegten Stückmeister, Logisarbeiter oder Sitzgesellen (z. T. mit eigenen Gesellen und Lehrjungen) die übrigen Arbeiten ausführten. So vollzog sich durch das Verlagswesen ein Dequalifizierungsprozeß, der bis zum Ende des 19. Jh.s weite Teile des Handwerks erfaßt hatte.

Zwischen dem Konfektionsbetrieb und dem Alleinmeister stand der traditionelle kleine Werkstattmeister mit ein oder zwei Gesellen, der für private Kunden arbeitete. Sein Anteil nahm im Lauf des 19. Jh.s stetig ab, im gleichen Maße, wie sich der Absatz veränderte: Fabrikschuhe wurden seit den 1870er Jahren durch den entstehenden Detailhandel und Schuhgeschäfte abgesetzt; die Einführung eines einheitlichen Maßsystems begünstigte diesen Prozeß.

Zunehmend trat die Produktionsfunktion in den Hintergrund, und zumindest im städtischen Bereich kann um 1890 der Verdrängungsprozeß, der 1870 verstärkt einsetzte, als abgeschlossen gelten: Der städtische Schuhmacher war um 1890 meist nur noch Flickschuster, der zudem in die Abhängigkeit vom Lederhändler geraten war. Von 1882 bis 1895 nahm die Zahl der Alleinbetriebe bei gleichzeitigem Rückgang der Gehilfenbetriebe und insgesamt einem Rückgang der Beschäftigten noch zu, doch war das Schuhmacherhandwerk bereits 1895 fast nur noch Reparaturgewerbe, und in der Folge gingen die Betriebs- und Beschäftigtenzahlen zurück. 1925 bestritt das Schuhmacherhandwerk nur noch einen Anteil von 3% an der Schuhproduktion (1875: 90%). Nach dem 1. Weltkrieg ging schließlich auch die Nachfrage der Landbevölkerung nach Handwerksarbeit zurück, und auch die Reparaturnachfrage konzentrierte sich auf Werkstätten des Handels und Schnellschuhsohlereien in den Städten. Erst in den 1920er Jahren wurde der Kleinmeister im Reparaturbereich durch die Anwendung des Ago-Klebeverfahrens (das die Sohlenbefestigung vereinfachte), durch Verbesserungen an den von Hand betriebenen Maschinen und durch die Anwendung des elektrischen Kleinmotors wieder konkurrenzfähig. Dennoch war aus dem Schuhmacher ein Schuhflikker geworden, und das Orthopädieschuhmacherhandwerk entwickelte sich nach 1930 zu einem Handwerk mit eigenem Berufsbild.

Andreas Grießinger

STEINMETZ UND STEINHAUER

Die Bearbeitung eines Sandsteinquaders stellt die charakteristische Tätigkeit des Steinmetzen dar. Dies konnte einerseits durch Hauwerkzeuge geschehen, die als ein- oder zweihändige Beile geführt wurden (Spitzfläche, Doppelfläche, Dächsel, ab dem 15. Jh. Punkthammer und Bossierhammer). Daneben verwendete man auch den Holzhammer, mit dem verschiedene Meißel getrieben wurden (Schlageisen, Spitzeisen, Zahneisen, ab dem 15. Jh. das breitere Scharriereisen). Die Steinmetzen saßen meist auf einem einbeinigen Schemel unter freiem Himmel; erst seit dem 14. Jh. lassen sich in bildlichen Darstellungen einfache Unterstände und eigene Bauhütten nachweisen. Mit Winkel, Meßlatte, Reißnagel und Stechzirkel wurden Quader oder Werkstücke vermessen bzw. hölzerne Schablonen gefertigt. Die Technik der Bearbeitung formbaren Sandsteins hat sich, abgesehen vom Einsatz moderner Maschinen, im Grunde bis heute kaum gewandelt.

Der Transport der Rohlinge aus den Sandsteinbrüchen erfolgte mit einachsigen Karren, größeren Fuhrwerken oder per Schiff. Neben dem seit dem 3. Jh. v. Chr. bekannten Flaschenzug zum Heben großer, tonnenschwerer Stücke wurden auch einfache Lastkräne in Form eines Galgens verwendet; diese teilweise schwenkbaren Kräne wurden entweder mit einer Seilwinde oder bei großen Höhen und Lasten mit Treträdern, in denen ein oder zwei Mann nebeneinander laufen konnten, betrieben. Die Steine wurden entweder durch Steinzangen über seitliche Zangenlöcher an den Steinen oder von oben mit Hilfe einer schwalbenschwanzförmigen Verkeilung gegriffen und an Ort und Stelle mit Mörtel, bei vielen gotischen Konstruktionen fast immer unter Verwendung von Eisenbewehrungen versetzt.

Die Hinwendung vom Holzbau zum teuren, aber dauerhafteren Steinbau bei kultischen Gebäuden, Pfalzen, Burgen, Befestigungen vollzog sich während des Hochmittelalters; sie wurde zunächst im klösterlichen Bereich kultiviert. Einen technischen und künstlerischen Höhepunkt erreichte das mittlerweile aus laikalen Kräften zusammengesetzte Steinmetzhandwerk in der Gotik ab dem 14. Jh. Die neue Wölbetechnik mit Hilfe von Kreuzrippen und Strebewerken zur Aufnahme des enormen Gewölbeschubs sowie Spitzbogen und Maßwerk als konstruktive Elemente erforderten in Verbindung mit handwerklich gerechter Bearbeitung des Baumaterials ein sehr spezialisiertes Wissen und Können. Die Angehörigen der weitverzweigten Familie Parler aus Schwäbisch Gmünd, die als Werkmeister an den großen Kirchenbauten in Prag, Wien, Freiburg, Basel, Straßburg, Ulm und andernorts tätig waren, können exemplarisch für solches Spezialistentum angesehen werden. Darüber hinaus läßt sich an diesem Beispiel der Übergang einer Berufsbezeichnung auf den Familiennamen nachvollziehen, denn das französische Verb «parler» (sprechen, reden) ging im Sinne von Sprecher bzw. Vorarbeiter auf den Eigennamen Parler über und lebt im heutigen «Polier» noch fort. Diese handwerklich, architektonisch und künstlerisch ausgewiesenen Baumeister standen mit den Bauherren als hochdotierte Fachkräfte im Verhältnis eines Werkvertrages. Sie waren für die gesamte technische Leitung eines gotischen Kirchenbaues verantwortlich, während meist ein eigener Schaffner für organisatorische Aufgaben zuständig war: Bereitstellung von Geräten und Werkzeugen, Nachschub von Baumaterial, Abrechnung und Unterhalt. Eine solche Organisation zur Errichtung eines Kirchenbaues wird als Bauhütte im weiteren Sinne bezeichnet, deren Trägerschaft geistlicher, kommunaler, aber auch kaiserlicher Art sein konnte. Obwohl sich diese Großprojekte über viele Jahrzehnte hinzogen, waren sie wegen jahreszeitlich bedingter Pausen, wegen Unterbrechungen durch mangelnde Finanzierung immer wieder zeitlich begrenzt. Zumindest mußte stets eine Vielzahl von Steinmetzgesellen und -meistern (sowie örtlicher Hilfskräfte) angeworben werden – und umgekehrt auf der Suche nach Arbeitsmöglichkeiten sein, die einzelne auch über den deutschsprachigen Raum hinaus nach Ungarn, Italien, Frankreich oder England führte. Die hohe handwerkliche Qualifikation, ein ausgeprägt berufsständischer Ehrbegriff, soziale Absicherung und religiöse Motive ließen eigene überregionale Steinmetzbruderschaften entstehen. Obwohl sie wesentlich älter waren, traten sie als Institutionen mit persönlicher Mitgliedschaft weniger hochqualifizierter Meister und Gesellen erstmals 1459 in Regensburg und 1462 in Torgau, für die Steinmetzen aus Mitteldeutschland, mit eigenen Ordnungen hervor. Hierin wurden Fragen der Ausbildung, der Arbeitsverhältnisse und besonders der Gerichtsbarkeit geregelt, da die Bauhütten meist in der immunen Domfreiheit eingerichtet waren. Unter dem Vorrang der Straßburger Haupthütte bildeten sich große Bruderschaften mit regionaler Zuständigkeit in Wien, Bern (später: Zürich) und Köln heraus. Kraft königlicher (1498 sowie letztmals 1621) und päpstlicher Autorität (1502) wurden die immer wieder revidierten Ordnungen bestätigt, was den Steinmetzen vor anderen Handwerken einen hohen Prestigegewinn einbrachte.

Selbstverständlich waren nicht alle Steinmetzen Mitglieder dieser in der Literatur des 19. Jh.s vielfach stilisierten handwerklichen Hochkultur, sondern parallel dazu in Zünften organisiert. Die Ausbreitung des Steinbaus seit dem 14. Jh. in den Städten führte zur Integration ortsansässiger, kaum mehr mobiler Steinmetzen in die städtische Wirtschaft und die jeweilige Handwerksverfassung. Allerdings konnten sich diese Zünfte des Bauhandwerks wegen der Nachfrage nur in größeren Städten bilden, wo sie sich häufig mit den Maurern zusammengeschlossen hatten. Im Gegensatz zum Hüttenwesen war hier jedoch zur Erlangung des Meisterrechts eine Meisterprüfung vorgeschrieben. Diese erforderte praktische und theoretische, auf den Grundlagen gotischer Sakralbaukunst fußende Kenntnisse einschließlich der Anfertigung eines Meisterstückes (Zeichnungen, Baumodelle), während im Hüttenwesen langjährige Erfahrung und Fürsprache zweier Meister genügten, einen erfahrenen Gesellen zum Meister zu sprechen.

Ein wesentlicher, im Verlauf der frühen Neuzeit an Schärfe hervortretender Unterschied lag in der vom Hüttenwesen geforderten fünfjährigen Lehrzeit. Bei den in städtischen Zünften organisierten Steinmetzen genügten oft drei Lehrjahre zur Berufsausbildung, weshalb sie korrekterweise als «Steinhauer» hätten bezeichnet werden müssen.

Abgesehen von der Winterpause dauerte die eigentliche Bausaison immer von Petri Stuhlfeier (22. Febr.) bis St. Gallus (16. Okt.). Die tägliche Arbeitszeit betrug, abhängig von der Tageslänge, zwischen acht und zwölf oder 13 Stunden. Früher als in andern Handwerken hatte sich der Taglohn durchgesetzt, da die Bezahlung im Stücklohn kaum

Abb. 32: Turmbauszene nach einem Holzschnitt von Peter Drach (Speyer, 1479). Sie zeigt das Schlagen des Werkstückes, das Behauen des Quaders, das Mörteltragen, das Aufziehen und das Versetzen des Quaders.

durchgehalten werden konnte; die Steinmetzzeichen, deren Bedeutung geschwunden war, hatten als individueller Leistungsnachweis hier ihren Ursprung.

Die Abkehr von der arbeitsintensiven und teuren Sandsteinbauweise mit der Hinwendung zu neuen Baumaterialien wie Ziegelstein und Beton während des 19. Jh.s und vor allem während des 20. Jh.s führte zu einem Bedeutungsschwund dieses Handwerks, das heute überwiegend in der Restaurierung von Bauteilen und älteren Gebäuden aus Sandstein seinen Erwerb findet.

Peter Fleischmann

STRUMPFSTRICKER UND STRUMPFWIRKER

Bereits im Spätmittelalter waren in größeren Städten (wie Basel, Wien und Breslau) Kappen- und Hosenmacher tätig, doch erst nachdem sich der gestrickte Strumpf in der Mode des spanischen Hofes in der ersten Hälfte des 16. Jh.s durchsetzte, dehnte sich das Stricken als Handwerk aus. In Straßburg wird das Stricken (Lissemen) erstmals 1535 urkundlich erwähnt; erste Artikel der Hosen- und Barettmacher stammen von 1574. Nürnberg erließ 1583 eine Barett- und Hosenstrickerordnung, Basel (Lismer) folgte 1607. In Frankfurt/M. schlossen sich im späten 16. Jh. die Hosenstricker, Teppich- und Barettmacher zusammen, erst in der Ordnung von 1627 tauchen die Strumpfstricker auf, und 1683 sind die Barettmacher dann verschwunden: Das Barett kam Mitte des 16. Jh.s aus der Mode, an seine Stelle trat die gestrickte wollene Mütze.

Zunächst war die Strickerei ein städtisches Handwerk, dehnte sich aber bald auch auf das Land aus. Straßburg zählte z. B. 1618 70 Meister, danach setzte – durch die Ausbreitung im Elsaß – ein Rückgang ein. Bereits um die Mitte des 17. Jh.s nahm die Strickerei den Charakter eines verlegten Handwerks an.

Beim Stricken wurde ein einziger Faden zu Maschen verschlungen und jede Schleife sofort zu einer neuen Masche verarbeitet. Durch den von W. Lee 1589 erfundenen Strumpfwirkerstuhl konnte zunächst eine Anzahl Schleifen hergestellt werden, aus denen dann gleichzeitig Maschen gebildet wurden. Der Leesche Stuhl brachte etwa eine Verzehnfachung der Maschenbildung und damit eine Beschleunigung und Verbilligung der Strumpfherstellung. Nach der Aufhebung des Ediktes von Nantes 1685 ließen sich zahlreiche Strumpfwirker in deutschen Städten nieder, und der Strumpfwirkerstuhl war um 1700 bereits weit verbreitet. In Bremen umfaßte das Strumpfwirkerhandwerk um die Mitte des 18. Jh.s etwa 500 Stühle, in Berlin waren 1721 140 Strumpfwirkerstühle im Besitz der Französischen Kolonie, 1737 wurde bereits auf 700 Stühlen produziert, Magdeburg zählte 1714 schon 500 Stühle (1729: 864), und in Halle arbeiteten 1723 450 Meister und Gesellen. Im Erzgebirge entwickelte sich in und um Chemnitz eine bedeutende Strumpfproduktion: Um die Mitte des 18. Jh.s arbeiteten 60 Meister in der Stadt und 300 bis 400 auf dem Land. Neben Chemnitz (1800: 125 Stühle) entwickelte sich Limbach zu einem wichtigen Standort (1857: 528 Meister und 250 Gesellen). In Thüringen konzentrierte sich die Wirkerei in Weimar (1776: 202 Stühle) und Apolda (1776: 647 Stühle). Neben der «Strumpferstadt» Erlangen – hier wurden 1792 563 Wirkstühle gezählt, und noch 1810 lebten ca. 1800 Menschen von der Strumpfherstellung – erlangte auch Schwabach im fränkischen Raum Bedeutung.

Mit der Verbreitung des Strumpfwirkerstuhls verschwand zunehmend das Handwerk der Stricker. In Berlin arbeiteten 1776 nur noch acht Meister und vier Gesellen: Sie ließen meist von Frauen stricken und beschränkten sich auf das Walken, Rauhen und Scheren sowie den Strumpfhandel.

Nach dem Spinnen der Wolle wurde der Faden (mit dem Spinnrad) doubliert und die doublierten Fäden mit der Handzwirnmühle locker gezwirnt. Die Stränge wurden dann gewaschen und gespult. Nach dem Wirken mußte die Ware zusammengenäht werden, da zunächst nur «geschnittene Ware» hergestellt werden konnte. Danach mußten Strümpfe leicht gewalkt (Handwalkmühle) werden, Kastorstrümpfe (aus Kammgarn) gingen in die Walkmühle. Das Färben konnten Wirker, Stricker oder Färber übernehmen. Noch naß vom Färben wurde der Strumpf über ein Formbrett gezogen und getrocknet. Das Scheren besorgte der Strumpfstricker; glatte Strümpfe wurden dem Tuchbereiter übergeben, so daß sie in der warmen Presse Glanz erhielten. Häufig nahmen auch die Näherinnen bzw. Strumpfwäscherinnen den letzten Arbeitsgang – die Appretur – vor.

Gestrickte Strümpfe waren meist aus Wolle, auf dem Land wurde jedoch auch Hanf verwendet. Ab 1680 wurden auch seidene Strümpfe aus Trameseide gewirkt (Wien zählte um 1750 bereits 52 Seidenstrumpfwirker und in den 1760er Jahren 222 Stühle), gegen Ende des 18. Jh.s auch Baumwollstrümpfe. Auch englisches Kammgarn wurde zur Strumpfherstellung importiert.

Die Stricker und Wirker hatten den Absatz ihrer Waren zunächst selbst in der Hand und waren vielfach «kramerzünftig». In Basel traten im 17. Jh. auch Woll- und Hosenhändler als Verleger auf. In den Zentren der Strumpfproduktion stand der Export im Vordergrund: Bremer Waren wurden bis Spanien, Portugal, Levante, Amerika exportiert, Produkte aus dem Erzgebirge wurden ab 1800 von Kaufleuten auf den Messen abgesetzt, und Amerika wurde Abnehmer der Baumwollstrümpfe, die durch Bremer und Hamburger Kaufleute exportiert wurden. Schon im 18. Jh. geriet die Strumpfwirkerei, d. h. die zünftigen Meister, in immer stärkere Abhängigkeit von Verlegern. In Berlin produzierte 1827 nur noch ein Drittel der zünftigen Meister auf eigene Rechnung.

Die Strumpfproduktion blieb bis ins 19. Jh. ausgesprochen kleinbetrieblich strukturiert, wenngleich auch Wollmacher, Spinnerinnen, Spulerinnen und Näherinnen in die Produktion einbezogen waren. Im 18. Jh. setzte sich in der Strumpfproduktion überregional der Stücklohn durch: In Weimar (1713) sollte ein Geselle wöchentlich sechs Paar Strümpfe wirken; spätere Ordnungen nennen ausschließlich die Bezahlung nach der Stückzahl. Während die Stricker und zunächst auch die Wirker als «geschenktes» Handwerk galten und die Wanderschaft forderten, ging die Mobilität der Strumpfwirkergesellen zunehmend zurück und blieb auf einzelne Produktionslandschaften begrenzt. Bereits im 18. Jh. wurden vielerorts verheiratete Gesellen beschäftigt. In Bremen z. B. konnten sich die Gesellen durch Kauf oder Miete eines Stuhles als Meister niederlassen: 1766/67 standen 133 ledigen Gesellen bereits 198 verheiratete Gesellen gegenüber, die Zuwanderung war unbedeutend. Die Frauen und Kinder der Gesellen kratzten und spannen Wolle. In Berlin waren 1827 zwei Drittel der Gesellen verheiratet; sie arbeiteten auf eigenen Stühlen für Kaufleute oder in eigener Wohnung auf Rechnung der Meister.

Frauenarbeit wurde bei den Strickern um 1600 zusehends eingeschränkt: Nach der Straßburger Ordnung von 1603 sollte kein Meister «alte oder junge Weibsbilder», die nicht zur Familie gehörten, in die Lehre nehmen; Basel verbot 1607 die Mitarbeit der Mägde. In Bremen hatten bei den Wirkern im 18. Jh. auch Frauen an den Stühlen gearbeitet, bis die Gesellenrolle von 1742 dies untersagte. Bis zur Mitte des 19. Jh.s arbeiteten kaum Frauen an Wirkstühlen, während das Stricken zunehmend in Frauenhände überging.

Der Strumpfwirkerstuhl, der vom Stuhlschlosser hergestellt und vom Stuhlaufsetzer zusammengebaut wurde, war zwar in seiner Konstruktion kompliziert, jedoch erschwinglich und billiger als der Webstuhl. Trotz zunehmender Abhängigkeit der Meister von den Verlegern war daher in Chemnitz in den 1840er Jahren noch ein Großteil der Wirker im Besitz der eigenen Stühle. Der einfache Handstuhl (Koulierstuhl) blieb zwar für die Handschuhproduktion bis nach 1900 in Gebrauch, ansonsten vollzog sich in der Wirkerei ein starker technischer Wandel: Bei dem gegen Ende des 18. Jh.s entwickelten Ketten- oder Werftenstuhl wurden durch mehrere parallel laufende Fäden (Kette) gleichzeitig die Maschen durch Verschlingen mit den rechts und links liegenden Fäden in Längsrichtung gebildet. Kettenware war fester als die Koulierware und eignete sich besonders für Trikotagen. Ab der Jahrhundertmitte fanden auch sog. Rundstühle Anwendung: Durch die kreisförmige Anordnung der Nadeln konnte nun stetig fortlaufende Schlauchware gewirkt werden. Die Pagetmaschine wie auch die Cottonmaschine ermöglichten schließlich das Vermindern der Warenbreite (durch Minder- oder Decknadeln) und die Herstellung «regulärer» Ware. Die aufwendigeren und teureren Stühle verstärkten jedoch auch die Abhängigkeit vom Verleger bzw. Fabrikanten, und in den 1860er Jahren gingen viele Strumpfwirker zu anderen Berufszweigen über oder auch in die Fabrik. In diese Zeit fällt – ebenso wie die Auflösung der Chemnitzer Strumpfwirkerinnung (1863) – das Entstehen zentralisierter Fabrikbetriebe.

Reinhold Reith

TÖPFER

Der Töpfer, süddeutsch Hafner (von Hafen = Schüssel), regional auch Ullner oder Eulner (von lat. «ulla» = Topf), Potter, Ofner oder Leimenmacher ist ein ortsgebundener Handwerker, dessen Arbeit von der Existenz verwendungsfähiger Rohmaterialien bestimmt wurde. Seine Produkte waren bedarfsorientiert: weitgehend Töpfe, Kannen, Krüge, Teller und Schüsseln. Durch Spezialisierung haben sich im Laufe der letzten 500 Jahre Kachel- und Formenbäcker, Pfeifen- und Tiegelmacher herausgebildet, die aber auch, wenngleich in geringerem Maße, irdenes Geschirr herstellten, wie auch der Töpfer nebenher Spezialprodukte schuf.

Das Arbeitsmaterial des Töpfers ist Ton, eine ungebrannte, fette, mineralreiche Erdenmischung, die sich formen, trocknen und in Feuer brennen läßt und mit dem Brand zur Keramik wird.

Da der Ton selten rein vorkommt, muß er erst in verschiedenen Arbeitsgängen gereinigt und aufbereitet werden, wobei zunächst grobe Bestandteile wie Steine entfernt werden. Dies geschieht durch Treten, Schlagen und Kneten der Erde; meist mußte er noch durch Zusatz von Quarz, Glimmer, Kalk etc. gemagert werden, damit sich das Produkt nicht bis zum Trocknen deformierte. Die Aufbereitung des Tones konnte auch von ungelernten Hilfskräften vorgenommen werden; in Bunzlau z. B. beschäftigte jeder Meister im 19. Jh. einen Tonzurichter. Das Einwässern des Tones war auch Lehrlingsarbeit.

Entsprechend der Wasseraufnahmefähigkeit wird zwischen einem porösen Scherben (Irdenware, Steingut) und einem dichten oder gesinterten (Steinzeug, Porzellan) unterschieden. Die Produkte der ersten Gruppe eignen sich nicht für Gefäße, die Flüssigkeit halten müssen, es sei denn, sie werden in einem zweiten Brand glasiert; Steinzeug und Porzellan konnten dagegen nicht dem direkten Feuer ausgesetzt werden. Abhängig von den lokalen Tonvorkommen wurde der Töpfer zum Irdentöpfer (Irdenware, farbiger Scherben, Brenntemperatur meist um 1000 °C) oder zum Steinzeugtöpfer (über 1200 °C). Steingut und Porzellan wurden jedoch ausschließlich in Manufakturen produziert. Auch die Fayence (oder Majolika), eine Irdenware mit opakweißer Glasur, war als Porzellanimitat ein Manufakturprodukt. Bei Töpferwaren, die sich optisch an die Fayence anlehnen und deshalb mit einem Beguß aus weißem Pfeifenton versehen werden, spricht man daher auch von Halbfayencen.

Hauptwerkzeug des Töpfers ist die Töpferscheibe: Im frühen Mittelalter liefen im Westen und im Süden Deutschlands vor allem (hand- und stabgetriebene) Töpferräder und Scheiben mit Fußantrieb, sog. Blockscheiben. Die Blockscheiben erfuhren in der frühen Neuzeit weite Verbreitung und kamen im 16./17. Jh. (als «schlesische Scheibe») durch deutsche Handwerker nach Polen. Eine Sonderform bildete die «Kreuzscheibe» der Bauerntöpfer, die statt der Antriebsscheibe ein Balkenkreuz hatte. Bei diesen Formen mußte immer ein Fuß an der Scheibe bleiben. Die Spindelscheibe (auch Stangenscheibe) mit grö-

Abb. 33: Der Hafner an der «Blockscheibe», die er barfuß treibt. Holzschnitt des 16. Jh.s.

ßerer Schwungkraft kam wahrscheinlich zu Beginn des 18. Jh.s als «französische» Scheibe nach Deutschland und fand dann (über Rumänien) im Osten als «deutsche» Scheibe Verbreitung. Während bei der Blockscheibe die Arbeitsscheibe schwerer als die Antriebsscheibe sein konnte, wog die Tretscheibe bzw. das Schwungrad bei der Spindelscheibe mehr als der Scheibentisch. Erst als Kupplungen zur Verfügung standen, mit denen die Drehzahl über ein Fußpedal gesteuert wurde, konnte der Elektromotor eingesetzt werden, der jedoch keinen höheren Ausstoß brachte und den Töpfer nur geringfügig entlastete. – Nachdem der Ton aufbereitet ist, teilt der Töpfer den zu einer Rolle geformten Batzen in kleine Stücke, die als Wurf bezeichnet werden. Der Wurf ist das Maß, das er für ein Werkstück benötigt. Unter der Hand des Töpfers wird er auf der Scheibe zentriert. Mit beiden Daumen drückt er in die Mitte ein Loch, weitet dieses mit der gesamten Hand und zieht den Tonkörper, innen und außen drückend, hoch. Dabei werden die Hände genäßt. Die Gefäßlippe formt er mit seinen

Fingern. Zur Glättung und abschließenden Formgebung benutzt er die Schiene, das Symbolwerkzeug der Töpfer. Zu dicke Wandungen konnten mit dem Abdreheisen, einer Klinge, verjüngt werden.

Von der Scheibe wurde das Werkstück mit einem Ziehdraht getrennt und kam auf das Brett. Die lehmige Arbeit brachte dem Töpfer manchen Scherz- und Spottnamen wie z. B. Dreckpatscher oder Lehmtreter (ältere Darstellungen zeigen den Töpfer grundsätzlich barfuß) ein. Die Verzierung der Ware erfolgte durch Beguß mit dünnflüssigem, andersfarbigem oder eingefärbtem Tonbrei, durch Applikationen, durch Ritzungen oder durch Eindrücken von Ornamenten mit Hilfe eines Rädchens oder Stempels. Das Färben oder Glasieren besorgten (zumindest im späten 19. Jh.) auch sog. Färberinnen oder Färbermädchen.

Nach einem ersten Trocknen erfolgte das Aufbringen von Schlicker oder Engobe, nach dem ersten Brand, dem Schrühbrand, das Glasieren. Im Glasurbrand wird die aufgeschlämmte Glasur fest mit dem Scherben verbunden. Steinzeug bedarf keiner Glasur, da der Scherben ohnedies wasserundurchlässig ist; dennoch wird auch diese Keramik aus optischen Gründen glasiert, und zwar mit der dafür typischen Salzglasur. Von den Öfen der Hafner ging eine starke Brandgefahr aus: Nicht nur in Frankfurt/M. bzw. Sachsenhausen saßen die Hafner daher in einem abgelegenen Winkel («Hinter den Brennöfen») an der Stadtmauer.

Die Pfeifenbäckerei kam über die Niederlande in das Kannebäckerland und weiter nach Großalmerode und in das südliche Niedersachsen. Für die Tonpfeifen wurde der hochwertige, weißbrennende (Pfeifen-)Ton genommen. Zum Handwerkszeug des Pfeifenbäckers gehörten die zweiteilige Form, ein Formgeber für den Pfeifenkopf sowie ein Draht zum Durchstechen des Pfeifenschaftes. Gebrannt wurden die Tonpfeifen in Brennkapseln. Im 19. Jh. wurden die Pfeifen auch glasiert, ältere Stücke sind unten am Pfeifenkopf gemarkt. Der Gebrauch billiger Tonpfeifen ging zwar im 19. Jh. zurück, nicht jedoch der Export (der «Negerpfeifen») besonders für den amerikanischen Markt. 1866 lag der Export Uslarer Pfeifen nach Amerika bei 11 Mio. Stück. Die letzte Werkstatt mit einem alten Formenbestand arbeitete bis 1988 in Hilgert im Westerwald.

Das Handwerk des Kachelbäckers (auch Kachler) als selbständiger Berufszweig entstand zur Zeit der Blüte des Kachelofens im frühen

16. Jh. durch absatzbedingte Spezialisierung der Irdenwarentöpferei. Selbst in Zentren der Kachelbäckerei wie Salzburg, Villingen, Nürnberg, Frankfurt/M., Butzbach, Marburg und Köln wurden die gängigen Produkte niemals ganz aufgegeben, dagegen die Kachel zu Topf und Krug als zusätzliches Meisterstück auch dort in die Zunftordnungen aufgenommen, wo der Schwerpunkt nach wie vor auf der Irdenware lag. Spezialisierte Betriebe bezogen ihre Formen (Model) in der Regel von den Formenbäckern, doch hochwertige Ausführungen gingen nur selten in den Handel und wurden eher in der eigenen Werkstatt benutzt.

Dem Töpfer – zumindest in technischer Hinsicht – verwandt war der Ziegler. Im norddeutschen Raum waren es meist Wanderarbeiter – bekannt sind vor allem die flämischen und lippischen Ziegler –, die Backsteine, seltener auch Dachpfannen, im Feldbrandverfahren am Ort des Lehmabstiches herstellten. Nach einem bestimmten Bauplan stapelten sie die getrockneten Lehmkuchen zu den Öfen unter Auslassung von Kanälen, die mit Kohle gefüllt wurden. Ein solcher Feldbrandofen konnte aus mehreren zehntausend Backsteinen bestehen. Die Ofenkuppel war mit Lehm verstrichen. Von einem Schürgang aus fraß sich das Feuer von unten nach oben durch.

Durch die Verbilligung des Porzellans im späten 19. Jh. und durch preisgünstige Importe englischen Steinzeugs war die «Bauernkeramik» nicht mehr zeitgemäß. Von der Mitte des 19. Jh.s an begann das Sterben der Irdentöpferei. Die Steinzeugtöpferei blieb davon weitgehend ausgenommen, weil man sich auf Vorratsgefäße und technisches Steinzeug verlegte. Beide Zweige suchten vermehrt durch die Aufnahme grobkeramischer Ware den Abstieg aufzuhalten: Der Irdentöpfer wurde so zum Produzenten von Blumentöpfen oder wanderte in die Ziegelindustrie ab, der Steinzeugtöpfer wurde Hersteller von Tonröhren und anderen Produkten des Marktes.

Heinz-Peter Mielke

TUCHSCHERER UND TUCHBEREITER

Im Zusammenhang mit der Entwicklung des Städtewesens bildete sich die Tuchmacherei als städtisches Handwerk heraus, und bereits in der Zeit vom 14. bis zum Beginn des 15. Jh.s existierte das Tuchscherergewerbe dann überall selbständig oder wenigstens unabhängig von der Weberei, so z. B. 1247 in Köln, 1259 in Regensburg, 1285 in Nürnberg und 1298 in Straßburg. Das Anschlagen der Tuche an den Rahmen wurde zunächst durch die Tucher selbst, teilweise auch durch die Walker (die in Köln auch Slichter genannt wurden) oder Tuchhefter vorgenommen, und das Tuch kam meist ungeschoren in den Handel. Daher scherten die Tuchscherer häufig für die Schneider, mit denen sie verschiedentlich eine Zunft bildeten. In Köln wurde bereits 1270 eine Ordnung für die Tuchscherer (Schorren) erlassen, 1397 folgte ein erster Amtsbrief, 1352 bildeten sie in Frankfurt/M. eine gemeinsame Zunft mit den Schneidern, und in Straßburg erhielten sie 1362 ein Zunftprivileg. Basel folgte 1370, Wien 1429, Hamburg 1547 («wandbereder»). Den Tuchscherern zugehörig waren auch die Tuchscherenschleifer, die ihr Handwerk als Wandergewerbe ausübten.

Der Tuchhandel war den Tuchscherern meist untersagt, und der Scherlohn, den sie von den Tuchhändlern und Gewandschneidern nehmen durften, wurde vom Rat festgesetzt.

Die Tuchscherer erhielten die vom Wollweber bzw. Tuchmacher gewobenen Tuche nach der Walke sauber gewaschen und spannten sie in feuchtem Zustand in den Rahmen. Beim Walken wurden die Tuche in warmem Wasser und Lauge gestampft, wodurch das Gewebe verfilzte und eine höhere Festigkeit erhielt. Die mühevolle Fuß- oder Handwalke wurde seit dem 11./12. Jh. zusehends durch die Walkmühlen abgelöst, die die Drehbewegung des Wasserrades in eine Auf- und Abbewegung von Holzhämmern bzw. Stampfen umsetzten.

Nach der Walke wurden die Tuche vom Tuchscherer geradegezogen und in vorgeschriebener Breite und Länge ausgedehnt. Nach dem

Trocknen wurden sie aus dem Rahmen herausgenommen, nun begann die Appretur: Zunächst wurde das Tuch mit den Distelkarden gerauht; im 18. Jh. kamen dann Rauhmaschinen (um ihre Achse drehende Trommel mit Kardenköpfen) auf. Darauf folgte das Scheren: Die Tuchschere bestand aus zwei breiten, langen Blättern, dem unteren Lieger und dem oberen Läufer. Das Zusammendrücken wurde durch einen Hebel (Wanke) erreicht. Das Tuch wurde auf einem langen, gepolsterten Schertisch oder Bereitstuhl glatt ausgespannt. Häufig arbeiteten zwei Gesellen am gleichen Stück, der eine vom Anfang des Schertisches nach der Mitte, der andere von der Mitte bis zum Ende des Tisches. Die Arbeit des Scherers erforderte Umsicht und Geschicklichkeit, um das Tuch nicht zu verderben. In Aachen z. B. stand den Scherern im 18. Jh. wegen der schweren und Konzentration erfordernden Arbeit stündlich eine Pause von 7 ½ Minuten («de clocke») zu. Seit dem ersten Drittel des 19. Jh.s verschwand die Tuchschere (die als Symbol des Handwerks galt) zusehends und wurde durch die Schermaschine ersetzt, die ein gleichmäßiges und rasches Scheren von Salleiste zu Salleiste ermöglichte. Das Rauhen und Scheren wurde je nach Güte des Tuches mehrfach wiederholt. Danach folgte das Frisieren (Bürsten); auch hier kamen im 18. Jh. (Bremen 1740) sog. Frisiermühlen zur Anwendung.

Zu Beginn des 16. Jh.s traten schließlich die Tuchbereiter neben den Tuchscherern auf: Im Süden, ausgehend von den italienischen und französischen Städten, im Norden besonders von Antwerpen, wurden in die Appretur neben dem Scheren nun auch das Pressen (der Planierer oder Schlichter) und zum Teil auch das Färben einbezogen. In Nürnberg hatte der Rat um 1569 die «englische Tuchbereiterei und Färberei» durch Tuchbereiter und Färber aus den Niederlanden initiiert, wobei diese ausschließlich für die Kaufleute arbeiteten, die Tuchscherer jedoch auch für Tuchgewander und Gewandschneider. Den Tuchscherern war das Führen der Pressen untersagt. Tuchbereiter appretierten offenbar die besseren und feineren Tuche, während die Tuchscherer (so in Nürnberg) die «gemeinen» Tuche bearbeiten sollten. In Bremen kam es erstmals 1540 zwischen Bereitern und Scherern zu Auseinandersetzungen, im Verlauf der frühen Neuzeit verbreitete sich die Tuchbereiterei jedoch über das gesamte Deutsche Reich, doch die Tuchscherer behaupteten sich besonders im Nordosten und Osten und blieben dominierend.

Abb. 34: Zunftzeichen der Augsburger Tuchscherer mit Tuchschere.

Mit dem Rückgang der Tuchmacherei im 16. Jh. gingen Tuchscherer vielerorts (wie z. B. in Biberach die Truckenscherer) auch zum Karten, Scheren, Mangen und Zubereiten der Barchente (Mischgewebe aus Leinen und Baumwolle) über.

Aus dem 14. Jh. datieren erste Festlegungen über die Ausbildung: Zunächst wurde meist nur ein Lehrjahr gefordert (Basel 1387, Köln 1397), im 15. Jh. dann allerdings auf zwei Jahre erhöht und bis ins 18. Jh. auf vier Jahre ausgedehnt. Wegen der schweren Arbeit sollten die Lehrjungen mindestens 18 Jahre alt sein und (so z. B. in Hamburg 1547) im ersten halben Jahr nicht an die Schere gestellt werden. Überregional wurde eine «Gesellenprobe» gefordert – ebenso wie (in Frankfurt/M. seit 1554) die zweijährige Wanderschaft. In Straßburg wurde 1522 ein Heiratsverbot für die Tuchscherergesellen erlassen, da die fremden Gesellen die Stadt wegen der verheirateten Gesellen mieden. Während die Stück- bzw. Akkordarbeit (Bezahlung nach Schnitten) der Gesellen zunächst verpönt war, setzte sie sich im 17./18. Jh. zusehends durch (Bremen 1627, Nürnberg 1639), doch auch Wochen- und Taglohn waren verbreitet. In Aachen war die Produktion im 18. Jh. arbeitsteilig organisiert, indem Rauher und besser bezahlte Scherer (als Lohnarbeiter) die Appretur in den sog. «winckels» der Tuchkaufleute vornahmen.

Das Bürsten und Rauhen konnte auch von Kindern und Mägden besorgt werden (Bremen 1634), wogegen sich z. B. eine Nürnberger Ordnung (1626) richtet. Den Frauen war schon nach dem Kölner Amtsbrief von 1397 das Scheren verboten worden. Zum Meisterrecht mußte meist noch eine Probe geschoren und das sog. Steinrecht erworben werden, d. h., der angehende Meister mußte einen Beitrag für den gemeinsamen Schleifstein bzw. die Schleifhütte geben.

Im frühen 19. Jh. verloren Tuchscherer und Tuchbereiter stark an Bedeutung. Bereits im 18. Jh. war die Appretur vielfach in zentralisierten Manufakturen vorgenommen worden, wie z. B. im Königlichen Lagerhaus in Berlin. Die Verbreitung der Rauh- und Schermaschinen – begleitet von ludditischen Aktionen (1821 Zerstörung einer Schermaschine in Eupen) – setzte dem handwerklichen Arbeitsprozeß mit der Tuchschere ein Ende. In Leipzig, das als Zentrum des mitteleuropäischen Tuchschererhandwerks galt, wurde 1869 der letzte Geselle «gesprochen», die Innung dann 1875 aufgelöst.

Reinhold Reith

UHRMACHER

Nach der Entwicklung der mechanischen Uhrwerkhemmungen an der Wende zum 14. Jh. werden die ausschließlich in Klöstern unterhaltenen Wasseruhren von gewichtsgetriebenen, mechanisch regulierten Uhrwerken verdrängt. Diese finden sich seit Beginn des 14. Jh.s in rasch wachsender Zahl in städtischen Kirchen und kommunalen Türmen, an großen Höfen und gelegentlich auch in privaten Quartieren. Zugleich treten die mit ihrer Herstellung vertrauten Spezialisten unter einer neuen Berufsbezeichnung, «horologiarius» bzw. «artifex horologiorum», aus der Anonymität. Der neue Mechanismus fand in verschiedenen Uhrtypen Anwendung, kleinen Türmeruhren, Glockenspielen, Figurenautomaten, astronomischen Simulationen, und entsprechend vielfältig waren die Berufe der ersten Uhrenbauer: Grobschmiede, Goldschmiede, Waffenschmiede, Glockengießer und Orgelbauer.

Das zu Beginn des 14. Jh.s in Italien entwickelte automatische Stundenschlagwerk fand überwiegend in großen Turmuhrwerken Verwendung und ermöglichte in Europa den Übergang zur modernen Rechnung nach gleich langen Stunden für den stadtbürgerlichen Gebrauch. Diese neue, zunächst von italienischen Spezialisten verbreitete Technik war seit der Mitte des 14. Jh.s Allgemeingut. Die Berufsbezeichnungen im deutschen Sprachraum sind teilweise an das unspezifische,

z. B. auch Sonnenuhren bezeichnende lateinische Wort «horologium» angelehnt, «ormeister», «urleimacher», teilweise nennen sie die neue schlagende Uhr und ihren Zweck, «orglockener», «uireclockenmecher», «zitgloggener» oder «zitgloggenmecher» in Oberdeutschland. Etymologisch unklar ist die Herkunft des im mittel- und ostdeutschen Sprachraum bis zum Ende des 18. Jh.s üblichen «seigermacher», der zuerst 1341 im ältesten Stralsunder Bürgerbuch erwähnt wird.

Seit ca. 1370 setzt eine breite Welle von Installationen öffentlicher Schlaguhren ein, und entsprechend wächst die Zahl der in den städtischen Rechnungen und Personallisten angeführten Uhrmacher, die mit ihrem Bau, ihrer Wartung und Regulierung beauftragt waren. Viele dieser frühen Uhrmacher waren Schmiede oder Schlosser, werden aber gelegentlich mit der neuen Berufsangabe in den Akten der Schmiedezünfte erwähnt. Den Übergang von der eher werbenden und heraushebenden Bezeichnung zur hauptberuflichen Spezialisierung deutet der Gruppenbegriff «seyermaker» in der Ordnung der Magdeburger Schmiedeinnung 1431 an. Es wäre aber falsch, die Uhrmacherei des 14. und 15. Jh.s als ein überwiegend zünftig betriebenes Handwerk zu bezeichnen. Außer den noch seltenen städtischen Uhrmachern gab es wandernde Spezialisten, die in städtischen oder höfischen Diensten, für begrenzte Zeit auswärts als Uhrmacher, Berater und Gutachter tätig waren. Vielfach läßt sich verfolgen, wie die Städte diese Spezialisten durch Privilegien, z. B. durch Befreiung von Diensten und Abgaben, zu binden oder deren Fähigkeiten, z. B. durch die Verpflichtung, nicht nur den Gang der Uhr für eine bestimmte Zeit zu gewährleisten, sondern auch einen Nachfolger anzulernen, zu nutzen versuchten. Turmuhren werden auch von Technikern, die man dem Ingenieurtyp, den «Werkmeistern», zuordnen könnte, gebaut. Vielseitigkeit und Mobilität zeigt sich an ihren übrigen Aufträgen für Mühlen, Waagen, Wasserbauten, Geschützen und Baugeräten. Kleine und komplizierte Uhren wurden auch von Hofuhrmachern und einer kleinen Gruppe studierter Astronomen hergestellt.

Im 15. Jh. nimmt die Zahl der Uhrmacher rasch zu. Das ist nicht so sehr auf die nun überall vorhandenen Turmuhren, sondern auf die wachsende Zahl kleinerer Hausuhren zurückzuführen. Die Entdeckung des Federzugantriebs ermöglichte den Bau transportabler und flacher Tischuhren und in der zweiten Hälfte des 15. Jh.s auch von am Körper zu tragenden, sog. Halsuhren, deren Erfindung häufig fälschlich dem Nürnberger Schlosser und Uhrmacher Peter Henlein († 1542) zugeschrieben wird. Auch wenn in dieser Zeit oft über fehlende Fachleute für die städtische Uhr geklagt wird, in den großen Städten lassen sich jetzt meist sechs bis zwölf Uhrmacher nachweisen. Sie wurden nach Groß- und Kleinuhrmachern unterschieden und betrieben ihr Handwerk zunehmend in Werkstätten, wo auch auf Vorrat produziert und mit Uhren gehandelt wurde. Die z. B. in Italien erfolgten Versuche, die Herstellung von Uhren nur Mitgliedern der Schlosserzünfte zu gestatten, lassen sich in Deutschland im 15. Jh. nicht belegen. Die Mobilität der Uhrmacher, auch der Gesellen, war vergleichsweise hoch und weiträumig. So fällt in Italien und in Frankreich die große Zahl von Uhrmachern aus dem deutschen Sprachraum auf; für die erste öffentliche Schlaguhr in Paris, die Horloge du Palais in einem Turm des alten Louvre, hatte der französische König 1370 einen deutschen Experten kommen lassen.

Während seit dem Ende des 15. Jh.s vereinzelt erfolgreiche Versuche unternommen wurden, die Ganggenauigkeit von Uhren vor allem für astronomische Zwecke zu verbessern, z. B. durch Jost Bürgi († 1632) in Prag und Kassel, beschäftigten sich die meisten qualifizierten Uhrmacher mit der Herstellung immer kleinerer und aufwendiger ausgestatteter Uhrwerke. Nürnberg und noch in höherem Maße Augsburg entwickelten sich zu Zentren des Uhren- und Instrumentenbaues und zu führenden Uhrenhandelsplätzen für den wachsenden europäischen Markt.

Die im 16. Jh. meist mit Schlossern, Sporern, Büchsen- und Windenmachern und mit anderen kleinen Metallgewerben in die große Zunft der Schmiede einverleibten Uhrmacher versuchten, innerhalb der Zunft zahlreicher und selbstbewußt geworden, Ansprüche auf Abgrenzung und Selbständigkeit durchzusetzen. Aber erst seit dem 17. Jh. bildeten Kleinuhrmacher eigenständige Zünfte. In vielen, nicht in allen eigenständigen Zunftordnungen wurde nun die Zulassung, und damit die Lehr- und Gesellenzeit, zu den Meisterstücken und diese selbst festgelegt.

Als angesehenes Handwerk verlangten die Uhrmacher meist ein hohes Lehrgeld und eine vier- bis sechsjährige Lehrzeit; das teure Werkzeug mußte der Lehrjunge auf eigene Kosten anschaffen. Lehrjungen und Gesellen wohnten in der Regel bis ins 19. Jh. im Meisterhaus: In Berlin wohnten seit 1770/80 einzelne Gesellen der Großuhrmacher in Privatunterkünften, 1827 hatte kein Geselle mehr Logis beim Meister, andernorts vollzog sich – wie in Leipzig um 1860 – der Ablösungsprozeß später. Die Löhne der Uhrmachergesellen lagen vergleichsweise hoch, durch die «Jahresuhr» (Feierabenduhr) war ein Nebenverdienst möglich. Bei den Kleinuhrmachern war der Wochenlohn vorherrschend, die Großuhrmacher kannten zumindest im 18. Jh. auch den Stücklohn: Der Tarif der Berliner Großuhrmacher von 1781 nennt Wochenlöhne für Reparatur und Stücklöhne für die Neufertigung. Die Augsburger Ordnung von 1577 beschreibt fünf Uhren, von denen eine zusammen mit einer Halsuhr anzufertigen war. Das erste Stück dieser Auswahl war eine Tischuhr mit Weck-, Stunden- und Viertelschlag, Tageslängenindikation, Kalender, Astrolabzifferblatt und Planetenzeiger. Solche handwerklich anspruchsvollen Uhren erforderten Zuarbeiten anderer Handwerke, vor allem der Goldschmiede, mit denen es immer wieder Konflikte um das Recht, mit Uhren zu handeln, gab. Für die Großuhrmacher arbeiteten die Hammerschmiede und Schleifer, Zulieferer waren auch Nagler und Uhrglockendreher. Die Kleinuhrmacher waren vielfach auf Kooperation angewiesen: Schreiner (Kistler) fertigten den Sockel, an den Gehäusen arbeiteten Drechsler, Silberdrechsler, Rotschmiede, Messingschröter, für die Ornamentik konnten Stecher herangezogen werden, und für den Versand brauchte man die Futteralmacher. Seit dem späten 17. Jh. arbeiteten z. B. in Augsburg auch spezialisierte Uhrgehäusemacher und Uhrfedermacher, Meistertöchter und -frauen verfertigten Uhrschlüssel und Uhrketten. Strenge Zunftordnungen sicherten zwar ein hohes handwerkliches Niveau, führten aber dazu, daß technische Neuerungen kaum entwickelt bzw. spät oder gar nicht aufgenommen wurden. Die erwähnte Augsburger Ordnung wurde 155 Jahre nicht verändert, und im Jahre 1702 beschweren sich die Gesellen über «altfränckische – und deßwegen gantz unverkäufliche Meisterstuck».

Unabhängig von den Zünften, und von diesen ebenso wie die sog. Landuhrmacher ständig angefeindet, waren an Residenzorten zahlreiche, oft hochqualifizierte und innovative Hofuhrmacher tätig, die man als eine «extrakorporative Handwerkerelite» bezeichnen könnte. Auch die, häufig überregional tätigen, auf Turmuhren spezialisierten Uhrmacher blieben von den zünftischen Auseinandersetzungen weitgehend unberührt. Berühmte Vertreter dieser Sondergruppe sind die vom 16. bis ins 18. Jh. als Uhrmacher tätigen Mitglieder der Familie

Liechti aus Winterthur. Allein von Laurentius Liechti († 1545) sind 19 zum Teil erhaltene Turmuhren bekannt.

Erstaunlich viele Uhrmacher waren Protestanten, in Augsburg zwischen 1550 und 1650 fast 90% der dort tätigen Meister. Daher waren die frühneuzeitlichen Religionskonflikte für die Uhrmacherei in den europäischen Ländern von großer Bedeutung. Der Aufschwung der Uhrmacherei in England und der Schweiz wäre ohne die aus Frankreich emigrierten Uhrmacher undenkbar. In Deutschland hat die Gegenreformation Uhrmacher aus München vertrieben, und in Köln wird noch im 18. Jh. einem calvinistischen Uhrmacher, der sich im Ausland offenbar beträchtliche Fähigkeiten angeeignet hatte, auf Drängen der Zunftgenossen die Ausübung seines Handwerks verweigert.

Das Pendel als Gangregler für weit präzisere Uhren, die Unruhe mit Spiralfeder als Voraussetzung für den Bau flacher Taschenuhren, die Repetiermechanismen und viele neue kunsthandwerklich-dekorative Techniken kamen seit der Mitte des 16. Jh.s aus England und Frankreich und machten deutlich, daß Deutschland kein führendes Uhrmacherland mehr war und überdies die Zeit der zunfthandwerklichen Uhrmacherei zu Ende ging. In der Schweiz und in England hatte sich die teils heimgewerblich, teils in Manufakturen organisierte Arbeitsteilung bei der Herstellung von Uhrwerken in einem in keinem anderen Gewerbe annähernd erreichten Ausmaß entwickelt. Gute und sehr preiswerte Uhren wurden in großen Stückzahlen gefertigt und gelangten auf den Markt. Obwohl sich eine Reihe herausragender Uhrmacherpersönlichkeiten nennen läßt, beschränkte sich das Tätigkeitsfeld des etablierten Uhrmacherhandwerks in Deutschland seit dem 18. Jh. zunehmend auf Installation, Reparatur und Wartung von Uhren, deren «maschinelle Teile» aus England und der Schweiz importiert wurden.

Erfolgreich entwickelte sich in dieser Zeit dagegen die von Häuslern betriebene Uhrmacherei im Umkreis von Urach, Schönwald, Furtwangen, Neustadt und Triberg. Ausgehend von hölzernen Uhrennachbauten wurden im Schwarzwald unter Beratung durch Benediktinermönche zwei Uhrentypen entwickelt: Einfache Wanduhren als Massenprodukte für die Bürgerstuben und Uhren mit Spielwerken und Musikautomaten, deren Standardversion unter dem Namen «Kuckucksuhr» weltberühmt geworden ist. Der Vertrieb erfolgte nach dem Vorbild der Glaskompagnien und Strohhutverkäufer durch einen familienartig organisierten internationalen Hausierhandel. Von reisenden Händlern über technische Neuerungen und die Kundenwünsche ständig unterrichtet, entwickelten die Schwarzwälder Uhrmacher beachtliches technisches Niveau und entwickelten oder verbesserten feinmechanische Arbeitsmaschinen wie das Zahngeschirr, die Teilscheibe und den Spindelbohrer. Verglichen mit dem schweizerischen Jura war der Grad der Arbeitsteilung geringer, die erzeugten Stückzahlen aber beträchtlich. Um 1815 sollen jährlich 200 000 Uhren hergestellt worden sein.

Verschiedene staatliche Versuche, die Uhrmacherei nach Maximen einer merkantilistischen Gewerbepolitik durch Gründung von Manufakturen zu beleben, waren nicht erfolgreich. Friedrich II. hat z. B. 1765 Genfer Hugenotten als Unternehmer und Facharbeiter nach Preußen kommen lassen, um die Herstellung von Taschenuhren fabrikmäßig zu organisieren. Die Teile sollten möglichst nicht eingeführt, sondern von ländlichen Gewerbetreibenden hergestellt werden. Aber trotz Unterstützung durch Uhrenimportverbote und hohe Importsteuern konnte sich das Unternehmen nicht etablieren. Drei Uhrenfabriken im Raum Berlin beschäftigten 1804 nur 26 Arbeiter.

Um 1830 hatte sich das städtische Uhrmacherhandwerk faktisch auf den Kleinhandel und die Reparatur von Uhren beschränkt. Im Vergleich mit anderen von der Gewerbefreiheit und der Industrie bedrohten Handwerken galt die Lage der Uhrmacher auch Ende des 19. Jh.s noch als gut und das Handwerk als angesehen. Die industrielle Uhrenproduktion nahm heftig zu, ermöglicht durch das sog. «amerikanische System», Uhren in großen Fabrikanlagen maschinell zu fertigen. Die Preise für gängige Taschenuhren fielen um die Hälfte, dennoch sicherte der fast allgemeine Uhrenbesitz den Uhrmachern ihr Auskommen. Bedroht fühlten sich die Uhrmacher von städtischen Ladengeschäften mit Waren aller Art, vom «Detaillieren der Grossisten» und vom Versandhandel, der auch in ihre Domäne, die Uhrenreparatur, einzubrechen drohte.

Die in Deutschland entstehende Uhrenindustrie brachte wohl einen Strukturwandel der Uhrenproduktion, doch keine Dequalifizierung des Uhrmacherberufes, weil sie überwiegend im Bereich hoher Qualitäten mit gut ausgebildeten Handwerkern arbeitete. Die berühmten Uhrenfirmen in Glashütte begannen 1845 ihren Betrieb mit der Eröffnung einer Lehrwerkstatt. Zwei Jahre nach seiner Gründung 1876 unterstützte der «Central-Verband deutscher Uhrmacher» zusammen mit dem sächsischen Staat und den beteiligten Firmen die Gründung einer Uhrmacherschule in Glashütte. Die Ausbildung dauerte vier Jahre und umfaßte außer der handwerklichen auch eine gründliche wissenschaftlich-theoretische Schulung. Damit konnte man sich als Uhrmacher selbständig machen, als Facharbeiter in die Uhrenindustrie gehen oder sich auf dem wachsenden Arbeitsmarkt für Feinmechaniker im Instrumenten- und Gerätebau behaupten.

Gerhard Dohrn-van Rossum

WAGNER

Die Bezeichnungen Wagner, Stellmacher und Rademacher meinen allemal den annähernd gleichen Beruf: Im niederdeutschen Raum gilt Stellmacher bzw. Rademacher, im oberdeutschen steht dafür Wagner. Alle Bezeichnungen gehen zurück auf die wichtigsten Produkte des jeweiligen Handwerks, nämlich den Wagen, das (Ge-) Stell des Wagens oder Pfluges und das Rad.

Zunftrechtliche Unterschiede zwischen Stell- und Rademacher zeigen Zunftordnungen aus den preußischen Staaten, wo im 18. Jh. festgelegt wurde, daß das Meisterstück des Rademachers aus der Anfertigung zweier Vorder- und Hinterräder besteht, der Stellmacher dagegen eine kleine offene Kalesche zu bauen hat. Für den Landmeister im Rademacherhandwerk genügte die Anfertigung von ein paar Bauernwagenrädern.

Die vornehmsten Produkte der Wagner waren selbstredend Wagen und Karren unterschiedlichster Ausführung. Daneben stellten sie in nicht zu verachtendem Umfang Arbeitsgeräte für die Landwirtschaft (etwa Pflüge und Eggen) und auch Dinge wie Werkzeugstiele her. Die Einzelteile zu den Wagen und Geräten zeichnen sich durch geschwungene Formen und unregelmäßige Querschnitte (z. B. die Radspeichen) aus und machen eine Bearbeitung mit speziellem Werkzeug notwendig. Beile und Ziehmesser, spezielle Hobel, Haltevorrichtungen wie Radstöcke zum Zusammensetzen des Rades oder die Schneidbank zum Einspannen kleinerer Teile während der Bearbeitung mit dem Ziehmesser sind wichtige Werkzeuge. Verschiedene Sägen und die eindrucksvollen Nabenbohrer waren für den Wagner ebenso unentbehrlich wie Schablonen für Werkstücke, die sich in jeder Wagnerwerkstatt in großer Zahl fanden und auf den späteren Besitzer des Stückes (so bei Werkzeugstielen) oder den entsprechenden Typ des Gerätes bzw. Wagens zugeschnitten waren. Die Schablonen stellten das wichtigste Hilfsmittel bei der seriellen und doch individuellen Anfertigung von Einzelteilen (z. B. Radfelgen) dar.

Die enormen Belastungen, denen die Produkte des Wagners ausgesetzt waren, erforderten die sorgfältige Auswahl des Materials. Das zähe Eschenholz eignete sich vorzüglich zur Herstellung von Speichen und Wagengestellen, Ulmen- und Eichenholz diente ähnlichen Zwecken. Für den Wagenkasten kam hauptsächlich Buchenholz in Betracht. Meist wurde das Rohmaterial vor Ort beschafft; es scheint jedoch, als ob die Holzvorräte in der Wagnerei wertmäßig kaum ins Gewicht fielen.

Die Herstellung von Wagen und Kutschen war Aufgabe mehrerer Handwerke: Der Wagner fertigte das Gestell, die Räder und den Kasten, der Schmied hatte für die Vielzahl von Beschlägen zu sorgen, Scharniere, Schlösser und Bänder und das Hemmzeug (Bremse) kamen vom Schlosser, der Sattler garnierte den Wagen (Lehnen, Sitze) und erledigte sog. schwarze Arbeit (Bekleidung der Kotflügel mit Leder, Anbringung der Dachleder und des Riemenzeugs). Für die Lackierung war schließlich der Maler zuständig. Das Aufziehen der eisernen Reifen auf die Wagenräder war gemeinsame Sache von Wagner und Schmied. Aber dies mußten noch nicht alle beteiligten Handwerke sein, denn erst seit 1787 war es den Züricher Wagnern erlaubt, die Radnaben selbst zu drehen. Vorher mußten sie dieselben von den Drechslern beziehen oder mit dem Beil hauen.

Die Koordination der verschiedenen Handwerke zum Bau eines Kutschwagens lag zumindest seit dem 19. Jh. im allgemeinen in der Hand des Sattlers. Bereits im 18. Jh. sahen die Sattler Frankfurts den Handel mit fertigen Kutschen als ihre Aufgabe an. 1782 gründeten zwei Sattlermeister die Offenbacher Chaisenfabrik, die Inhaber der ersten Wagenmanufakturen Schleswig-Holsteins waren in Schleswig

(1826) ein Schmiedemeister und kurz darauf in Kiel ein Sattlermeister.

Damit deutet sich eine gewisse Konkurrenz zu anderen Berufen an, dennoch war das Arbeitsgebiet der Wagner praktisch streng abgegrenzt. Streitigkeiten um Arbeitsgebiete zwischen Wagnern und anderen Handwerken blieben die Ausnahme.

Erste Zünfte der Wagner finden sich bereits im 14. Jh. in leistungsfähigen städtischen Zentren wie Nürnberg, Augsburg, Wien und Lübeck. In Zürich bildeten die Wagner mit den Zimmerleuten, Maurern, Drechslern, Schreinern und Küfern eine gemeinsame Zunft, in Straßburg zählten 1332 die Rademacher zu den Kistnern und waren mit diesen und den Drechslern zu einer Zunft vereinigt.

Die vergleichsweise kurze Lehrzeit betrug im Wagnerhandwerk im allgemeinen zwei Jahre. Die für die Meisterprüfung erforderliche Wanderzeit war auf fünf Jahre angesetzt. In städtischen Wagnereien arbeitete neben Meister und Lehrling meist ein Geselle, auf dem Lande dürften die Meister allein bzw. unter Mithilfe von Familienangehörigen produziert haben.

Die Entwicklung des Wagnerhandwerks hängt eng mit der des Transport- und Verkehrswesens zusammen. In den Städten waren vor allem Karren und kleine Wagen gebräuchlich. Beim Transport über Land blieben bis ins 12. Jh. Reitpferd und Zaumroß die wichtigsten Beförderungsmittel. Später entwickelte man unter Berücksichtigung der miserablen Wegeverhältnisse sog. Lannenfahrzeuge, vor denen die Zugtiere nicht nebeneinander, sondern hintereinander gingen. In gebirgigen Gegenden hielten sich solche Fahrzeuge bis ins 18. Jh. Fahrzeuge für Personen kamen zögerlich in Gebrauch, denn bis ins 15. Jh. galt das Reiten allemal als vornehmer als das Fahren. Die Gesandten der Reichsstädte zu den Reichstagen trugen schließlich den Titel Rittmeister. Noch 1588 verbot der Herzog von Braunschweig seinen adligen Vasallen das unwürdige Kutschenfahren. Der Generalpostmeister betrieb die Beförderung der Briefpost bis zum Jahr 1700 im Mantelsack des Postreiters. Dennoch nahm die Verbreitung der Kutsche seit dem 15. Jh. ihren Aufschwung. Die Nürnberger Wagner erhielten 1589 eine neue Ordnung, nachdem sie sich – wie es dort heißt – «sehr gemehret» hätten.

Das Wagnerhandwerk gehörte zu den typischen Landhandwerken. 1771 arbeiteten in Bayern 511 selbständige Wagner auf dem Land, in den Städten dagegen nur 90 und in den Märkten nochmals 80. 1840 hatten in Schleswig-Holstein 200 selbständige Rade- und Stellmacher ihre Werkstätten in den Städten und Flecken, auf dem Land dagegen 883.

Landwirte und ihre Bediensteten stellten allerdings bis ins 18. Jh. ihre Arbeitsgeräte weitgehend selbst her. Landwirtschaftliche Modernisierungsbestrebungen im Zeitalter der Aufklärung zielten kaum auf die Entwicklung besserer Arbeitsgeräte, sondern auf effektivere Anbaumethoden. Die Modernisierung landwirtschaftlicher Geräte begann im wesentlichen im 19. Jh. und brachte den Wagnern und anderen Gerätschaftshandwerkern einen Aufschwung. Allerdings befanden sich die Handwerker schon bald in Konkurrenz mit den aufkommenden Landmaschinenfabriken. Die beginnende industrielle Fertigung landwirtschaftlicher Maschinen wirkte zunächst durchaus stimulierend auf das Wagnerhandwerk, da die Fabriken anfangs weniger Geräte als vielmehr deren Einzelteile (etwa Pflugscharen, Zahnräder, Wagenachsen) anboten, welche die Wagner in eigene Geräte einbauten. Der entscheidende Verkaufsvorteil des Landhandwerkers lag darin, daß er vor Ort besser auf die individuellen Wünsche des Kunden eingehen konnte und bei Schäden schnell zur Stelle war.

Reparaturen beschäftigten die Wagner stets mehr als die Neufertigungen. Allein im Sektor Wagenbau bezog z. B. eine Stellmacherei in Schleswig-Holstein in den 1820er Jahren drei Viertel ihrer Einkünfte durch Ausbesserungsarbeiten, nur ein Viertel aus der Produktion neuer Wagen.

Die im 19. Jh. zunehmende Festlegung der Land-Wagner auf die Anfertigung und Reparatur von Geräten für die Landwirtschaft bedingte starke saisonale Schwankungen der Arbeitsbelastung, die parallel zur Feldarbeit der Landwirte verlief.

Die Fortschritte im Wagen- und Gerätschaftsbau im ausgehenden 19. und frühen 20. Jh. gingen einher mit der vermehrten Verwendung von Eisen und Stahl. Die Wagner gerieten deshalb gegenüber den Schmieden immer mehr ins Hintertreffen, denn jene konnten ohne Schwierigkeiten Landmaschinenwerkstätten betreiben. Den endgültigen Niedergang des Wagnerhandwerks läutete die Patentierung des gummibereiften Ackerwagens ein – übrigens eine Erfindung des Stellmachermeisters Grautmann.

Otto Kettemann

WEBER

Die Textilproduktion erfuhr durch die Verbreitung des Horizontal-Trittwebstuhls im frühen Mittelalter in technischer Hinsicht einen starken Aufschwung. Schon im 12. Jh. wurden Tuche über den Fernhandel und auf den Champagner Messen abgesetzt, doch blieben Spinnerei und Weberei im 11. und 12. Jh. noch weitgehend häusliche Nebenbeschäftigung, und es wurde kaum über den lokalen Bedarf hinaus produziert. Erstmals 1099 sind städtische Weber in Mainz genannt, früheste zünftige Zusammenschlüsse datieren erst aus dem 12. und 13. Jh.: so z. B. die Fraternitas der Kölner Bettziechenweber von 1149; 1268 erhielten die Basler Linwetter (Leineweber) ein Privileg, und Speyer erließ 1298 eine Weberordnung.

Die mittelalterliche Textilproduktion war zunächst noch weitgehend auf Wolltuche und Leinwand begrenzt.

Ausgangspunkt der Wolltuchproduktion war im frühen Mittelalter das friesische Textilrevier, das jedoch um 1200 nicht mehr bedeutend war. Die Wolltuchproduktion Deutschlands stand immer im Schatten der nordwesteuropäischen Produktion, die (auch aufgrund der klimatisch begünstigten Schafzucht) hochwertige Tuche herstellte. Seit dem 14. Jh. bildete die Wolltuchproduktion in der Toskana (die von der Textilveredelung ausging) ein Gegengewicht, in Mitteleuropa wurden dagegen mittlere und billige Tuche hergestellt.

Schon seit dem 14. Jh. wurde Schafzucht in größerem Rahmen betrieben, und um 1500 war Wolle fester Bestandteil des Groß- und Fernhandels; zahlreiche Verbote richteten sich gegen die Wollausfuhr. Die Wolle mußte zunächst grob gesäubert (gebrockt) und gebrüht werden, bevor sie mit dem Wollbogen (Zunftzeichen) geschlagen und dann gleichmäßig mit Fett durchfeuchtet wurde. Die «geschmälzte» Wolle wurde mit dem Wollkamm (Krempel) gekämmt, gestrichen oder kardätscht; d. h., die Fasern wurden parallel gelegt und so zum Spinnen vorbereitet. Zum Teil übernahmen (z. B. in Straßburg und Speyer) Wollschläger diese Arbeit, nach 1400 wurde sie jedoch meist von ärmeren Meistern, Knechten oder unzünftigen Lohnarbeitern verrichtet. Das Kämmen war vielfach Frauenarbeit, und im 14. Jh. sind in den Kölner, Aachener und Frankfurter Statuten Wollkämmerinnen und Spinnerinnen erwähnt. Bis ins 19. Jh. blieb auch das Spinnen und Spulen hauptsächlich Frauen- und Kinderarbeit. Als eigenständiges Gewerbe trennten sich in Schlesien im 14. Jh. die Garnzieher von den Wollwebern. Während das Zettelgarn feiner und fester gesponnen werden mußte, konnte das Schußgarn lockerer und dicker sein. Zettelgarne (Zettel, Werfte, Warf, Aufzug, Anschweif, Schweif) konnten daher zunächst nur mit der Handspindel gesponnen werden, das Rad dagegen war nur für die Schußgarne (Einschuß, Eintrag, Einschlag, Wefel), die mit dem Schiffchen eingebracht wurden, zugelassen (Speyer 1280). Aus dem 15. Jh. datiert das Spinnrad mit Flügelspindel, die Weiterentwicklung zum Tretspinnrad erfolgte um 1530. Nach dem Spinnen und Spulen folgte mit dem Zurichten, d. h. Zetteln, Schlichten (Leimen) und Aufbäumen (Scheren) der Kette die Arbeit des Wollwebers (auch Tuchmacher, Wandmacher oder Grautucher genannt). Nach dem Weben wurden die Tuche gewalkt, um eine Verdichtung und Verfilzung des Tuches zu erreichen. Während der Loden nicht gefärbt und auch nicht geschoren wurde, wurden bessere Tuche vom Tuchscherer bzw. Tuchbereiter appretiert.

In Mitteleuropa finden wir die Tuchproduktion zunächst in den Zentren des mittelalterlichen Fernhandels. Führend war die Kölner Wolltuchproduktion verbunden mit einem florierenden Tuchhandel. In Süddeutschland wurden grobe Tuche, die Loden, hergestellt. Ein bedeutendes Zentrum der Lodweber (Loder, Marner) war Nördlingen (um 1500: 100 Loder). Die Raschmacherei, die im 16. Jh. in Arras aufgekommen war, entwickelte sich zunächst – durch vertriebene Niederländer – in den Hansestädten. Rasche und Sayen waren sog. Zeuge (leichte, ungewalkte Tuche) aus langhaarigem und stark gedrehtem Kammgarn. Seit dem späten 16. Jh. galt das württembergische Calw als Zentrum der Zeugweberei.

Während die Wollweber bzw. Tuchmacher sich als städtisches Handwerk ausbildeten, blieb die Leineweberei in hohem Ausmaß ländliches Heimgewerbe. Die Leineweber verarbeiteten Flachs und Hanf, doch um 1500 war Hanf nur noch für Haustuch, Säcke und grobe Zeuge zugelassen, jedoch nicht mehr für Leinwand, die exportiert wurde. Der Landweber baute selbst Flachs an, der im eigenen

Haus versponnen wurde. Die Flachsarbeit, das Ausraufen, Riffeln, Rösten im Wasser, Auswaschen und Trocknen, Dörren, Brechen, Klopfen und Hecheln, war meist Frauenarbeit. Die Stadtweber(innen) mußten ihren Rohstoff dagegen auf dem Flachs- oder Garnmarkt kaufen. Das Leinengarn konnte dann vom Garnsieder geäschert oder gesotten werden. Wo das Garn nicht von den Spinnern selbst zum Verkauf gebracht wurde, trugen es Garnhändler (Kauderer) auf den Markt.

Vor allem am Bodensee und im Voralpengebiet wuchs eine langfaserige Flachsart, auf der das oberschwäbische Leinwandgebiet aufbaute. Konstanz und Augsburg übernahmen die Führung, im 14. Jh. dann Ulm, Ravensburg und St. Gallen; weitere Städte wie Memmingen und Isny kamen im 15. Jh. hinzu. Die «tela di Costanza» wurde auf den Messen abgesetzt und ging auch nach Spanien. Seit der Mitte des 13. Jh.s sind in Konstanz Weber namentlich erwähnt, doch wurden die «costances» überwiegend von bäuerlichen Webern hergestellt. 1370 wurde eine Leinwandschau eingerichtet, verschiedene Qualitäten wurden durch die Tuchsiegel (Bleiplomben) gekennzeichnet. Der Zunftzwang setzte sich aufgrund der schwachen Stellung der städtischen Weber kaum durch; auch in Ulm (1346), Frankfurt/M. und Köln (1377) kam es erst spät zur Zunftbildung. Neben der oberschwäbischen Landschaft zählte auch Westfalen zu den älteren Flachs- und Leinwandgebieten. Das Absatzgebiet lag im Norden und Nordwesten, und Leinwand war ein wichtiges Produkt des Hansehandels.

Im östlichen Mitteldeutschland treten städtische Leineweber spät auf: In Schlesien bestand zwar schon seit 1307 in Breslau die Zunft der Parchner, Ziechner und Leineweber (Schweidnitz folgte 1387), doch die westsächsischen Städte erreichten erst Mitte des 15. Jh.s ihren zunftmäßigen Zusammenschluß und drängten dann die Dorfweberei zusehends zurück.

Nürnberger Kaufleute bezogen in Ostmitteldeutschland Rohleinen, das dann in Oberdeutschland gefärbt wurde. Die Exportproduktion brachte eine zunehmende Standardisierung der Tuchsorten, in Anlehnung an die oberschwäbischen Sorten und Maße.

Um 1500 wurden bei der Flachsleinwand verschiedene Sorten unterschieden: nach Art des Garnes (ungesottenes, gesottenes, gebleichtes, gefärbtes), nach Art der Webtechnik (Leinwandbindung, Köper, Zwillich, Damast), nach Art der Appretur (Mangeln, Bleichen, Färben) und nach Dichte und Feinheit des Gewebes (Zahl der Gänge bzw. Kettfäden).

Seit dem 12./13. Jh. wurde levantinische Baumwolle in Italien verarbeitet, und im 13. Jh. kamen Barchente («fustagni») über die Champagner Messen nach West- und Nordeuropa, im 14. Jh. waren sie auch in Mitteleuropa verbreitet. Barchent (Parchat, Schürlitz, Sardoch) war ein Mischgewebe aus Leinen (Kette) und Baumwolle (Schuß), das meist drei- oder vierschäftig (Köper) gewebt wurde. Im letzten Drittel des 14. Jh.s breitete sich die Barchentweberei in Oberschwaben aus, Zentren waren Augsburg und Ulm. Nach 1400 wurde auch in Frankfurt/M. Barchent gewoben, aus Köln ist eine Ordnung der Sartuchweber («sardoicher») von 1407 überliefert. In den Niederlanden (Brügge und Leiden) kam die Barchent- oder Bombassinproduktion erst im 16. Jh. auf, und Ende des 16. Jh.s kamen dann Baumseidenmacher (Bomsydenmaker) von dort nach Bremen.

Die Baumwolle, die durch oberdeutsche Kaufleute aus dem östlichen Mittelmeerraum (Türkei, Syrien, Zypern) importiert wurde, war wesentlich teurer als Flachs, und der Import brachte die Weber häufig in Abhängigkeit von kapitalkräftigen Verlegern. Die Baumwolle mußte gereinigt, aufgelockert und mit Kardätschen geschlagen werden; vereinzelt sind Wollschlager, Wollstreicher und Kardätschenmacher belegt. Aufgrund der geringen Stapellänge der Fasern konnte Baumwollgarn zunächst nur als Einschlag verwendet werden. Baumwolle konnte auch nicht wie Flachs auf dem Tretrad gesponnen werden, sondern mußte auf dem Handrad («Baumwollrad», später «Schweizerrad») verarbeitet werden.

Nach der Schau (Rohgeschau) wurden die Tuche gebleicht. Zunächst wurden nur die minderen Qualitäten gefärbt; vereinzelt wurde Barchent auch gewalkt, geschert und kattuniert.

Bedeutendstes Zentrum war Augsburg: Hier erfuhr die Barchentweberei einen Aufschwung bis zum Dreißigjährigen Krieg. Um 1600 arbeiteten hier mehr als 2000 Weber für den Export, und wöchentlich wurden zahlreiche Tuche geschaut; der Umsatz hatte sich seit 1500 vervierfacht. Seit den 1580er Jahren zog die Produktion gebleichter Barchente merklich an: In den Jahren 1603 und 1607 wurden jeweils mehr als 100 000 weiße Barchenttuche verkauft. Danach ging die oberschwäbische Barchentproduktion rapide zurück, und Augsburg (1610: 2114 Meister) zählte 1701 nur noch 458 Webermeister.

Abb. 35: Ein Nürnberger Weber (Hans Weber) barfuß am Trittwebstuhl. Lavierte Federzeichnung, 1425–1436, Hausbuch der Mendelschen Zwölfbrüderstiftung.

Baumwolle wurde auch für das Mischgewebe Tirtey (Tirtaines) aus Wolle und Hanf verwendet. Die Kölner Tirteiweber (Tircherchmacher), erstmals 1396 im Zusammenhang mit dem Wollenamt erwähnt, bildeten seit 1429 ein eigenes Handwerk.

Ausgangspunkt des europäischen Seidengewerbes war im 12. Jh. Lucca, und über Venedig dehnte sich die Seidenweberei im 16. Jh. auch auf Florenz, Mailand und Genua aus; Venedig war in der Samtweberei führend. Noch zu Beginn des 16. Jh.s war Köln die einzige deutsche Stadt mit einem bedeutenden Seidengewerbe. Rohseide wurde vor allem aus Venedig bezogen. In hohem Ausmaß war die Kölner Seidenproduktion bis in die frühe Neuzeit Frauenarbeit, der Amtsbrief der Kölner Seidenweberinnen datiert von 1437. In Frankreich entwickelte sich Lyon zum Zentrum der Seidenweberei, und im 18. Jh. wurden dann Krefeld und Berlin bedeutende Standorte der Seidenindustrie.

Wenngleich sich durch die jeweiligen Rohstoffe unterschiedliche Betriebsformen ergaben, so blieb doch der Kern der Textilherstellung, die Weberei, kleinbetrieblich strukturiert.

Die Ordnungen begrenzten die Betriebsgröße meist durch die Anzahl der zugelassenen Webstühle (Gezauwe) oder auch durch die Anzahl der Tuche, die zur Walke gegeben werden durften. Abhängig von der Konjunktur konnte in den Textilzentren daher die Produktion durch die Obrigkeit reguliert werden. Obwohl meist drei und mehr Stühle zugelassen waren, arbeiteten im städtischen Handwerk nur wenige Weber mit zwei oder gar mehr Gesellen. Viele Weber lebten in bescheidenen, wenn nicht armen Vermögensverhältnissen. Die Weberhäuser und Weberviertel lagen meist am Stadtrand. Gearbeitet wurde in der Webkammer oder im Webkeller, im Oberschwäbischen Dunke (Tunke) genannt, wo das Garn aufgrund der Feuchtigkeit geschmeidig blieb.

Da sowohl in der Stadt als auf dem Land produziert wurde, kam der Zunftzwang erst spät zur Geltung, und auch das Meisterstück setzte sich erst in der frühen Neuzeit durch: 1555 verlangen die Augsburger Weber ein Meisterstück, 1609 wird es bei den Frankfurter Leinewebern Conditio sine qua non für das Meisterrecht, erst 1627 folgt Straßburg, 1704 dann Bremen.

Im Spätmittelalter war die Textilproduktion noch in hohem Ausmaß Frauenarbeit: Die vorbereitenden Tätigkeiten, sei es die Flachsarbeit, das Spinnen, das Streichen und das Spulen, wurden in der Regel von Frauen verrichtet. Frauen waren jedoch auch als selbständige Weberinnen tätig, wenngleich sie um 1500 schon weitgehend aus der städtisch-zünftischen Weberei verdrängt waren: In Bremen gab es nach 1500 nur noch bei den Leinewebern selbständige Meisterinnen, die Mitarbeit von Frauen und Töchtern war hier durchaus üblich. Schmalweberinnen und Schleierwirkerinnen betrieben auch im 16. und 17. Jh. noch ihr Gewerbe. In Augsburg galt die Arbeit der Schleier- und Fatzelwirkerinnen («fasst nur weyber arbeit») bis 1561 als freie Kunst. In der städtisch-zünftischen Barchentweberei sowie auch später in der Kattunweberei waren die Frauen von der Arbeit am Webstuhl jedoch ausgeschlossen.

Die Lehrzeiten waren vergleichsweise kurz, bis ins 17. Jh. reichten ein bis zwei Lehrjahre aus: Wer in Straßburg (1484) die Woll- oder Leineweberei erlernen wollte, sollte zwei Jahre lernen, nur für «Bildwerk» (gemusterte Gewebe) waren vier Jahre üblich. Die Zwickauer Tuchmacher verlangten seit 1348 zwei Lehrjahre (1670 dann vier). In Augsburg reichte noch bis 1569 ein Lehrjahr aus, dann wurden – wie auch in anderen Städten – zwei Jahre zur Norm. Vielfach wurde kein – oder nur ein geringes – Lehrgeld verlangt, und die Lehrjungen erhielten meist von Anfang an (geringen) Lohn.

Im Spätmittelalter bildeten sich auch Vereinigungen der Gesellen im Textilgewerbe heraus: Schon aus dem 14. Jh. datieren Statuten der Weberknappen oder -knechte (Gesellen), wie das der Berliner Woll- und Leinewebergesellen von 1331 oder das der Zürcher Gesellen von 1336. Bereits um die Mitte des 14. Jh.s arbeiteten in Straßburg fremde (wandernde) Knechte. Die Wollweber Lübecks forderten zwar seit 1477, daß der Geselle «jar unde dach» (Jahr und Tag) wandern solle, und 1595 verlangten die Wand- und Tuchmacher Hamburgs schon zwei Jahre, doch vielfach finden wir die Wanderpflicht – dort, wo sie überhaupt verbindlich wurde – erst im 17. und 18. Jh. Die Wanderungen erstreckten sich häufig nur auf die Gewerbelandschaften: In Augsburg kam 1615 fast die Hälfte der Gesellen vom Land, und die oberschwäbische Textillandschaft umreißt den Einzugs- und Wanderbereich. Durch die Verlagerung der Textilproduktion auf das Land scheint sich die Regionalisierung der Wanderschaft im 17./18. Jh. noch verstärkt zu haben. Dennoch haben auch überregionale Wanderungen zum Technologietransfer beigetragen: Für die Verbreitung der Barchentweberei scheint die Zuwanderung mailändischer Weber (in Nördlingen) eine Rolle gespielt zu haben; schwäbische «parchantweber» wurden dann 1488/89 nach Nürnberg gezogen, und für sie wurde die Webersiedlung «Sieben Zeilen» auf dem Schwabenberg angelegt. Schlesische Weber, Zugstuhlbauer und Mustermaler begründeten im 17. Jh. die Damastweberei in Sachsen (Großschönau). Wie die Niederländer entscheidende Impulse für die Tuchmacherei brachten, so beruhte das Aufblühen des Berliner Seidengewerbes im 18. Jh. auf der Zuwanderung der Hugenotten.

Neben den ledigen Gesellen (Knappen) hat es – im Textilgewerbe ausgeprägt – auch verheiratete Gesellen gegeben. Zunächst dürfte es sich – denn das Meisterrecht war bis ins 16. Jh. ohne längere Wartejahre und Meisterstück zu erreichen – um verarmte Meister gehandelt haben, die als «Hausknappen» arbeiteten. Im 16. Jh. sind verheiratete Gesellen überregional belegt, in Zwickau in der ersten Hälfte des 16. Jh.s auch mitwandernde Gesellenehefrauen bzw. Wollkämmerinnen.

Die Gesellen arbeiteten in der Regel im Stück- bzw. Teillohn: Schon 1336 erhielten die Wollwebergesellen Zürichs Stücklohn, und um die Mitte des 14. Jh.s kam es «von des lones wegen» (wie in Speyer 1351) zu Auseinandersetzungen mit den Meistern.

Der Arbeitsprozeß am Horizontal-Trittwebstuhl gliedert sich (nach dem Einrichten) in drei wesentliche Arbeitsschritte: Über Fußtritte oder Pedale wird das sog. Fach durch Schäfte gebildet, dann erfolgt der Schußeintrag mit dem Schiffchen und daraufhin das Anschlagen des Fadens durch die frei schwingende Lade. Der 1733 von John Kay entwickelte Schnellschütze (das Schiffchen, Schütze, wurde durch ein Zugsystem hin und her bewegt) fand in Deutschland (vor allem in der Breitweberei) seit den 1820er Jahren Verbreitung.

Am Bau eines Webstuhles waren meist der Schreiner und Blättersetzer (Blattmacher) beteiligt; Stühle für die Damastweberei fertigten ausgesprochene Zugstuhlbauer. Webgeschirr vertrieben in Oberschwaben die «Heckler». Je nach Anzahl der Schäfte konnten verschiedene Bindungen bzw. Muster gewebt werden: Leinen, Woll- und Baumwollstoffe meist in Leinwandbindung (zwei Schäfte) oder Köperbindung (drei oder vier Schäfte), Seidengewebe meist in komplizierterer Bindung (Atlas). Gemusterte Gewebe konnten später auch mit dem 1805 entwickelten Jacquardmechanismus (Steuerung mittels Lochkarten) auf dem Handwebstuhl gewebt werden.

Vom 17. bis zum 19. Jh. gewann die ländliche Textilproduktion zunehmend – gegenüber der städtisch-zünftischen Weberei – an Bedeutung.

Die Wolltuchproduktion entwickelte sich im 17./18. Jh. in den Reußischen Landen (Gera 1734: 442 Zeugmachermeister). Neben die württembergische Zeugproduktion (Calwer Zeughandelskompagnie), die sich auf dem Land ausbreitete, trat Ende des 17. Jh.s die Zeug- und Raschproduktion des Obereichsfeldes. Am Niederrhein (Aachen, Burtscheid, Eupen, Monschau) wurde Feintuch mit spanischer Merinowolle produziert; hier hatte sich fast durchweg der Verlag – unabhängig von zünftigen Bindungen – durchgesetzt. Die Tuchmacherei der Kurmark wurde staatlich gefördert (Heereslieferungen, Kattunverbot etc.) und war in den Verlag der größten deutschen Tuchmanufaktur, das «Königliche Lagerhaus» in Berlin (seit 1716), einbezogen. Auch in der Oberlausitz, im Vogtland, in Schlesien, in Brandenburg und in der Niederlausitz sowie Oberösterreich und Böhmen (Reichenberg 1796: 804 Tuchmacher) wurden Wolltuche gewebt. In der Wolltuchproduktion führte weniger die Mechanisierung der Produktion als die Einbeziehung in Verlag und Manufaktur zum Niedergang der handwerklichen Tuchmacherei.

Bedeutendstes Leinengebiet war um 1800 Schlesien: Spinner und Weber arbeiteten hier überwiegend im Kaufsystem und setzten ihre Produkte auf den städtischen Leinwandmärkten selbst ab. Garn und Leinen wurden vor allem über Hamburg exportiert. Nach 1780 verstärkte sich durch irische, böhmische und russische Konkurrenz der Preisdruck auf dem Weltmarkt. Die westfälische Leinenproduktion (Osnabrück, Bielefeld, Münster) basierte ebenfalls noch weitgehend auf dem Kaufsystem, da ausreichend Flachs zur Verfügung stand. Oberschwaben hatte mit dem Niedergang der Barchentproduktion seine führende Rolle verloren: Hier arbeiteten die städtischen und ländlichen Leineweber um Ulm und auf der Alb jedoch im Verlag.

Insgesamt blieb im Leinengewerbe das Kaufsystem noch dominant, der Verlag setzte sich nur dort durch, wo Spinner und Weber nicht direkt (wie im städtischen Leinengewerbe) über die Rohstoffe verfügten.

Bis Mitte des 19. Jh.s nahm der Umfang der Leinenproduktion zwar zu, doch der Preis der Leinwand verfiel, und die Krise der Handleinenweberei erfaßte 1820 bis 1860 alle Leinenregionen. Mit der Verwendung von Maschinengarn setzte sich in der zweiten Hälfte des 19. Jh.s der Verlag durch, und 1850 bis 1880 wurde die Handweberei durch kaufmännische Verleger in Lohnarbeit organisiert. Erst nach 1880 ist eine starke Zunahme der mechanischen Webstühle zu verzeichnen, und bis 1900 versiegte schließlich der Flachsanbau.

Während die Nachfrage nach Leinen im Industrialisierungsprozeß zurückging, stieg die Nachfrage nach Baumwollgeweben. Die Baumwollweberei entwickelte sich im 18. Jh. meist von Beginn an im Verlagssystem. In Schwaben, mit Augsburg als Zentrum, war man im 18. Jh. zur Baumwoll- bzw. Kattunweberei übergegangen (1785 ca. 700–800 Meister, 600 Gesellen). Die meisten Weber arbeiteten hier mit vorgeschossener Baumwolle (jedoch eigenen Stühlen) in verlagsartiger Abhängigkeit der Kaufleute. Besonders seit den 1780er Jahren entstand ein starker Konkurrenzdruck durch die protoindustriellen Gewerbelandschaften (Schweiz, Sachsen) und die Einfuhr ostindischer Kattune. 1830 zählte Augsburg noch 396 Meister, und mancher Weber arbeitete (seit den 1830er Jahren) als «Fabrikgeselle». Nach der Jahrhundertmitte beschleunigte sich die Auflösung der Handweberei (1861: 113 Meister), der nur noch die gemusterten Stoffe verblieben waren.

In Sachsen nahmen Verleger die Chemnitzer Leineweber (1611: 244 Meister, 100 Gesellen) für die Baumwollweberei in Verlag (1718: 141 Meister, 1780: 540). Plauen wurde Zentrum der vogtländischen Baumwoll-(Musselin-)Weberei; auch im südlichen Vogtland (Hof), in Niederösterreich, in Vorarlberg und besonders in der Schweiz (Zürcher Oberland, Appenzell, Toggenburg etc.) florierte die Baumwollweberei als Heimindustrie. Bereits 1830 war die Baumwollspinnerei (als «Proteus der Industrie») vollständig mechanisiert und hatte die Handspinnerei verdrängt.

In der gesamten Textilproduktion konnte sich die Handweberei bis in die Hochindustrialisierung behaupten, da die mechanischen Webstühle zunächst teuer waren und keinen deutlichen Produktivitätsfortschritt brachten. Als Handwerk hatte die Weberei jedoch schon durch die Konkurrenz der Heimindustrie und die Ausbreitung des Verlages seine Bedeutung verloren, bevor die Mechanisierung dem Weber (ausgehend von der Baumwollweberei) das Schiffchen endgültig aus der Hand nahm.

Reinhold Reith

ZEUG- UND ZIRKELSCHMIED

Die örtlich wechselnden Bezeichnungen Zeug- und/oder Zirkelschmied, Neberschmied (von Neber = Nabenbohrer), Bohrer-, Sägen- oder Zangenschmied geben keine unterschiedlichen Berufe an, sondern allenfalls verschiedene Schwerpunkte innerhalb des gleiches Berufsfeldes. Hergestellt wurden Werkzeuge aus Stahl, vor allem Zirkel, Bohrer und Sägen, daneben Zangen, Hämmer, Hobeleisen, Meißel, Schraubzwingen (Kluppen, Feilkloben), Beile und einige Haushaltsgeräte. Überschneidungen mit anderen Handwerken und Streitigkeiten über einzelne Produkte wie Feilen, Schneid- und Drehwerkzeuge, Ambosse und Schraubstöcke gab es oft. Vielzahl und Verschiedenartigkeit der Erzeugnisse kennzeichneten das Handwerk, so wurden um 1850 in Remscheid etwa 200 Arten von Zangen hergestellt.

Zeugschmiede werden erstmals 1358 in Nürnberg genannt, Bohrer- oder Neberschmiede 1372/89 in Frankfurt/M. (Nebiger), 1375 Nürnberg, um 1400 Schmalkalden, um 1500 Waidhofen und Judenburg (Nabingerschmied), Sägenschmiede 1322 in Köln (Sägenmacher), 1360 in Augsburg und 1384 in Nürnberg, Zangenmacher 1354 in Frankfurt/M. Etwas jünger ist die Bezeichnung Zirkelschmied: 1395 in Frankfurt/M. (Zirkeler), 1422 in Nürnberg, um 1500 in Waidhofen und Steyr. Im 16. bis 19. Jh. war das Handwerk in vielen Städten vertreten, allerdings durchweg nur mit wenigen Meistern. Wenn es 1751 in Braunschweig heißt, hier werde man Meister der Zeugschmiede ohne Meisterstück nur durch den Nachweis der Gesellenzeit bei den Nürnberger Zirkelschmieden, zeigt dies die Vorrangstellung Nürnbergs. Dort stieg die Zahl der Zirkelschmiedemeister von etwa fünf um 1450 auf über 80 um 1550 und blieb in dieser Höhe bis etwa 1870; daneben waren hier bis etwa 1620 auch die Neberschmiede wichtig (um 1550 über 20 Meister). Ordnungen von 1535 reglementierten beide Handwerke. Weitere Zentren waren Schmalkalden (1554: 29 Neber- und Bohrerschmiede; 1714: 52 oder 53 Bohrer- und Zangenschmiede), Steyr und Waidhofen (um 1550: 26 Zirkel- und 16 Bohrerschmiede), später auch Berlin (um 1850: 29 bis 37 Meister) und Graz (1859: 70 Grobzeug- und einige Feinzeug- und Zirkelschmiede). Eigene Zünfte der Zeug- und Zirkelschmiede gab es zeitweise auch in Breslau, Dresden, Naumburg (Sägenschmiede) und Braunschweig, während sie sonst zur Schmiede- oder Kleinschmiedezunft gehörten. Mehrere Städte kannten den Zeichenzwang, wobei in Nürnberg seit 1564 neben dem Meisterzeichen auch der Stadtadler aufzuprägen war.

Als im Bergischen Land das etablierte Sensenhandwerk um 1700 in eine Krise geriet, förderten Kaufleute die Umstellung auf die Werkzeugschmiederei und machten Remscheid zum führenden Standort Deutschlands. Eine Zunft gab es hier nie, zeitweise gehörten die Zeugschmiede zum Schleifer- oder zum Kleinschmiedehandwerk, hatten seit 1764 einen Verbleibungseid zu leisten und seit 1766/67 den Zeichenzwang zu beachten, aus dem sich im 19. Jh. das Markenzeichenwesen entwickelte. 1756 gab es in Remscheid und Umgebung (ohne die Feilenhauer) etwa 100 offensichtlich eng spezialisierte Werkzeugmacher. Ein Austausch durch Zu- und Abwanderung fand seit etwa 1740 zwischen dem Bergischen Land und der Grafschaft Mark statt; dort war das Gewerbe in vielen Orten vertreten (z. B. Halver 1830er Jahre: 37 bis 46 Betriebe), ohne daß sich ein eigentliches Zentrum herausbildete.

Die Tätigkeit der Zeug-, Zirkel- und Neberschmiede war im wesentlichen ein Ausschmieden von Stahl, was hier weniger Kraft, aber mehr Geschicklichkeit verlangte als bei anderen Schmieden. Andererseits fiel weniger Schraubstock- und Drehbankarbeit an als beim Schlosser. Manchmal wurde Stahl dem weicheren Schmiedeeisen aufgeschweißt, so bei den Spitzen von Bohrern und großen Zirkeln. Bestimmte Teile schmiedete man im Gesenk. Spiralbohrer wurden während des Schmiedens gebogen und gewunden. Nach dem Schmieden wurde am Werkstück gefeilt, das dabei seit dem 16. Jh. im Schraubstock eingespannt war. Die Zähne der Säge formte man mit einer dreikantigen Feile. Noch 1570 wurde einem Nürnberger Neberschmied

Abb. 36: Ein Nürnberger Neberschmied (1525) bei der Arbeit am Amboß. Hausbuch der Landauer Zwölfbrüderstiftung.

sein neu erfundenes Hauzeug für Sägeblätter verboten. Im 18. Jh. schlug man in Remscheid die Sägezähne mit Hammer und Meißel, später wurden sie ausgestanzt. Gehärtet wurde der Stahl in Regenwasser, Unschlitt, Öl oder Luft. Zuletzt machte man das Stück am Schleifstein blank, färbte es durch Anlaufenlassen, oft bis zu einem blauen Farbton, oder durch Schwarzlackieren mit Öl oder geschmolzenem Blei und Antimon oder verzierte die Oberfläche durch Ätzen – um 1600 in Nürnberg sehr beliebt –, Eisenschnitt, Gravur oder Tauschieren.

Meister wurde man nach einer Lehre von drei bis fünf Jahren, einer Gesellenzeit von mindestens drei bis vier Jahren und dem Meisterstück. Das Wandern der Gesellen war üblich, Zeug- und Zirkelschmiede zählten zu den «geschenkten» Handwerken. Neberschmiedegesellen aus Erfurt und Schmalkalden mußten in Nürnberg im 16. und 17. Jh. zuerst noch ein Jahr Lehre nacharbeiten. Jeder Meister durfte in der Regel einen Lehrjungen und zwei Gesellen beschäftigen. Insgesamt kam es zu recht unterschiedlichen Verdienst- und Vermögensverhältnissen. Die Schautänze der Nürnberger Zirkelschmiede 1601 bis 1688 zeigen eine Blüte des Handwerks an, während einiges auf eine Überbesetzung des Gewerbes um 1700 hindeutet. Abwerbungen von Zeugschmieden aus Schmalkalden um 1745 nach Neustadt-Eberswalde und aus Remscheid 1767 nach Saarbrücken beweisen die Wertschätzung in der Manufakturzeit.

Normalerweise verkaufte der Meister direkt an die Kunden, meistens also an andere Handwerker; andererseits gab es Verlag und Heimarbeit, wie z. B. in Schmalkalden im 16. Jh. belegt. In Remscheid standen der freie Verkauf an die Kaufleute, der Verlag und ein gewisser Hausierhandel der Meister nebeneinander; alle diese Formen wurden durch die Fabrikorganisation abgeschafft.

Ein Sondergebiet war die Fertigung mathematischer und chirurgischer Instrumente durch die Zeug- und Zirkelschmiede, die dabei in Konkurrenz zu einigen Messerschmieden, Schlossern, Uhr- und Kompaßmachern standen. Seit etwa 1600 ist ein besonderes Mechanikerhandwerk zu erkennen, charakterisiert durch die Spezialisierung des einzelnen Meisters, seine Stellung außerhalb der Ämter und Zünfte, manchmal auch seine individuelle Privilegierung. Die bekanntesten Instrumentenmacher und Mechaniker arbeiteten im 16. und 17. Jh. in Nürnberg (Hans Lobsinger, Hans Hautsch), im 18. Jh.

in Augsburg (Georg Friedrich Brander), Leipzig (Jakob Leupold) und Berlin, einige leiteten große Werkstätten. 1861 gab es in Berlin 189 Mechanikermeister.

Zwischen 1830 und 1900, zuerst bei Sägen und Zangen, kam das Ende von Handarbeit und Handwerk durch den Einsatz der Werkzeugmaschine, der sich nur in der Großfertigung lohnte. Einzelne Handwerksbetriebe wandelten sich allmählich zur Fabrik. Dem Abstieg der meisten Handwerker zu Fabrikarbeitern stand der Aufstieg einiger weniger zu Unternehmern gegenüber. Ein gelernter Zeugschmied z. B. war Richard Hartmann (1809–1878) aus Barr im Elsaß, der als Geselle bis 1832 nach Chemnitz wanderte und dort zum erfolgreichen Maschinenbauer und Fabrikanten aufstieg. Immerhin blieben Teile der Produktion längere Zeit von der Handarbeit bestimmt, etwa das Schmieden bestimmter Sorten von Bohrern und Hämmern bis in die 1920er Jahre. In Nürnberg gab es von 1830 bis 1850 noch insgesamt 157 Zirkelschmiedegesellen, von denen 33 Meister wurden. Noch um 1890 war in Berlin die Innung der Zeugschmiede relativ stark, auch mit Gesellen und Lehrlingen (insgesamt 76–80 Beschäftigte). Im Kreis Schmalkalden bestanden 1882 245 Betriebe mit insgesamt 772 Beschäftigten. Um 1900 war dann aber das Handwerk, von unbedeutenden Resten abgesehen, ausgestorben.

Rainer Stahlschmidt

ZINNGIESSER

Seit dem Mittelalter stellen die Zinngießer oder Kannengießer, wie sie bis zum 18. Jh. meist bezeichnet werden (niederdt. «tinnegeter», «kannegeter», süddt. «kandlgießer»), Gebrauchsgeschirr und -gerät, Prunkgeschirr für das reiche Bürgertum und den Adel sowie Geschirr und Gerät für die Zünfte und für den kirchlichen Gebrauch her. Sogar Abendmahlkelche und Ciborien, die «vasa sacra», konnten außer aus Gold und Silber bei ärmeren Kirchengemeinden auch aus Zinn verfertigt sein. Dies gestattete schon das zwischen 803 und 813 abgehaltene Konzil von Reims. Andere schriftliche Quellen aus dem

Mittelalter bezeugen ebenfalls die Verwendung des ja seit der Bronzezeit in Europa bekannten und vor allem in England gewonnenen Metalls Zinn (lat. «stannum», chem. Zeichen Sn). In Deutschland gab es reiche Lagerstätten von Zinnerz im sächsischen Erzgebirge. Seit dem 19. Jh. sind Malakka und Bangka in Hinterindien, Bolivien und andere außereuropäische Gebiete Hauptlieferanten für Zinnerz und Rohzinn.

Die ältesten erhaltenen Zinngegenstände in Deutschland, Österreich und der Schweiz stammen aus dem Spätmittelalter, der Zeit der Gotik. Es handelt sich um Kirchenbesitz, u. a. gotische Leuchter, und um mittelalterliches Gebrauchsgerät, vorwiegend Kannen, z. B. die norddeutschen Hansekannen, westdeutsche und mainfränkische Kannen, aber auch zinnerne Feldflaschen aus dem Rheinland. Einen ersten Höhepunkt des Zinngießerhandwerks bilden die spätgotischen Schleifkannen aus Schlesien, von denen die 1497 für die Breslauer Bäckerzunft mit reichen Gravierungen geschaffene Kanne zu den frühesten und schönsten zählt.

Eine Zinngießerzunft wird erstmals 1285 in Nürnberg erwähnt. Die ältesten erhaltenen Zunftrollen oder Ordnungen sind die von Lübeck (um 1360) und Prag (1371). Häufig bildeten die Zinngießer zusammen mit verwandten Berufen eine gemeinsame Zunft. Für einen solchen Zusammenschluß kamen vor allem die Schmiede, Schlosser, Kupferschläger, Messermacher, Büchsenmacher und Glockengießer in Frage. Ein derartiger Verbund mit anderen Gewerken bot sich an, wenn in einer Stadt die Zahl der Meister unter zehn lag, und dies war häufig der Fall.

Die Zunftrolle der vereinigten Hamburger Kannen- und Grapengießer stammt aus dem Jahr 1375 und bringt wichtige Bestimmungen über die Zinnprobe, d. h. das Mischungsverhältnis von Zinn und Blei, und das Markenwesen. Das Hamburger Amt (= Zunft) gehörte zum bedeutenden Wendischen Ämterverband, der 1526 unter dem Vorsitz von Lübeck von den sechs großen Hansestädten Lübeck, Hamburg, Rostock, Wismar, Stralsund und Lüneburg (Bremen kam erst 1575 hinzu) gebildet worden war. Hier gehörten die Zinngießer der kleineren Städte, der sog. Landstädte, als auswärtige Meister dem Zinngießeramt der nächstgelegenen Hansestadt an. Ähnlich waren die Zinngießer auch in Sachsen organisiert, allerdings erst seit Anfang des 17. Jh.s. 1614 trat eine für ganz Sachsen verbindliche Ordnung in

Kraft, die 1674 und 1708 erneuert wurde. Die Städte Dresden, Leipzig, Wittenberg, Schneeberg und Langensalza standen als Kreisstädte fünf Kreisen mit den Zinngießern der kleineren Städte vor. In Tirol wurde die erste Landesordnung 1532 erlassen, in Baden 1542, in Württemberg 1559, in Braunschweig-Lüneburg erst 1712 und im Fürstbistum Osnabrück 1769. Die meisten süddeutschen Städte und die freien Reichsstädte gehörten keinem Verband an, unterstanden meist auch keiner Landesordnung, sondern gaben sich ihre Zunftordnungen selbst. Aufgrund dieser Ordnungen ist auch die Zinnprobe immer wieder anders festgesetzt worden.

In bezug auf Lehrzeit, Gesellenwanderung und Meisterprüfung ergaben sich beim Zinngießerhandwerk keine charakteristischen Besonderheiten. Selbstverständlich wurde beim Eintritt in die Lehre der Nachweis der ehrlichen und ehelichen Geburt gefordert. Die Lehrzeit betrug im Spätmittelalter bis zu sechs Jahren und verkürzte sich später in der Regel auf drei Jahre. Ein Gesellenstück wurde erst im 19. Jh. gefordert, in Ostfriesland war dies z. B. ein Teetopf. Als wichtig und obligatorisch galt die Ableistung der Gesellenwanderung; sie dauerte in der älteren Zeit sechs Jahre und führte weit herum. Später verkürzte sich die Wanderschaft auf bis zu zwei Jahre. Bis ins 19. Jh. gab es bei den Zinngießern keine verheirateten Gesellen.

Für die Erlangung des Meisterrechts war die Anfertigung eines Meisterstücks erforderlich. In Hamburg wurde 1375 lediglich eine Schale als Meisterstück verlangt. Später wurden die Anforderungen höher und in den Ordnungen häufig sehr genau präzisiert. Seit der Mitte des 16. Jh.s wurden in den meisten deutschen Städten drei verschiedene Meisterstücke gefordert; z. B. in Regensburg seit 1517 und in Augsburg seit 1589 Schenkkanne, Schüssel und Gießfaß. Breslau, Dresden und einige andere Städte verlangten sogar vier Meisterstücke.

Besonders ausgeprägt und in dieser Hinsicht mit dem Goldschmiedehandwerk vergleichbar war das Markenwesen. In beiden Handwerken handelt es sich bei der Markierung um eine Schutzmaßnahme für den Kunden. Durch die eingeschlagenen Marken garantierte der Meister die den Verordnungen entsprechende Qualität des verwendeten Materials. Reines Zinn gewinnt durch Zusätze von Kupfer, Antimon oder Blei an Gußfähigkeit und Geschmeidigkeit. Da Blei billiger ist als Zinn, waren die Zinngießer bestrebt, den Bleianteil möglichst hoch anzusetzen. Schon vor 1300 bestimmte die älteste bekannte Verordnung, die im Nürnberger Polizeibuch niedergelegt ist, ein Verhältnis von ein Pfund Blei auf zehn Pfund Zinn. Dieses Mischungsverhältnis fand als «Nürnberger Probe» oder später «gemeine Reichsprobe» weite Verbreitung. Im 18. Jh. wurden in Bremen vier Zinnsorten verarbeitet: 1. Englisches Zinn (100 Pfd. Zinn und 1 Pfd. Kupfer). 2. Kronzinn (15 Pfd. Zinn und 1 Pfd. Blei). 3. Klar Zinn bzw. Vollgut (5 Pfd. Zinn und 1 Pfd. Blei). 4. Mankgut bzw. Halbgut (2 1/2 Pfd. Zinn und 1 Pfd. Blei).

Durch das Kennzeichnen mit einer Marke oder mehreren konnte der Hersteller jederzeit ermittelt und bei unrechtmäßigen Zinnlegierungen zur Rechenschaft gezogen werden. Drei Arten von Marken lassen sich unterscheiden: 1. Stadtmarken. 2. Meistermarken. 3. Qualitätsmarken. Häufig sind zwei oder auch alle drei Marken in einem Zeichen vereinigt. Als Stadtmarke diente meist das Stadtwappen. Engel oder Kronen bezeichnen Englisches Zinn oder Kronzinn. Der Meister wird vorwiegend durch die Initialen seines Namens gekennzeichnet.

Die technischen Fertigkeiten zur Herstellung von Zinngeschirr sind bis zum späten Mittelalter vervollkommnet worden. In der Spätgotik und der Renaissance war der Höhepunkt der kunsthandwerklichen Produktion erreicht. Bis zur Gegenwart haben sich die handwerklichen Voraussetzungen kaum mehr verändert. Der Guß in vorgefertigte Formen, zuerst vorwiegend aus Sandstein, später auch aus Messing und im 19. Jh. aus Gußeisen, das Zusammensetzen der Einzelteile bei komplizierteren Stücken, das Abdrehen der rauhen Gußoberfläche und der Lötnähte und die häufig geübte Verzierung durch Gravuren sind die einzelnen Arbeitsgänge bei der Herstellung.

Bis in das 19. Jh. hinein sind die Erzeugnisse der Zinngießer ein begehrtes Gut gewesen. Neben den Kirchen haben auch die Zünfte ihr Trinkgeschirr, vor allem auch die repräsentativen Willkomms in Zinn arbeiten lassen. Beliebt waren auch Zunftzeichen aus Zinn.

Für das Prunkzinn reicher Bürger und des Adels war im 16. und 17. Jh. Nürnberg das wichtigste Herstellungszentrum. Insbesondere gehören die mit reichen Ornamenten oder figürlichen Szenen im Reliefguß verzierten Teller, Platten und Schüsseln zu den Meisterwerken des Zinngießerhandwerks. Beispiele sind die Famaplatte des Nicolaus Horchhaimer von 1567 oder die Temperantiaschüssel des Caspar Enderlein von 1611. Kannen, Krüge und Becher wurden ebenfalls mit prunkvollem Reliefdekor geschmückt.

Im 18. Jh. gehört sorgfältig gearbeitetes zinnernes Tafelgeschirr zur Ausstattung adliger und großbürgerlicher Häuser, aber auch schon zum Repräsentations- und Gebrauchsgeschirr bäuerlicher Haushalte. Das glänzende und immer blank geputzte Zinngeschirr ersetzte im Bauernhaus das Silbergeschirr reicherer Häuser. Teller und Schüsseln, Kannen und Krüge, Löffel und Leuchter und anderer Hausrat fand unverziert oder graviert als Brautausstattung oder Hochzeitsgeschenk den Weg in Bürger- und Bauernhäuser. Eine Sonderform war das zinnerne Spielzeug, das seit dem 18. Jh. die Kinder erfreute. Wieder war Nürnberg führend.

Seit dem späten 18. Jh. und besonders im 19. Jh. wurde die Lage der Zinngießer schwieriger. Hausrat aus Steingut, Porzellan, Emaille und modernen Metallegierungen verdrängte das Zinngeschirr vom Markt. Höchstens auf dem «platten Land» gab es noch einen gewissen Absatz. So verlagerten sich die Werkstätten von den großen Städten auch eher in die Landstädte und Marktflecken, bis gegen Ende des 19. Jh.s auch die ländlichen Werkstätten schließen mußten. Nur wenige handwerklich arbeitende Zinngießereien sind noch heute tätig, so die traditionsreiche Zinngießerei Mory in München.

Theodor Kohlmann

ANHANG

ABBILDUNGSNACHWEIS

Abb. 1 u. 21: E. Mummenhoff, Der Handwerker in der deutschen Vergangenheit, Leipzig 1924, S. 71 u. S. 128.

Abb. 2: J. Leers, Lebensbild des deutschen Handwerks, München 1938, S. 289.

Abb. 3, 6, 9, 18 u. 33: J. Amman, Das Ständebuch. 133 Holzschnitte mit Versen von Hans Sachs u. Hartmann Schopper, Frankfurt/M. 1983, S. 90, S. 58, S. 47, S. 49, S. 82.

Abb. 4: C. E. Prediger, Buchbinder u. Futteralmacher, 4 Bde., Frankfurt u. Leipzig 1741, Ansbach 1749–1753 (Nachdruck 5 Bde., Zürich 1976–1978).

Abb. 5, 14 u. 15: G. Pfeiffer (Hg.), Geschichte Nürnbergs in Bilddokumenten, München 1970, Abb. 275, 82 u. 274.

Abb. 7, 29, 31 u. 35: Treue u. a. (Hg.), Das Hausbuch der Mendelschen Zwölfbrüderstiftung, Bildband, S. 229, S. 196, S. 219, S. 9.

Abb. 8, 16 u. 19: Weigel, Abbildung u. Beschreibung der Gemein-Nützlichen Haupt-Stände, Regensburg 1698 (ND Nördlingen 1987), S. 444, ad S. 335, ad S. 381.

Abb. 10, 11 u. 24: W. Römer, Vom alten Handwerk. Nagelschmiede, Scherenschleifer, Feilenhauer 1925–1931, Berlin 1988, S. 20, S. 30 u. S. 5.

Abb. 12: A. Grenser, Zunft-Wappen u. Handwerker-Insignien, Wien 1889, Tafel II.

Abb. 13: Bildarchiv P. Allgaier, Konstanz.

Abb. 17, 23, 26 u. 27: C. Matschoss u. W. Lindner (Hg.), Technische Kulturdenkmale, München 1932 (Düsseldorf 1988), S. 86 (Abb. 151), S. 16 (Abb. 20), S. 81 (Abb. 138 u. 139).

Abb. 20: H. Boockmann, Die Stadt im späten Mittelalter, München 1987, S. 115 (Abb. 179).

Abb. 22: F. Salvetti u. E. M. Bührer, Der Metzger. Eine Kulturgeschichte des Metzgerhandwerks, München 1988, S. 94 (Abb. 157).

Abb. 25: E. Porcelius, Curiöser Spiegel, Nürnberg 1689.

Abb. 28: V. Husa u. a. (Hg.), Homo faber, Arbeitsmotive auf allen Abbildungen, Prag 1967, S. 135 (Abb. 102).

Abb. 30: W. Römer u. a., Berlin von oben. Berlin 1898–1937, Berlin 1988, S. 6.

Abb. 32: P. Brandt, Schaffende Arbeit u. bildende Kunst, Leipzig 1927, Bd. 1, S. 249 (Abb. 337).

Abb. 34: E. Zimmermann, Augsburger Zeichen u. Wappen, Augsburg 1970, Tafel 217, Nr. 6194.

Abb. 36: M. Wagner, Das alte Nürnberg, Hürtgenwald 1980, S. 69.

AUTOREN

Aagard, Herbert, Dr. phil., geb. 1946; freier Mitarbeiter am Museum der Arbeit in Hamburg. Arbeitsschwerpunkte: Technikgeschichte des Manufakturwesens, Geschichte des Salzes u. Salinengeschichte, Geschichte der Gewerbehygiene, Arbeitsmedizin u. Arbeitsschutz.

Bartelmeß, Albert, geb. 1927; Archivoberrat i. R., Stadtarchiv Nürnberg (1961–88). Arbeitsschwerpunkt: Handwerks- u. Wirtschaftsgeschichte, heraldische Forschungen.

Bauer, Michaele, geb. 1964; Museologin u. Mitarbeiterin an einem Inventarisationsprojekt des Landes Baden-Württemberg im Hällisch-Fränkischen Museum.

Bayerl, Günter, Dr. phil., geb. 1946; Univ.-Prof. für Technikgeschichte an der Brandenburgischen Technischen Universität Cottbus. Arbeitsschwerpunkt: Geschichte von Technik, Arbeit u. Umwelt.

Dohrn-van Rossum, Gerhard, Dr. phil., geb. 1947; Univ.-Prof. für Geschichte des Mittelalters an der Technischen Universität Chemnitz. Arbeitsschwerpunkte: Sozialgeschichte der Technik, bes. der Zeitmessung; Bürgertum im 19. Jh.

Elkar, Rainer S., Dr. phil., geb. 1945; Univ.-Prof. für Wirtschafts- und Sozialgeschichte an der Universität der Bundeswehr, München. Veröffentlichungen zur Bildungsgeschichte, zur Reformationsgeschichte, zur Handwerksgeschichte, zur Landesgeschichte u. zur Geschichte des europäischen Regionalismus.

Fleischmann, Peter, Dr. phil., geb. 1955; Direktor des Staatsarchivs Augsburg u. Lehrbeauftragter an der Universität Augsburg.

Glage, Wolfgang, geb. 1927; ehem. wiss. Mitarbeiter, Braunschweigisches Landesmuseum; Forschungsarbeit: Feuerwaffenentwicklung in Niedersachsen. Veröffentlichungen zur historischen Feuerwaffenkunde.

Göttmann, Frank, Prof. Dr. phil., geb. 1946; Univ.-Prof. für Geschichte der Frühen Neuzeit an der Universität Paderborn. Arbeitsschwerpunkte: Europäische Geschichte des Spätmittelalters und der frühen Neuzeit, bes. Sozial- und Wirtschaftsgeschichte, Bevölkerungsgeschichte, Geschichte der Reichspolitik und der Reichsverfassung, Geschichte der geistlichen Staaten.

Grießinger, Andreas, Dr. phil., geb. 1951; Lehrer. Arbeitsschwerpunkt: Sozialgeschichte des deutschen Handwerks im 18. Jh.

Gürtler, Wolfgang, Dr. phil., geb. 1947; Leiter des Referates Wissenschaft und Sammlungen am Burgenländischen Landesmuseum in Eisenstadt. Arbeitsschwerpunkte: Materielle Kultur, Handwerksgeschichte des Burgenlandes (historisches Westungarn).

Haedeke, Hanns-Ulrich, Dr. phil., geb. 1928; ehem. Direktor des Deutschen Klingenmuseums Solingen. Arbeitsschwerpunkte: Kunsthandwerk: Zinn, blanke Waffen, Bestecke, Schmuck.

Kaiser, Hermann, Dr. phil., geb. 1945; stellv. Museumsleiter am Museumsdorf Cloppenburg. Arbeitsschwerpunkte: Handwerksgeschichte, Geräteforschung, Sozialgeschichte der ländl. Bevölkerung Norddeutschlands.

Kettemann, Otto, Dr. rer. soc., geb. 1949; Leiter des Schwäbischen Bauernhofmuseums Illerbeuren bei Memmingen. Arbeitsschwerpunkt: Geschichte des Landhandwerks.

Kohlmann, Theodor, Dr. phil., geb. 1932; ehem. Museumsdirektor u. Professor am Museum für Deutsche Volkskunde (SMPK), Berlin. Arbeitsschwerpunkt: Sachvolkskunde.

Kuntz, Andreas, Dr. phil., geb. 1952; mehrjährige Tätigkeit im Museumswesen, seit 1999 Professor für Volkskunde an der Universität Freiburg. Forschungsschwerpunkte: Handwerk, soz. Zeitformen, Biographie, Technik, Regionalgeschichte, Museologie.

Lenger, Friedrich, Dr. phil., geb. 1957; Univ.-Prof., lehrt Neuere Geschichte am Historischen Institut der Justus-Liebig-Universität Gießen. Veröffentlichungen zur Geschichte des Handwerks, der frühen Arbeiterbewegung sowie zur Urbanisierungs- u. Stadtgeschichte.

Lengle, Peter, geb. 1952; Studiendirektor im Haus der Bayerischen Geschichte. Publikationen: Quellensammlung zur Geschichte Bayerisch-Schwabens, Lernprogramme zu Geschichte u. Deutsch, CDs zu Landesausstellungen.

Lerner, Franz, Dr. phil., Dipl.-Kfm., Hon. Prof., 1903–1995; zahlreiche Veröffentlichungen zur Geschichte des Handwerks, zur Sozial-, Wirtschafts- u. Kulturgeschichte sowie zur Geschichte der Ernährung.

Lutum-Lenger, Paula, Dr. phil., geb. 1957; seit 1989 Ausstellungs- u. Sammlungsleiterin u. stellv. Direktorin des Hauses der Geschichte Baden-Württemberg. Zahlreiche Ausstellungen zur südwestdeutschen Landesgeschichte sowie museologische und landesgeschichtliche Veröffentlichungen.

Maehnert, Carsten, geb. 1955; Forschungstätigkeit an den Archiven Celle u. Burgdorf zur lokalen Handwerks- u. Sozialgeschichte.

Mielke, Heinz-Peter, Dr. phil., geb. 1947; Direktor des Niederrheinischen Freilichtmuseums Grefrath. Arbeitsschwerpunkte: 16. Jh., bes. Sektengeschichte, Ofenkacheln, Glas, wirtschafts- u. sozialgeschichtl. Fragestellungen.

Packheiser, Michael, M. A., geb. 1959; Mitarbeit an verschiedenen Museen in Hamburg u. Schleswig-Holstein, jetzt Leiter des Stadtmuseums in Mölln. Arbeitsschwerpunkte: Regionalgeschichte Schleswig-Holsteins, Gewerbegeschichte.

Plutat-Zainer, Hanna, M. A., geb. 1958; wiss. Leiterin des Deutschen Maler- u. Lackierer-Museums in Hamburg.

Reith, Reinhold, Dr. phil., geb. 1955; Univ.-Prof. für Wirtschafts- u. Sozialgeschichte an der Universität Salzburg. Arbeitsschwerpunkte: Gewerbegeschichte, Technik- u. Umweltgeschichte.

Rodekamp, Volker, Dr. phil., geb. 1953; seit 1996 Direktor des Stadtgeschichtlichen Museums Leipzig, Lehraufträge an der Universität Münster u. der Humboldt-Universität Berlin. Forschungen zu Theorie u. Praxis der Museumsarbeit, Handwerksforschung, Kulturtheorie u. -praxis, Freizeit- u. Tourismusforschung.

Sander, Sabine, Dr. phil., geb. 1955; Studienrätin in Königstein/Ts., freie Mitarbeiterin am Institut für Geschichte, Theorie u. Ethik der Medizin der Johannes-Gutenberg-Universität, Mainz. Arbeitsschwerpunkte: Medizingeschichte der frühen Neuzeit, Kosmetikgeschichte.

Schürer, Ralf, M. A., geb. 1952; wiss. Mitarbeiter am Bayerischen Nationalmuseum München.

Stahlschmidt, Rainer, Dr. phil., geb. 1944; Direktor des Nordrhein-Westfälischen Hauptstaatsarchivs Düsseldorf. Veröffentlichungen zur Wirtschafts- u. Technikgeschichte des Eisengewerbes.

Stümpel, Rolf, Dr. phil., geb. 1934; Buchdruckermeister, 1982 bis 1985 als Technikhistoriker am Gutenberg-Museum in Mainz, danach am Museum für Verkehr u. Technik in Berlin tätig. Arbeitsschwerpunkte: Technikgeschichte des graphischen Gewerbes u. der Papierherstellung.

Vanja, Konrad, Dr. phil., geb. 1947; Prof. u. Direktor des Museums Europäischer Kulturen, Stiftung Preußischer Kulturbesitz in Berlin. Arbeitsschwerpunkt: Alltagsgeschichte, populäre Druckgraphik.

Wilhelmi-Gräf, Ulla, M. A., geb. 1956; Kunsthistorikerin. Wissenschaftliche Mitarbeiterin am Deutschen Glockenmuseum auf Burg Greifenstein.

Wiswe, Mechthild, Dr. phil., geb. 1938; ehem. Leiterin der Abteilung Volkskunde am Braunschweigischen Landesmuseum. Arbeitsschwerpunkte: Landes- u. Volkskunde des südöstlichen Niedersachsen, handwerkliche Metallarbeiten.

KURZBIBLIOGRAPHIE

Aagard, H., Bayerl, G. u. R.-J. Gleitsmann, Die technologische Literatur des 18. Jh.s als historische Quelle. Eine kommentierte Auswahlbibliographie, in: Das 18. Jahrhundert 4, 1980, S. 31–61.

Abel, W. (Hg.), Handwerksgeschichte in neuer Sicht, Göttingen 1978.

Altes Handwerk. Zur Geschichte des zünftigen Handwerks im nordwestpannonischen Raum im 18. u. 19. Jh., Eisenstadt 1983.

Amman, J., Das Ständebuch. 133 Holzschnitte mit Versen von Hans Sachs u. Hartmann Schopper, hrsg. v. M. Lemmer, Leipzig 1975.

Beer, M., Gesellen u. Meister im Oettinger Land. Oettinger Stadt- u. Landhandwerker im 18. Jh., Wemding 1988.

Beiträge zur Wirtschaftsgeschichte Nürnbergs. Hrsg. vom Stadtarchiv Nürnberg, 2 Bde., Nürnberg 1967.

Benscheid, A., Kleinbürgerlicher Besitz. Nürtinger Handwerkerinventare 1660–1840, Münster 1985.

Bergmann, J., Das Berliner Handwerk in den Frühphasen der Industrialisierung, Berlin 1973.

Ders., Wirtschaftskrise u. Revolution. Handwerker u. Arbeiter 1848/49, Stuttgart 1986.

Bernt, W., Altes Handwerkszeug. Zeugnisse großer Handwerkskunst, München 1977.

Bettger, R., Das Handwerk in Augsburg beim Übergang der Stadt an das Königreich Bayern, Augsburg 1979.

Bräuer, H., Gesellen im sächsischen Zunfthandwerk des 15. u. 16. Jh.s, Weimar 1989.

Ders., Handwerk im alten Chemnitz, Chemnitz 1992.

Brandl, B. u. G. Creutzburg, Die Zunftlade. Das Handwerk im Spiegel der Literatur vom 15. bis 19. Jh., Berlin 1973.

Brandt, R. u. Th. Buchner (Hg.), Nahrung, Markt oder Gemeinnutz. Werner Sombart u. das vorindustrielle Handwerk, Bielefeld 2004.

Buchner, Th., Möglichkeiten von Zunft. Wiener u. Amsterdamer Zünfte im Vergleich (17.-18. Jh.), Wien 2004.

Bücher, K., Die Berufe der Stadt Frankfurt a. M. im Mittelalter, Leipzig 1914.

Centrum Industriekultur Nürnberg (Hg.), Leute vom Fach, Nürnberg 1988.

Cramer, J., Handwerkerhäuser im Mittelalter. Zur Abhängigkeit von Hausform u. Beruf, in: Zs. f. Hausforschung 33, 1983, S. 188–212.
Crossick, G. (Hg.), The Artisan and the European Town 1500–1900, Aldershot 1997.
Crossick, G. u. H.-G. Haupt (Hg.), Shopkeepers and Master Artisans in 19th-Century Europe, London 1984.
Czok, K. u. H. Bräuer (Hg.), Studien zur älteren sächsischen Handwerksgeschichte, Berlin 1990.
III. Internationales Handwerksgeschichtliches Symposium, Veszprém 1986. Hrsg. von der Ungar. Akad. d. Wiss., Veszprém 1987.
Denzel, M. A., Professionen u. Professionisten. Die Dachsbergische Volksbeschreibung im Kurfürstentum Bayern (1771–1781), Stuttgart 1998.
Dubler, A., Handwerk, Gewerbe u. Zunft in Stadt u. Landschaft Luzern, Luzern u. Stuttgart 1982.
Ebeling, D., Bürgertum u. Pöbel. Wirtschaft u. Gesellschaft Kölns im 18. Jh., Köln u. Wien 1987.
Egg, E., W. Pfaundler u. M. Pizzinini (Hg.), Von allerley Werkleuten u. Gewerben. Eine Bildgeschichte der Tiroler Wirtschaft, Innsbruck, Wien u. München 1976.
Ehmer, J., Heiratsverhalten, Sozialstruktur, ökonomischer Wandel. England u. Mitteleuropa in der Formationsperiode des Kapitalismus, Göttingen 1991.
Ders., Soziale Traditionen in Zeiten des Wandels. Arbeiter u. Handwerker im 19. Jh., Frankfurt/M. u. New York 1994.
Ders., Traditionelles Denken u. neue Fragestellungen zur Geschichte von Handwerk u. Zunft, in: *Lenger (Hg.),* Handwerk, Hausindustrie u. die historische Schule, S. 19–77.
Ehmer, J. u. R. Reith, Die mitteleuropäische Stadt als frühneuzeitl. Arbeitsmarkt, in: *P. Feldbauer, M. Mitterauer u. W. Schwentker (Hg.),* Die vormoderne Stadt, Wien u. München 2002, S. 232–258
Elkar, R. S. (Hg.), Deutsches Handwerk in Spätmittelalter u. Früher Neuzeit. Sozialgeschichte, Volkskunde, Literaturgeschichte, Göttingen 1983.
Ders., Schola migrationis. Überlegungen u. Thesen zur neuzeitl. Geschichte der Gesellenwanderungen aus der Perspektive quantitativer Untersuchungen, in: *Roth (Hg.),* Handwerk in Mittel- u. Südosteuropa, S. 87–108.
Ders. (Hg.), Handwerksgeschichte in Ungarn. Vom ausgehenden 16. bis zum frühen 19. Jh., Bochum 1989.
Engelhardt, U. (Hg.), Handwerker in der Industrialisierung. Lage, Kultur u. Politik vom späten 18. bis ins frühe 20. Jh., Stuttgart 1984.
Epstein, S. R., Labour Mobility, Journeyman Organisations and Markets in Skilled Labour in Europe, 14th-18th Centuries, in: *M. Arnoux u. P. Monnét (Hg.),* Le technicien dans la cité en Europe occidentale 1250–1650, Rom 2004, S. 251–269.

Farr, J., Artisans in Europe, 1300–1914, Cambridge 2000.

Fischer, W., Wirtschaft u. Gesellschaft im Zeitalter der Industrialisierung, Göttingen 1972.

Fouquet, G., Zeit, Arbeit u. Muße im Wandel spätmittelalterl. Kommunikationsformen: Die Regulierung von Arbeits- u. Geschäftszeiten im städtischen Handwerk u. Gewerbe, in: *A. Haverkamp (Hg.)*, Information, Kommunikation u. Selbstdarstellung in mittelalterl. Gemeinden, München 1998, S. 237–275.

Fouquet, G., M. Steinbrink u. G. Zeilinger (Hg.), Geschlechtergesellschaften, Zunft-Trinkstuben u. Bruderschaften in spätmittelalterl. u. frühneuzeitl. Städten, Stuttgart 2003.

Frisius, F., Der vornehmsten Künstler u. Handwerker Ceremonial Politica, Leipzig 1708/16 (Neudruck Hannover).

Geering, T., Handel u. Industrie der Stadt Basel. Zunftwesen u. Wirtschaftsgeschichte bis zum Ende des 17. Jh.s, Basel 1886.

Gerhard, H.J. (Hg.), Löhne im vor- u. frühindustriellen Deutschland, Göttingen 1984.

Göttmann, F., Handwerk u. Bündnispolitik. Die Handwerkerbünde am Mittelrhein vom 14. bis zum 17. Jh., Wiesbaden 1977.

Grießinger, A., Das symbolische Kapital der Ehre. Streikbewegungen u. kollektives Bewusstsein deutscher Handwerksgesellen im 18. Jh., Berlin 1981.

Grießinger, A. u. R. Reith, Lehrlinge im deutschen Handwerk des ausgehenden 18. Jh.s. Arbeitsorganisation, Sozialbeziehungen u. alltägl. Konflikte, in: Zs. f. Historische Forschung 13, 1986, S. 149–199.

Guenzi, A., P. Massa, F. P. Caselli (Hg.), Guilds, Market and Work Regulations in Italy, 16th-19th Centuries, Aldershot 1998.

Haberleitner, O., Handwerk in Steiermark u. Kärnten vom Mittelalter bis 1850, Graz 1962.

Habicht, B., Stadt- u. Landhandwerk im südl. Niedersachsen im 18. Jh., Göttingen 1983.

Häberlein M. u. Ch. Jeggle (Hg.), Vorindustrielles Gewerbe. Handwerkl. Produktion u. Arbeitsbeziehungen in Mittelalter u. früher Neuzeit, Konstanz 2004.

Handwerk u. Sachkultur im Spätmittelalter. Internat. Kongress Krems an der Donau 7. bis 10. Oktober 1986, Wien 1988.

Hanstein, Th., Das Handwerk in Münster im 18. Jh., in: Quellen u. Forschungen zur Geschichte der Stadt Münster N. F. 12, 1986, S. 34–138.

Haupt, H.-G. (Hg.), Die radikale Mitte. Lebensweise u. Politik von Handwerkern u. Kleinhändlern in Deutschland seit 1848, München 1985.

Ders. (Hg.), Das Ende der Zünfte. Ein europäischer Vergleich, Göttingen 2002.

Holbach, R., Frühformen von Verlag u. Großbetrieb in der gewerbl. Produktion (13.-16. Jh.), Stuttgart 1994.

Holtwick, B., «Handwerk», «Artisanat», «small business». Zur Formierung des selbständigen Kleinbürgertums im internationalen Vergleich, in: Jb. f. für Wirtschaftsgeschichte 1999, I, 163–181.

Hugger, P. (Hg.), Altes Handwerk, 5 Bde., Basel 1967/80.

Ders. (Hg.), Handwerk zwischen Idealbild u. Wirklichkeit. Kultur- u. sozialgeschichtl. Beiträge, Bern u. Stuttgart 1991.

Husa, V., J. Petran u. A. Subrtova, Homo faber. Arbeitsmotive auf alten Abbildungen, Prag 1967.

Internationales Handwerksgeschichtliches Symposium, Veszprém 1978, Hrsg. von der Ungar. Akad. d. Wiss., Veszprém 1979.

Jaritz, G. u. A. Müller (Hg.), Migration in der Feudalgesellschaft, Frankfurt/M. u. New York 1988.

Jegel, A., Alt-Nürnberger Handwerksrecht u. seine Beziehungen zu anderen, Neustadt/Aisch 1965.

Jeschke, J., Gewerberecht u. Handwerkswirtschaft des Königreichs Hannover 1815–1866, Göttingen 1977.

Kaiser, H., Handwerk u. Kleinstadt. Das Beispiel Rheine/Westfalen, Münster 1978.

Kaufhold, K. H., Das Handwerk zwischen Anpassung u. Verdrängung, in: H. Pohl (Hg.), Sozialgeschichtliche Probleme in der Zeit der Hochindustrialisierung 1870–1914, Paderborn 1979, S. 103–141.

Ders., Das Gewerbe in Preußen um 1800, Göttingen 1978.

Ders., Das Handwerk der Stadt Hildesheim im 18. Jh., Göttingen 1980 (2. Aufl.).

Ders., Gewerbelandschaften in der frühen Neuzeit (1650–1800), in: *H. Pohl (Hg.),* Gewerbe- u. Industrielandschaften vom Spätmittelalter bis ins 20. Jh., Stuttgart 1986, S. 112–202.

Kaufhold, K. H. u. W. Reininghaus (Hg.), Stadt u. Handwerk in Mittelalter u. früher Neuzeit, Köln, Weimar u. Wien.

Keller, K., Kleinstädte in Kursachsen. Wandlungen einer Städtelandschaft zwischen Dreißigjährigem Krieg u. Industrialisierung, Köln, Weimar u. Wien 2001.

Kettemann, O., Handwerk in Schleswig-Holstein. Geschichte u. Dokumentation im Schleswig-Holsteinischen Landesmuseum, Neumünster 1987.

Kramer, K. S., Altmünchner Handwerk. Bräuche, Lebensformen, Wanderwege, in: Bayerisches Jb. f. Volkskunde 1958, S. 111–137.

Lambrechts, P. u. J.-P. Sosson (Hg.), Les métiers au Moyen Age. Aspects économiques et sociaux, Louvain-La-Neuve 1994.

Zur Lebensweise in der Stadt um 1200. Ergebnisse der Mittelalter-Archäologie, Köln 1986.

Lenger, F., Zwischen Kleinbürgertum u. Proletariat. Studien zur Sozialgeschichte der Düsseldorfer Handwerker 1816–1878, Göttingen 1986.

Ders., Sozialgeschichte der deutschen Handwerker seit 1800, Frankfurt/M. 1988.

Ders. (Hg.), Handwerk, Hausindustrie u. die historische Schule der Nationalökonomie. Wissenschafts- u. gewerbegeschichtl. Perspektiven, Bielefeld 1998.

Lenhardt, H., Feste u. Feiern des Frankfurter Handwerks, Frankfurt/M. 1950.

Lerner, F., Mit Gunst, Meister u. Gesellen eines ehrbaren Handwerks. Gesammelte Beiträge zur Frankfurter Handwerksgeschichte, Frankfurt/M. 1987.

Matschoß, C. u. W. Lindner (Hg.), Technische Kulturdenkmale, München 1932, S. 75–94. (Reprint Düsseldorf 1988)

Lis, C., J. Lucassen u. H. Soly (Hg.), Before the Unions. Wage Earners and Collective Action in Europe, 1300–1850, Cambridge 1994.

Lorenzen-Schmidt, K.-J., Lexikon historischer Berufe in Schleswig-Holstein u. Hamburg, Kiel 1996.

Ludwig, U., Die soziale Lage u. Organisation des Kleingewerbes in Göttingen in der ersten Hälfte des 19. Jh.s, Diss. Göttingen 1981.

Lübke, Ch. u. U. Müller, Innovation, Professionalisierung u. Technologietransfer im mittelalterl. Handwerk, in: Zs. f. Archäologie des Mittelalters 34, 2007, H. 1–2, S. 1–146.

Lühning, A. u. U. Stiehler (Hg.), Handwerk u. seine Darstellung im Museum (Kieler Blätter zur Volkskunde XVII, 1985).

Mathis, F., Zur Bevölkerungsstruktur österreichischer Städte im 17. Jh., München 1977.

Matter, M., Volkskunde des Handwerks als Sozialgeschichte des Handwerks? Versuch eines Überblicks über volkskundl. Handwerksforschung, in: *Elkar (Hg.),* Deutsches Handwerk, S. 183-201.

Mehl, H. (Hg.), Altes Handwerk in Schleswig-Holstein, Werkzeug u. Arbeitsformen im Wandel, Heide 1999.

Mitterauer, M., Zur familienbetrieblichen Struktur im zünftischen Handwerk, in: H. *Knittler (Hg.),* Wirtschafts- u. sozialhistorische Beiträge, Wien 1979, S. 190–219.

Möller, H., Die kleinbürgerliche Familie im 18. Jh., Berlin 1969.

Mohrmann, R.-E., V. Rodekamp u. D. Sauermann (Hg.), Volkskunde im Spannungsfeld zwischen Universität u. Museum (Fs. Hinrich Siuts), Münster u. New York 1997.

Mummenhoff, E., Der Handwerker in der deutschen Vergangenheit, Leipzig 1901.

de Munck, B., St. L. Kaplan u. H. Soly (Hg.), Learning on the Shop Floor. Historical Perspectives on Apprenticeship, New York u. Oxford 2007.

Noll, A., Sozioökonomischer Strukturwandel des Handwerks in der zweiten Phase der Industrialisierung unter bes. Berücksichtigung der Regierungsbezirke Arnsberg u. Münster, Göttingen 1975.

Oexle, O. G., Die mittelalterl. Zunft als Forschungsproblem. Ein Beitrag zur Wissenschaftsgeschichte der Moderne, in: Blätter für deutsche Landesgeschichte 118, 1982, S. 1–44.

Palla, R., Verschwundene Arbeit. Ein Thesaurus der untergegangenen Berufe, Frankfurt/M. 1994.

Popelka, F., Schriftdenkmäler des steirischen Gewerbes, Bd. 1, Graz 1950.

Prak, M., C. Lis, J. Lucassen u. H. Soly (Hg.), Craft Guilds in the Early Modern Low Countries: Work, Power and Representation, Aldershot 2005.

Proesler, H., Das gesamtdeutsche Handwerk im Spiegel der Reichsgesetzgebung von 1530 bis 1806, Berlin 1954.

Puschner, U., Handwerk zwischen Tradition u. Wandel. Das Münchner Handwerk an der Wende vom 18. zum 19. Jh., Göttingen 1988.

Rachel, H., Das Berliner Wirtschaftsleben im Zeitalter des Frühkapitalismus, Berlin 1931.

Reininghaus, W., Die Entstehung der Gesellengilden im Spätmittelalter, Wiesbaden 1981.

Ders., Die Migration der Handwerksgesellen in der Zeit der Entstehung ihrer Gilden, in: Vierteljahrschrift für Sozial- u. Wirtschaftsgeschichte 68, 1981, S. 1–21.

Ders., Gewerbe in der frühen Neuzeit, München 1990.

Ders., Sachgut u. handwerkliche Gruppenkultur. Neue Fragen an die «Zunftalterthümer», in: *O. G. Oexle u. A. Hülsen-Esch (Hg.)*, Die Repräsentation der Gruppen. Texte – Bilder – Objekte, Göttingen 1998, S. 429–463.

Ders. (Hg.), Zunftlandschaften in Deutschland u. den Niederlanden im Vergleich, Münster 2000.

Reininghaus, W. u. R. Stremmel (Hg.), Handwerk, Bürgertum u. Staat, Dortmund 1997.

Reith, R., Arbeits- u. Lebensweise im städtischen Handwerk. Zur Sozialgeschichte Augsburger Handwerksgesellen im 18. Jh. (1700–1806), Göttingen 1988.

Ders., Zur berufl. Sozialisation im Handwerk vom 18. bis ins frühe 20. Jh. Umrisse einer Sozialgeschichte der deutschen Lehrlinge, in: Vierteljahrschrift für Sozial- u. Wirtschaftsgeschichte 76, 1989, S. 1–27.

Ders., Arbeitsmigration u. Gruppenkultur deutscher Handwerksgesellen im 18. u. frühen 19. Jh., in: Scripta Mercaturae. Zs. f. Wirtschafts- u. Sozialgeschichte 23, 1990.

Ders., Lohn u. Leistung. Lohnformen im Gewerbe 1450–1900, Stuttgart 1999.

Ders. (Hg.), Praxis der Arbeit. Probleme u. Perspektiven der handwerksgeschichtl. Forschung, Frankfurt/M. u. New York 1998.

Reith, R., A. Grießinger u. P. Eggers, Streikbewegungen deutscher Handwerksgesellen im 18. Jh. Materialien zur Sozial- u. Wirtschaftsgeschichte des städt. Handwerks 1700–1806, Göttingen 1992.

Renzsch, P., Handwerker u. Lohnarbeiter in der frühen Arbeiterbewegung, Göttingen 1980.

Roth, H., Von alter Zunftherrlichkeit, Rosenheim 1981.

Roth, K. (Hg.), Handwerk in Mittel- u. Südosteuropa, München 1987.

Sanford, G., Wörterbuch von Berufsbezeichnungen aus dem 17. Jh. Gesammelt aus den Wiener Totenprotokollen 1648–1668, Frankfurt/M. u. Bern 1975.

Sczesny, A., Zwischen Kontinuität u. Wandel. Ländl. Gewerbe u. ländl. Gesellschaft im Ostschwaben des 17. u. 18. Jh., Tübingen 2002.

Simon-Muscheid, K., Basler Handwerkszünfte im Spätmittelalter. Zunftinterne Strukturen u. innerstädtische Konflikte, Bern u. Frankfurt/M. 1988.

Simon-Muscheid, K. (Hg.), «Was nützt die Schusterin dem Schmied?» Frauen u. Handwerk vor der Industrialisierung, Frankfurt/M. 1998.

Siuts, H., Bäuerl. u. handwerkl. Arbeitsgeräte in Westfalen. Die alten Geräte der Landwirtschaft u. des Landhandwerks 1890–1930, Münster 1982.

Schade, O., Deutsche Handwerkerlieder, Leipzig 1865 (Wiesbaden 1970).

Schanz, G., Zur Geschichte der deutschen Gesellenverbände, Leipzig 1877.

Schlenkrich, E., Der Alltag der Lehrlinge im sächsischen Zunfthandwerk des 15. bis 18. Jh.s, Krems 1995.

Schmidt, B. (Hg.), Mittelständische Wirtschaft, Handwerk u. Kultur im baltischen Raum, Hamburg 2006.

Schmoller, G., Zur Geschichte der deutschen Kleingewerbe im 19. Jh., Halle 1870 (Reprint Hildesheim 1975).

Schnyder, W., Quellen zur Zürcher Zunftgeschichte. 13. Jh. bis 1798, 2 Bde., Zürich 1936.

Schremmer, E., Die Wirtschaft Bayerns. Vom hohen Mittelalter bis zum Beginn der Industrialisierung. Bergbau, Gewerbe, Handel, München 1970.

Schultz, H., Landhandwerk im Übergang vom Feudalismus zum Kapitalismus, Berlin 1984.

Schultz, H., Berlin 1650–1800. Sozialgeschichte einer Residenz, Berlin 1987.

Schulz, K., Handwerksgesellen u. Lohnarbeiter. Untersuchungen zur oberrheinischen u. oberdeutschen Stadtgeschichte des 14. bis 17. Jh.s, Sigmaringen 1985.

Ders., Die Handwerksgesellen, in: *P. Moraw (Hg.)*, Unterwegssein im Spätmittelalter, Berlin 1985, S. 71–92.

Ders. (Hg.), Handwerk in Europa. Vom Spätmittelalter bis zur Frühen Neuzeit, München 1999.

Schwarz, K., Die Lage der Handwerksgesellen in Bremen während des 18. Jh.s, Bremen 1975.

Simon, M., Handwerk in Krise u. Umbruch. Wirtschaftpolitische Forderungen u. sozialpolitische Vorstellungen der Handwerksmeister im Revolutionsjahr 1848/49, Köln 1983.

Sonenscher, M., Work and Wages. Natural Law, Politics and the Eighteenth-Century French Trades, Cambridge 1989.

Stadtluft, Hirsebrei u. Bettelmönch. Die Stadt um 1300. Hrsg. vom Landesdenkmalamt Baden-Württemberg u. der Stadt Zürich. Kat., Stuttgart 1992.

Steidl, A., Auf nach Wien! Die Mobilität des mitteleuropäischen Handwerks im 18. u. 19. Jh. am Beispiel der Haupt- u. Residenzstadt, Wien u. München 2003.
Das Steirische Handwerk. Katalog zur 5. Landesausstellung, Graz 1970.
Stürmer, M. (Hg.), Herbst des Alten Handwerks. Quellen zur Sozialgeschichte des 18. Jh.s, München 1979.
Technik des Kunsthandwerks im zwölften Jh.. Des Theophilus Presbyter Diversarum Artium Schedula (Klassiker der Technik), Düsseldorf 1984.
Treue, W. u. a. (Hg.), Das Hausbuch der Mendelschen Zwölfbruderstiftung zu Nürnberg. Deutsche Handwerkerbilder des 15. u. 16. Jh.s, 2 Bde., München 1965.
Troitzsch, U. (Hg.), Technologischer Wandel im 18. Jh., Wolfenbüttel 1981.
Untersuchungen über die Lage des Handwerks in Deutschland mit bes. Rücksicht auf seine Konkurrenzfähigkeit gegenüber der Großindustrie, (Schriften des Vereins für Socialpolitik, Bd. 62–70) Leipzig 1895/96.
Untersuchungen über die Lage des Handwerks in Österreich mit bes. Rücksicht auf seine Konkurrenzfähigkeit gegenüber der Großindustrie. (Bd. 71) Leipzig 1896.
Velter A. u. M. J. Lamothe, Das Buch vom Werkzeug, Genf 1979.
IV. Internationales Handwerksgeschichtliches Symposium, Veszprém 1994. Hrsg. von der Ungar. Akad. d. Wiss., Budapest u. Veszprém 1995.
Vocke, H. (Hg.), Geschichte der Handwerksberufe, 2 Bde., Waldshut 1959.
Volckmann, E., Alte Gewerbe- u. Gewerbegassen, Würzburg 1921.
Wadauer, S., Die Tour der Gesellen. Mobilität u. Biographie im Handwerk vom 18. bis zum 20. Jh., Frankfurt/M. u. New York 2005.
Wagner, M., Jan Luyken. Die Skizzen zum Ständebuch. Hundert Vorzeichnungen in Feder u. Pinsel von Jan Luyken zu Radierungen für das Ständebuch «Het Menselyk Bedryf», Amsterdam 1695, Freiburg, Basel u. Wien 1987.
Weigel, Ch., Abbildung der Gemein=Nützlichen Haupt=Stände, Regensburg 1698 (ND Nördlingen 1987).
Wengenroth, U. (Hg.), Prekäre Selbständigkeit. Zur Standortbestimmung von Handwerk, Hausindustrie u. Kleingewerbe im Industrialisierungsprozess, Stuttgart 1990.
Wensky, M., Die Stellung der Frau in der stadtkölnischen Wirtschaft, Köln u. Wien 1980.
Werkstetter, Ch., Frauen im Augsburger Zunfthandwerk. Arbeit, Arbeitsbeziehungen u. Geschlechterverhältnisse im 18. Jh., Berlin 2001.
Wesoly, K., Lehrlinge u. Handwerksgesellen am Mittelrhein. Ihre soziale Lage u. ihre Organisation vom 14. bis ins 17. Jh., Frankfurt/M. 1985.
Wiesner-Hanks, M., «A learned Task and Given to Men Alone». The Gendering of Tasks in Early Modern German Cities, in: Journal of Medieval and Renaissance Studies 25, 1995, S. 89–106.
Wiest, E., Die Entwicklung des Nürnberger Gewerbes zwischen 1648 u. 1806, Stuttgart 1968.

Winzen, K., Handwerk – Städte – Reich. Die städtische Kurie des Immerwährenden Reichstages u. die Anfänge der Reichshandwerksordnung, Stuttgart 2002.

Wissell, R., Des alten Handwerks Recht u. Gewohnheit, 2 Bde., Berlin 1929 (2. erw. Auflage, 6 Bde., Berlin 1971/88).

Wulf, St., Arbeit u. Nichtarbeit in norddeutschen Städten des 14. bis 16. Jh.s. Studien zur Geschichte sozialer Zeitordnung, Hamburg 1991.

Zatschek, H., Handwerk u. Gewerbe in Wien. Von den Anfängen bis zur Erteilung der Gewerbefreiheit, Wien 1949.

II. Internationales Handwerksgeschichtliches Symposium, Veszprém 1982. Hrsg. von der Ungar. Akad. d. Wiss., Veszprém 1983.

REGISTER